国家"十二五"重点图书
健康养殖致富技术丛书

肉鸡健康养殖技术

王生雨　主编

中国农业大学出版社
·北京·

内 容 简 介

本书的撰写目的就是如何生产健康安全的肉鸡产品，主要从肉鸡场舍建筑、品种、饲料原料和营养、舍内环境、喂料、饮水以及生物安全等各个环节进行有效控制，为健康养殖、提高生产水平、确保鸡肉产品安全卫生提供一整套技术措施。

图书在版编目(CIP)数据

肉鸡健康养殖技术/王生雨主编. —北京：中国农业大学出版社，2012.12

ISBN 978-7-5655-0652-9

Ⅰ.①肉… Ⅱ.①王… Ⅲ.①肉用鸡-饲养管理 Ⅳ.①S831.4

中国版本图书馆 CIP 数据核字(2012)第 311095 号

书　名	肉鸡健康养殖技术		
作　者	王生雨　主编		
策划编辑	赵　中	责任编辑	冯雪梅
封面设计	郑　川	责任校对	王晓凤　陈　莹
出版发行	中国农业大学出版社		
社　址	北京市海淀区圆明园西路 2 号	邮政编码	100193
电　话	发行部 010-62818525,8625	读者服务部	010-62732336
	编辑部 010-62732617,2618	出 版 部	010-62733440
网　址	http://www.cau.edu.cn/caup	**E-mail**	cbsszs @ cau.edu.cn
经　销	新华书店		
印　刷	涿州市星河印刷有限公司		
版　次	2013 年 2 月第 1 版　2013 年 2 月第 1 次印刷		
规　格	880×1 230　32 开本　11.625 印张　320 千字		
印　数	1～5 500		
定　价	21.00 元		

《健康养殖致富技术丛书》
编　委　会

发展健康养殖　造福城乡居民

近年来,我国养殖业得到了长足发展,同时也极大地丰富了人们的膳食结构。但从业者对养殖业可持续发展的意识不足,在发展的同时,也面临诸多问题,例如养殖生态环境恶化,病害、污染事故频繁发生,产品质量下降引发消费者健康问题等。这些问题已成为养殖业健康持续发展的巨大障碍,同时也给一切违背自然规律的生产活动敲响了警钟。那么,如何改变这一现状? 健康养殖是养殖业的发展方向,发展健康养殖势在必行。作为新时代的养殖从业者,必须提高对健康养殖的认识,在养殖生产过程中选择优质种畜禽和优良鱼种,规范管理,不要滥用药物,保证产品质量,共同维护养殖业的健康发展!

健康养殖的概念最早是在 20 世纪 90 年代中后期我国海水养殖界提出的,以后陆续向淡水养殖、生猪养殖和家禽养殖领域渗透并完善。健康养殖概念的提出,目的是使养殖行为更加符合客观规律,使人与自然和谐发展。专家认为:健康养殖是根据养殖对象的生物学特性,运用生态学、营养学原理来指导生产,为养殖对象营造一个良好的、有利于快速生长的生态环境,提供充足的全价营养饲料,使其在生长发育期间,最大限度地减少疾病发生,使生产的食用商品无污染,个体健康,产品营养丰富、与天然鲜品相当;并对养殖环境无污染,实现养殖生态体系平衡,人与自然和谐发展。

健康养殖业是以安全、优质、高效、无公害为主要内涵的可持续发展的养殖业,是在以主要追求数量增长为主的传统养殖业的基础上实现数量、质量和生态效益并重发展的现代养殖业。推进动物健康养殖,实现养殖业安全、优质、高效、无公害健康生产,保障畜产品安全,是养殖业发展的必由之路。

健康养殖跟传统养殖有很大的区别,健康养殖业提出了生产的规模化、产业化、良种化和标准化。健康养殖要靠规模化转变养殖方式，靠产业化转变经营方式，靠良种化提高生产水平，靠标准化提高畜产品和水产品的质量安全。养殖方式要从散养户发展到养殖小区和养殖场；在生产过程中，要有档案记录和标识，抓好监督和监控，达到生态生产、清洁生产，实现资源再利用；产品要达到无公害标准等。

近年来，我国对健康养殖非常重视，陆续出台了一系列重要方针政策，健康养殖得到快速发展。例如，2004 年提出"积极发展农区畜牧业"，2005 年提出"加快发展畜牧业，增强农业综合生产能力必须培育发达的畜牧业"，2006 年提出"大力发展畜牧业"，2007 年又提出了"做大做强畜牧产业，发展健康养殖业"。同时，我国把发展养殖业作为农村经济结构调整的重要举措和建设现代农业的重要任务，采取了一系列促进养殖业发展的措施，实施健康养殖业推进行动，加快养殖业增长方式转变，优化产品区域布局，实施良种工程，加强饲料质量监管，提高畜牧业产业化水平，努力做好重大动物疫病防控工作，等等。

但是，我国健康养殖研究的广度与深度还十分有限，加上对健康养殖概念理解和认识上存在一定的片面性与分歧，许多具体的"健康养殖模式"尚处于尝试探索阶段。

这套丛书的专家们对健康养殖技术进行系统的分析与总结，从养殖场的选址、投资建设、环境控制以及饲养管理、疫病防控等环节，对健康养殖进行了详细的剖析，为我国健康养殖的快速发展提供理论参考和技术支持，以促进我国健康养殖快速、有序、健康的发展。

有感于专家们对畜禽水产养殖技术的精心设计与打造，是为序。

山东省畜牧协会会长

2012 年 10 月 20 日于泉城

前　言

从 20 世纪 80 年代到现在,我国肉鸡业迅猛发展,已经发生了巨大变化,这得益于党和国家对畜牧业的扶持政策,也是由肉鸡自身发展的特点所决定的。肉鸡生产以每年 8% 的速度递增,从过去传统农户散养转向现代集约化、规模化、标准化饲养,劳动者从繁琐的体力劳动中解放出来,产品需求也从数量转变到质量,人们对绿色安全食品的崇尚欲望越来越迫切,尽管国家出台畜禽产品质量安全重大举措,禁止使用违禁兽药和添加剂,但在产品中检测到瘦肉精、苏丹红、三聚氰胺等事件仍然不断出现,特别是在人群中心脑血管病、男女不育不孕症发生率越来越高,究其原因,现代人除了工作压力大外,主要是食品中的农残、药残及微生物和重金属超标,已经严重损害了人们的身体健康。另外,由于畜禽结构发展的不协调,也出现了以假乱真的畜禽产品,出现假猪肉、假羊肉、假鸡蛋等,甚至把患病的畜禽产品充当健康产品。本书的撰写目的就是如何生产健康安全的肉鸡产品,主要从肉鸡场舍建筑、品种、饲料原料和营养、舍内环境、喂料、饮水以及生物安全等各个环节进行有效控制,为健康养殖、提高生产水平、确保鸡肉产品安全卫生提供一整套技术措施。

由于时间仓促,编者水平局限,书中定有不妥之处,敬请读者批评指正。同时在编写中参考摘引了一些相关资料未能一一注明,对原作者表示歉意和衷心的感谢!

编　者

2012 年 10 月

目　录

第一章

肉鸡健康养殖投资效益分析

提　要　肉鸡的生产特点是生长速度快、饲养周期短、饲料转化率高、机械化程度高、设备利用率高、生产效率高、回报率高,并能集约化生产。本章主要分析了我国近几年来种鸡和商品肉鸡养殖、饲料、苗鸡价格、人均鸡肉消费需求变化和发展前景。随着我国国民收入水平的提高,鸡肉的消费增长趋势也将变得越来越明显。但今后肉鸡利润主要取决于规模效益,不再是过去高利润获取。

第一节　肉种鸡健康养殖投资效益分析

一、肉种鸡养殖概况

1.肉种鸡存栏情况

我国祖代肉种鸡引种数量依然保持着较高的增长,国外品种依然一统国内白羽肉种鸡市场。从 2007—2009 年我国肉种鸡引种数量保持持续增长,2009 年全年国内共有 13 家企业先后从国外引进祖代白羽肉种鸡 93.60 万套,而 2008 年有 12 家企业共引进白羽肉种鸡 78.59 万套,进口数量净增 15.01 万套,增长率达到 19.1%。

尽管最近几年受到金融危机和疫病的影响,但是我国父母代种鸡存栏量呈现逐年增加趋势。例如我国肉种鸡生产企业的父母代种鸡存栏量,2010 年一季度为 327.43 万套,与 2009 年同期的 282.54 万套相比,增加了 44.89 万套,增幅为 15.89%。

种鸡生产企业的祖代种鸡的平均存栏量,随着月份呈现规律性的变化,但是总体分析,全国祖代肉鸡存栏量也呈现逐年上升的趋势。

2. 雏鸡销售情况

近几年,父母代肉雏鸡销量在逐年增加,2009 年父母代雏鸡销售总量约为 4 098.91 万套,平均月销售量为 341.58 万套。国内 11 家肉种鸡生产企业的父母代雏鸡销售量,2010 年一季度为 1 015.87 万套,与 2009 年同期的 963.15 万套相比,增幅为 5.47%。随着金融危机的消退和中国经济的复苏,对禽肉需求量的增加,父母代肉雏鸡的销售市场将会得到逐步的扩大。

随着中国国民收入水平的提高,鸡肉的消费增长趋势也将变得越来越明显,鸡肉消费量的增长必然引起肉鸡养殖行业的快速发展,肉鸡养殖业的快速发展必然带动商品雏鸡销售量的增加。按照 2009 年实际销售的 4 098.91 万套父母代雏鸡折算,2009 年全国商品代雏鸡销售量约 37.8 亿只,按产蛋期 93% 的出栏率计算,全年的出栏量约 35 亿只。

3. 雏鸡价格

中国的家禽业尤其是肉鸡、肉杂(817)/黄羽肉鸡等无不受市场自身演变规律所影响,可以说生猪市场的波动直接左右国内家禽市场的价格体系,并最终影响饲料、兽药、畜牧机械、宰杀等整个产业价值链中的利润率,纵观这十几年来的生猪市场波动,一般而言 1、4、7 为高峰期,2、5、8 为调整期,3、6、9 为低谷期,即延续 3 年左右为一轮回期,而肉鸡市场受其影响或保持同步。

由于 2008 年祖代肉种鸡进口量的大幅增加,从而使得 2009 年父母代肉种鸡供应量充足,价格走低。数据显示,2009 年 1—12 月份父母代雏鸡平均销售价格为 15.88 元/套,同期相比大幅下降。由于 2009 年初肉鸡疫病的流行及受到全球金融危机的影响,养殖户积极性不高,致使年初的肉雏鸡价格低迷,但随着季节性补栏的增加,天气转暖,疫病流行的减少,养殖户的信心开始恢复,补栏的积极性也有所增强,市场也开始持续转暖,父母代雏鸡价格也在波动中从平均每套不足 12 元上涨到接近 21 元,涨幅超过 70%。然而到四季度,由于商品肉鸡价格的走低,加之季节性疫病流行的影响,父母代雏鸡的价格又开始持续走低,到年底又降到 14 元左右。

分析 2009 年全年白羽肉鸡商品代雏鸡平均销售价格在波动中有所走高,但雏鸡全年整体价格远低于 2007 年、2008 年的水平。随后 9 月份季节性回调,加之肉毛鸡价格的持续低迷,疫病的小范围流行,雏鸡销售价格开始持续走低,到年底才有所反弹,12 月份价格达到 2.15 元/只。整体来看,2009 年商品代雏鸡销售市场比较疲软,全年没有出现较为可观的行情。但对 12 家父母代种鸡生产企业的商品代雏鸡平均销售价格分析发现,2010 年一季度为 1.92 元/只,与 2009 年同期的 1.46 元/只相比,显著上升 31.23%。

二、肉种鸡养殖前景

受国际金融危机影响,国内肉鸡产业的发展也遇到了很大的困难。国外进口的低价禽肉、下水等对我国白羽肉鸡市场的冲击,部分原料价格上涨带来的饲料成本的全面上涨,甲型禽流感的影响,出口禽肉在部分国家的受阻,部分进口种鸡征税等均给我国肉鸡产业带来了较大的打击。但是由于祖代肉种鸡引种量依然保持着较高的增长,父母代雏鸡销量也保持增加。在此基础上,如无大的疫病和其他因素的影响,我国肉鸡种源将会保持持续的增长,无论是父母代雏鸡的供应量还是商品代雏鸡的供应量都将存在很大的发展空间。

随着我国对美国输华白羽肉鸡产品反倾销和反补贴调查的深入，双反案胜诉，在一定程度上将会缓解其低价禽肉对我国肉鸡市场的冲击。

俄罗斯限制美国禽肉的进口在一定程度上也给我国出口到俄罗斯的禽肉在数量上的增长带来现实的可能性。国内相关禽肉出口企业可以利用此机会增加对俄的出口。此外，国内的部分主产省区也在积极地与欧盟进行斡旋，争取我国能有更多的肉鸡生产企业加入到对欧盟出口禽肉的行列。

近年来随着我国经济的回暖，城市化进程的加快，鸡肉的人均消费量在逐年持续增长，而猪肉的人均消费量在持续减少，鸡肉对猪肉消费的替代作用会逐渐增强。此外，随着城镇居住人口数量的增加，也会带动人均鸡肉消费量的增加，鸡肉的整体消费量也必然会增加。

综上可以看出，我国肉鸡市场的外部环境会有较大的改善。外部环境的改善将促进肉鸡市场的活跃，给肉鸡养殖提供更多的发展空间。

三、肉种鸡养殖投资与回报分析

肉种鸡养殖是一项长期的投资项目，凡是投资就要考虑到回报。肉种鸡健康养殖必须要做投资与效益分析。也就是俗话说的："花这么多钱搞肉种鸡养殖'值不值'"。

肉种鸡养殖是一个长期的投资过程，在未来的几年时间内，随着经济的复苏和国内鸡肉市场需求量的增大，对父母代肉种鸡和商品肉雏鸡的市场将会不断地扩大，雏鸡市场的扩大必然带动肉种鸡需求量的增多。因此在一段时间内，肉种鸡养殖将是一个非常有发展前景的产业。

肉种鸡养殖投资与回报主要受到饲料市场、雏鸡价格以及社会需求的影响。

饲料市场:随着玉米、豆粕价格上涨,国内饲料价格有了一定的上涨,加上燃料、人工成本的增加,国内肉类生产成本也会相应的增加。但是与其他肉类产品相比,鸡肉价格的比较优势就显露出来,这也是鸡肉消费占肉类消费比重之所以不断增加的主要原因。与世界上发达国家相比,我国鸡肉消费占肉类消费比重仍然较低。例如,日本人均年消费量达 40 千克以上,鸡肉占肉类的 47%,美国人均年消费量达 50 千克以上,鸡肉占肉类的 40%。我国肉鸡虽然发展比较快,但是人均年消费量仅有 8 千克,鸡肉占肉类消费总量的 19% 左右,因而我国鸡肉消费仍有上涨空间。因此饲料价格的上涨导致的肉类生产成本的增加不会对肉种鸡养殖产生明显影响。在一段时间内,我国肉种鸡养殖仍然具有较大的利润空间。

雏鸡价格:雏鸡价格受市场肉鸡价格的影响较大,雏鸡价格会随着肉鸡价格的变化而发生变化。例如:2009 年我国父母代雏鸡平均销售价格为 15.88 元/套,与去年同期相比具有较大幅度的下降。年初由于受到金融危机的影响和疫病的影响,导致父母代肉雏鸡的市场低迷,但随着季节性补栏的增加,天气转暖,疫病流行的减少,在年后养殖户的信心开始恢复,补栏的积极性也有所提高,父母代雏鸡市场也开始转暖。父母代雏鸡的价格也在波动中上涨到接近 21 元,涨幅超过 70%。总之,随着鸡肉需求量的增加,雏鸡价格必然会跟随肉鸡价格的上涨而上涨,雏鸡价格市场会有一定的波动,但是总体上涨趋势在短期内是不会发生变化的。

社会需求:肉种鸡投资是为了满足市场上日益增长的鸡肉需求。近 20 年来,我国白羽肉鸡产量以年平均 5%～6% 的速度持续增长。鸡肉的人均消费量,从 20 世纪 90 年代初每人每年 3.4 千克增加到 2007 年每人每年 8 千克,城乡居民鸡肉消费占整个肉类消费总量的 19%～22%。但是与世界上发达国家相比,我国鸡肉消费占肉类消费比重仍然较低。例如,日本人均年消费量达 40 千克以上,鸡肉占肉类的 47%,美国人均年消费量达 50 千克以上,鸡肉占肉类的 40%。我国肉鸡虽然发展比较快,但仍具有较大的发展空间。

综上所述,我们肉种鸡养殖仍然具有较大的发展空间,投资肉种鸡养殖是有利可图的。

第二节　商品肉鸡健康养殖投资效益分析

一、商品肉鸡养殖概况

20世纪80年代初,为解决国人吃肉难的问题,中国肉鸡产业化企业开始起步。在没有任何国家经济补贴的情况下,经过20多年的发展,中国肉鸡产业以高效率、低成本的优势,迅速发展成为中国农牧业领域中产业化程度最高的行业。我国的鸡肉总产量也由1984年的135.8万吨增长到2007年的1 250万吨,并以每年5%～10%的速度持续增长,使中国一跃成为世界第二大鸡肉生产国。在此推动下,中国年人均鸡肉消费量也从1984年的1.03千克发展到2007年的12千克,增长了11.65倍,鸡肉在中国已成为仅次于猪肉的第二大肉类消费品。但是我国的人均鸡肉消费水平很低。

二、商品肉鸡养殖前景

随着经济的发展和人民生活水平的不断提高,大众膳食的肉类消费结构也在发生着深刻的变革。以猪肉为代表的红肉消费逐年递减,而以鸡肉为代表的白肉消费正在逐年递增。随着鸡肉消费量的增加,肉鸡养殖行业也将会获得巨大的发展空间。

1. 鸡肉营养特点合乎现代健康消费理念

鸡肉是世界上增长速度最快、供应充足、物美价廉的优质肉类。其高蛋白质、低脂肪、低热量、低胆固醇的"一高三低"的营养特点,使其作为健康肉类食品而不断地为大众所接受。

目前,欧美等发达国家对高脂肪、高胆固醇含量的红肉消费加以节制,以高蛋白、低脂肪、低胆固醇含量的白肉(主要是鸡肉、鱼类等)取而代之。在美国、巴西等国家,鸡肉已经发展成为超过猪肉、牛肉的第一大肉类消费食品。

中国经济的高速发展,也必将使国民的肉类消费理念发生巨大变化,并越来越表现出与世界肉类消费发展同步的趋势,即鸡肉的消费增长势在必行。

2.鸡肉是世界公认的最具经济优势的动物蛋白来源

鸡肉是公认的最经济的肉类蛋白质来源。与猪肉、牛肉相比,鸡肉的饲料转化率最高,比较优势明显。每生产1千克肉,猪肉需要消耗饲料3.5千克左右,牛肉则需6～7千克饲料,而鸡肉仅消耗饲料1.67千克。

从20世纪80年代初引进美国的AA种鸡到现在,2千克肉鸡的生长周期已从1984年的49天缩短到2007年的35天;料肉比从2.05下降到1.62;同为49日龄,1984年肉鸡平均体重为2千克,而2007年为3.23千克,日增重增长了25.1克。

3.方便、美味和易于加工等特点以及快餐业的兴起促进肉鸡业的发展

中国人有爱吃鸡的传统习惯。"无鸡不成宴,无酒不成席"。鸡肉在中国人的日常餐桌中占据了重要的位置。鸡肉易于加工、口感美味的特点,使它与其他肉类相比,具有了更强的消费竞争力。鸡肉口感鲜嫩,无异味,加工时间短,屠宰方法简单,这使得鸡肉更便于工业化操作。

随着快餐行业在中国的快速发展,越来越多的中国人在工作之余选择快餐,而快餐的主要原料是价廉物美的鸡肉。

4.国民经济的持续发展促进肉鸡业的发展

中国经济的高速发展,促进了中国城市化进程的不断深入。据中国统计年鉴,我国城乡居民肉类消费情况是:城镇居民禽肉人均消费量

是农村的 2.1 倍。中国城镇人口的人均鸡肉消费量已经达到世界平均水平。中国经济以每年 8% 以上的速度递增，城市化进程也以每年 1.5%～2% 的速度发展。城市化进程加快，城镇居民人口将持续增加，鸡肉消费需求也必将不断扩大。

5. 鸡肉是适合世界所有民族食用的肉类

源于宗教信仰和民族习惯，不同民族的饮食存在很多禁忌。但与其他肉类消费品相比，鸡肉是适合世界所有民族食用的肉类，这使其拥有更宽广的消费增长空间。

6. 产业集团化趋势增强了肉鸡行业的发展势头

与其他动物相比，鸡是少有的适宜大群饲养的现代动物。以目前的饲养技术来看，还不存在任何以土地为基础的农业行业，能如此成功地在封闭的设施内进行如此数量巨大的动物饲养，鸡是先例。这使得鸡肉更适用于集团化、产业化生产。

虽然我国目前的鸡肉产量仅占肉类总产量的 13.04%，但肉鸡产业的集团化、产业化程度却非常高，一批国家级龙头企业正在崛起。2004 年中国肉类 50 强企业中，鸡肉企业占 33%。2005—2006 年中国名牌产品中，肉类制品 24 个，其中禽肉产品 12 个，占肉类产品的 50%。2006 年公布的 17 家出口食品农产品免检企业中，肉鸡类企业 10 家，占到 58.82%。肉鸡产业是中国农牧业中集团化、产业化程度最高的产业之一，也是中国竞争力非常强的产业之一。

随着中国经济的发展和人民生活水平的不断提高，大众膳食的肉类消费结构也在发生着深刻的变革。以猪肉为代表的红肉消费逐年递减，而以鸡肉为代表的白肉消费正在逐年递增。传统肉类消费结构中的主流消费品猪肉从 1982 年的 83.6%一路下降到 2006 年的 64.6%，而鸡肉在肉类消费结构中的比重却从 1982 年的 5%持续上升到 2006 年的 13%。按照这一趋势推算，预计到 21 世纪 30 年代，鸡肉将超过猪肉成为中国大众肉类膳食结构中的主流消费品。届时随着肌肉消费量的增大，商品肉鸡养殖将获得巨大的潜在市场。

现阶段，我国鸡肉产量位居全球第二，但与国际相比，还存在诸多不足。概括来说,具体表现在肉类生产结构、产业规模、人均鸡肉产量、人均消费水平等方面。

首先,我国的肉类生产结构与国际水平存在很大差距。从世界范围来看,2006 年,鸡肉、猪肉产量分别占总肉类产量的 26％和 38.5％,但中国鸡肉比之还低 13％,而猪肉却比世界高 26％。2006 年,我国的鸡肉消费总量仅占肉类消费的 13.04％,远远低于猪肉消费所占 64.55％ 的比重。

同时,我国的人均鸡肉消费水平很低。国内消费者错误地认为"肉鸡含有激素",主动抑制鸡肉消费;我国生活发展水平还不高,消费者的肉类消费习惯还偏重猪肉,这些使我国的人均鸡肉消费水平还与国际水平有很大差距。以目前世界主要地区来说,美国的人均鸡肉消费量 44.3 千克,澳大利亚人均鸡肉消费量 35.4 千克,沙特人均消费量 38.7 千克;同为发展中国家的巴西,人均消费量也达到 34.3 千克;这些都远远高于我国人均 8 千克的水平。

我国的鸡肉行业规模还不够大,集团化、产业化程度还有待进一步提高。与国外相比,美国最大的肉鸡生产企业年屠宰肉鸡超过 20 亿只,而我国最大的肉鸡生产企业年屠宰肉鸡仅 1 亿只,美国前十位肉鸡生产企业生产了全国 72.3％ 的鸡肉,而我国前十位累计不到 12％,差距还非常明显。

从世界主要国家的经济发展趋势来看,随着经济的增长和国民生活水平的提高,肉类消费结构将趋于均衡,单极肉品消费将不复存在,理性、均势的消费理念将更加明显,鸡肉消费将会呈现逐步上升的趋势,并有可能超过或与其他肉类消费品持平。

以美国为例,美国是目前世界上人均消费鸡肉最多的国家。20 世纪 60 年代以来,鸡肉的消费量始终保持着平稳的增长。1986 年,鸡肉人均消费量为 27.48 千克,超过了猪肉,成为了第二大肉类消费品;2003 年,人均消费鸡肉 42.15 千克,超过了牛肉,成为第一大肉类消费品。2005 年人均消费鸡肉比 1990 年增长了 39.19％,远远高于猪肉、牛肉的消费量。巴西、欧盟等国的肉类消费结构也基本呈现这样的状况。

随着中国国民收入水平的提高,鸡肉的消费增长趋势也将变得越来越明显,鸡肉消费量的增长必然引起肉鸡养殖行业的快速发展。

三、商品肉鸡养殖投资与回报分析

肉鸡生产是一项高产高效养殖业。第一,肉鸡生长速度快,饲料转化率高。在良好的饲养管理条件下,49 日龄时公母混养群平均活重为初生重的 45～50 倍。料重比可达 2∶1,比猪高 50%。第二,肉鸡可适当加大饲养密度。与蛋鸡相比,肉仔鸡性情温顺,很少跳跃、啄斗,因而饲养密度可比同样方式饲养的蛋鸡提高 1 倍左右。第三,由于肉鸡生产周期短(6 周龄可上市,一年可生产 5～6 批),因而可提高鸡舍、设备的利用率,加快资金周转,故投资回收期短,生产效率高。第四,肉鸡适于集约化生产,经济效益好。采用平养方式,在我国人均每批可养肉仔鸡 2 000～2 500 只,一年可出栏 1 万～1.5 万只;机械化饲养,人均每批可养 0.8 万～1 万只,一年可出栏 4 万～6 万只。上述特点促进了国内商品肉鸡生产迅猛发展。

商品肉鸡养殖应考虑饲料市场、肉鸡价格及社会需求等变化因素对肉鸡市场的影响。

1. 饲料市场

饲料原料主要是粮食,其丰收与否直接影响饲料生产及饲料的价格。饲料成本又占生产成本的 70% 左右。因此饲料对肉鸡生产的影响很大,生产者须密切注视饲料市场的变化。

例如:2010 年随着中国通货膨胀的持续,农产品价格居高不下,肉鸡养殖在 2010 后半年一路高歌,但在全国新开工肉鸡养殖项目较 2009—2010 年有所放缓,加上 2010 年前半年肉鸡行情的低落,导致部分养殖户仍对肉鸡补栏心惊胆战,因此导致 2010 年下半年肉鸡价格的上涨。现在人们习惯了高价肉鸡,而且在不发生重大疫情和肉鸡相关丑闻的条件下,商品肉鸡养殖在一个较长的时间内利润依然可观。

2. 肉鸡价格

它直接关系到肉鸡生产的经济效益。饲料价格与肉鸡价格的比率要保持基本平衡。否则，会导致肉鸡生产走向低谷。生产者要善于通过市场调查，预测低谷的出现和高峰的到来，合理安排生产，取得最好效益。

2007年家禽产品总体价位明显上升。活鸡平均价格分别为17.17元/千克，同比上涨29.19%。从分月的情况看，活鸡价格前4个月呈现跌势。5月份开始一路走高，9月份以来逐渐处于稳定，12月份价格略有上升，达到19.06元/千克的最高价位。养殖户出栏一只肉鸡可盈利6元以上。家禽产品价格变动的原因：一是由于猪肉价格大幅上涨，而家禽产品与猪肉的替代效应最强，替代弹性最大，受到猪肉价格上涨影响也最大。2007年城镇居民人均禽肉购买量为7.13千克，同比增长14.56%。其中人均鸡肉购买量为5.45千克，同比增长17.24%。二是由于各种饲料原料价格持续走高，导致饲料成本上升。另外，商品雏鸡价格也出现大幅上涨。肉雏鸡平均价格为3.37元/只，同比增长34.63%，说明养殖户有利可图。

2008年肉鸡养殖利润可谓是大起大落，全年平均盈利为1.85元/羽。2008年1—5月份为全年主要盈利期，平均利润在3.8元/羽，随后进入低估期，平均亏损0.9元/羽，进入7月份，随着奥运脚步的临近，屠宰场开始大量备货，导致价格再次攀升，7—11月份平均盈利在2.41元/羽，较年初时有所下降，主要是由于养殖户比较看好奥运及其随后的节日，补栏量较前期有所增加，导致这期间肉毛鸡价格难以走高。随着三聚氰胺事件的暴露，对整个养殖行业都是个严重的打击，尤其是"问题鸡蛋"事件的出现再次打压了禽类产品，使得肉鸡市场出现一次严重的跌落，利润最低点曾亏损3元/羽，严重削弱了养殖户的补栏积极性，使得肉毛鸡及其肉雏鸡价格一路走低。另外美国单方有停止进口我国禽肉，打了商品代的补栏，导致低迷的行情一直持续很长时间。对商品代肉鸡雏的孵化产生了一定的制约作用，但肉鸡和蛋鸡不同，它的周期性没有蛋鸡明显。从这些数据显示商品肉鸡市场基本保持平稳。

随着肉禽市场的复苏以及对美国出口禽肉的恢复,我国鸡肉的需求量将会不断地增大。在没有大的疫情的情况下,商品肉鸡养殖还具有较大的发展潜力,投资商品肉鸡养殖具有较大的利润空间。

3.社会需求

市场供求关系制约肉鸡生产的效益。供过于求时,肉鸡价格下跌。供不应求时,肉鸡价格上涨。禽肉市场信息直接影响肉鸡的投资效益。

目前,鸡肉是世界上增长速度最快、物美价廉的优质肉类,其高蛋白质、低脂肪、低热量、低胆固醇的"一高三低"营养特点,使其成为健康的肉类食品。在欧美及日本等发达国家对高脂肪、高胆固醇含量的红肉消费加以节制,换之以高蛋白、低脂肪、低胆固醇含量的白肉(主要是鸡肉),鸡肉成为最受欢迎的肉类食品。随着城市化进程不断加快,人民消费水平日益提高,安全、健康的消费观念越来越深入人心,肉类消费结构将趋于均衡,单极肉品消费将不复存在,理性、均势的消费理念将更加明显,鸡肉消费将会呈现逐步上升的趋势,并有可能超过或与其他肉类消费品持平。

现在人们的饮食消费结构已经开始发生变化。以猪肉为代表的红肉消费在逐年的递减,而以鸡肉为代表的白肉消费逐年增加,预计鸡肉将超过猪肉成为中国大众肉类膳食结构中的主流消费品。20世纪80年代以来,中国的鸡肉消费也呈现出快速增长的发展势头。庞大的消费潜能和快速增长的经济实力,为中国肉鸡产业发展提供了巨大空间。

随着中国国民收入水平的提高,鸡肉的消费增长趋势也将变得越来越明显,并将直接拉动中国肉鸡总产量的增长。因此投资肉鸡养殖将具有较大的利润空间。

综合饲料市场、肉鸡价格以及社会需求等因素,可以发现我国的鸡肉的需求量在不断地增加,虽然饲料价格的上涨导致肉鸡生产成本上升,但是饲料成本上升的同时,肉鸡价格也会得到相应的升高。综合各方面因素,我们可以看到,在现阶段,投资商品肉鸡养殖行业还是有一定的利润空间的。在精细化管理和不发生大的疫情的情况下,投资商品肉鸡养殖还是有利可图的。

思考题

1. 我国肉鸡健康养殖发展前景如何?
2. 健康养殖肉鸡生产特点有哪些?
3. 健康养殖肉种鸡和商品肉鸡养殖前景如何?
4. 健康养殖肉鸡效益分析主要有哪些内容?

第二章

肉鸡健康养殖发展概况

提　要　本章主要介绍了国际肉鸡发达国家美国、巴西和欧洲和国内肉鸡健康养殖发展概况及影响肉鸡健康养殖的突出问题。近几年来，中国肉鸡产业经过多年迅猛发展，已经成为全球第二大肉鸡生产国，在竞争异常激烈的国际市场占有重要的地位，在经营体制上，不断吸取国外先进经验和不断完善，由过去公司＋农户五统一形式，已改为公司＋农场（或基地），风险、利益合理化。生产的肉鸡按合同价全部收回屠宰，按产品数量和质量支付养殖户饲养报酬。养鸡户承担生产风险，公司承担经营风险，供、产、销一体是通过"合同制"来完成。农场主主要集中在饲养和管理上下工夫，根据肉鸡不同生长期提供最佳的生长条件，做好环境控制和生物安全。

第一节　世界肉鸡健康养殖发展概况

现代肉鸡饲养业始于 20 世纪 20 年代的美国，而后风靡全球。近

20 年来,在肉类生产领域中,肉鸡饲养业一直以最快的速度持续增长。从 20 世纪 70 年代到 80 年代,世界肉类总产量增长了 36.6%,而其中禽肉增长 76.2%,而禽肉中又以鸡肉增长最快。

1998 年世界肉类总产量约为 1.92 亿吨。美国以年产禽肉 1 100 万吨,持续保持世界第一位,中国则以 395 万吨的产量超过前苏联跃居第二位,在世界禽肉生产中,以中国、墨西哥、巴西和东南亚国家为代表的发展中国家发展速度最快,产量已占到世界总产量的 1/3。2005 年世界鸡肉产量为 7 002 万吨。

随着肉鸡业的发展,饲养技术也有很大发展,1988 年与 1962 年相比,肉仔鸡的出栏日龄由 65 天缩短到 42 天,出栏体重由 1.71 千克上升到 1.86 千克,料重比则由 2.15 降至 1.80。进入 20 世纪 90 年代,肉鸡生产水平又有很大提高,尤其表现在提高生长速度、缩短出栏时间、减少饲料消耗和增加胴体瘦肉率等方面。目前,欧美等发达国家肉鸡饲养在 35 日龄个体重 1.8～2.0 千克、每千克增重耗料 1.7～1.8 千克、成活率达 98% 以上的。

在经营体制上,欧美一些国家采用以行业一体化为纽带的联营合同制。即饲养户(场)专营饲养、孵化厂按约送苗鸡、饲料公司定期送料、屠宰厂按时把鸡运走。目前美国 90% 的肉鸡生产采取这种方式。

一、美国肉鸡健康养殖概况

美国是一个肉鸡生产大国、出口大国,其肉鸡饲养、肉鸡加工、禽肉出口等数量均位居世界第一。2001 年度深加工鸡肉 1 398 万吨,禽肉出口约 30 亿美元,约占全球出口市场的 45%。美国肉鸡产业化体系推动了美国肉鸡生产的可持续发展。

1. 产业一体化

20 世纪 40 年代,美国已经出现养鸡业和工商业联合经营形式,60 年代已经发展到相当规模。其原因是当时美国的国内市场经济已经相当发达,而且二战后的美国综合经济实力增强,畜产品的市场需求进一步扩大,特别是家庭农场的专业化和社会化程度进一步深化和强化。

(1)肉鸡业生态系统的产业链条完备:在美国一个发达的肉鸡生产联合企业具有完备程度相当高的产业链条,形成集原种肉鸡场—祖代肉鸡场—父母代肉鸡场—商品代肉鸡场—集约化养殖基地—养肉鸡农户—工厂化屠宰—肉鸡制品生产加工—鸡肉分割包装—经销商叶用户有机统一的产业生态链,建立起庞大复合互补型肉鸡业一体化经营生态系统。自20世纪80年代美国肉鸡业进入垄断阶段以来,为了不断降低成本,增加利润,肉鸡综合企业进一步将经营扩展到种植业、加工业,并建立起连锁零售和直销网络。

(2)肉鸡系统以联营合同制为主:美国肉鸡产业化经营的主要形式有两种:一种形式是饲养、加工、销售部归公司,公司实行一体化经营;另一种是联营合同制。联营合同制被认为是美国肉鸡业成功发展的重要因素,现在美国肉鸡89%由合同养鸡户生产,10%公司一体化生产,只有不到1%归个体经营。

联营合同制就是公司和养鸡户签订生产合同,养殖户负责投资建场及设备、劳动力,由掌握了加工和销售环节的专业公司以合同形式将养殖户纳入其组织系统。公司负责提供雏鸡、饲料和药品、疫苗和技术服务,养鸡户只从事饲养管理、生产经营。生产的肉鸡按合同价全部收回屠宰,按产品数量和质量支付养殖户饲养报酬。养鸡户承担生产风险,公司承担经营风险,供、产、销一体是通过"联营合同制"来完成的。

美国肉(种)鸡的饲养也是以大公司为龙头,采用公司加农户的形式组织起来的,土地、鸡舍、设备大部分由农户投资,苗鸡、饲料、技术、销售由公司负责。当前美国养鸡产业为了使用国外的廉价劳动力,还向国外投资,争夺世界市场,并成为跨国的养鸡产业一体化。

2.企业规模化

美国肉鸡产、加、销一体化的发展使美国的肉鸡生产为少数大企业所垄断,而且生产规模相当惊人。1972年,美国最大的20家联营公司屠宰肉鸡量为全国的40%。1983年,同样是前20家最大的联营公司的109座屠宰场,处理全美73%的肉鸡,其中前8家处理量达50%。

目前美国的肉鸡生产可以说是由 46 大肉鸡企业组织完成的,10 个大公司的产量占总产量的 67%,在 1998 年经过首次整合后的 4 家公司的集中率为 49%。

3. 生产科技化、社会化

美国的肉鸡业生产技术和设备先进,产品竞争力强。设备现代化程度高、人员素质好,每个鸡场主都受到过专业技术培训或高等教育。从一般管理到设备维修、安装都很精通。如美国一个大公司每 10 万套父母代、50 万只肉鸡设 1 名技术场长,每 10 万~12 万只肉鸡只需 2~3 人饲养。由于生产社会化服务体系完整,专业化程度高,饲养人员只管饲养,有专门的机构解决饲料、种鸡、产品销售和技术指导。肉鸡场全部以场为单位实行全进全出制。

美国的肉鸡品种主要是 AA 肉鸡、艾维因肉鸡、考伯肉鸡、哈巴特肉鸡以及海波瑞德火鸡。全美 1997 年度肉鸡生产性能与成本报告显示:肉鸡场平均单批饲养规模为 6.28 万只,平均每年饲养 5.9 批,饲养人员为 1 人,肉鸡平均上市日龄为 48.2 天,平均活重 2.23 千克,死亡率 4.71%,饲料转化率 1.96:1,每千克肉鸡成本 5.15 元。但是美国的肉鸡规模化生产是以良好的生物安全、先进的设备设施以及细致的专业化服务为基础的,三者缺一不可。

4. 布局区域化

肉鸡生产是 20 世纪 20 年代在中部大西洋各州(特拉华、弗吉尼亚、马里兰等州)最先发展起来的,以后向西扩展到"玉米带"。战前这两个地区一直是全国肉鸡生产中心,以新鲜产品就近供应人口稠密的东北部城市工业区。战后,肉鸡生产开始大规模向南方转移,产品也改为以冰鲜销售为主。到 60 年代,在南部地区形成了以北卡罗来纳州中部、佐治亚州和亚拉巴马州北部、密西西比州中部、阿肯色州西北部以及得克萨斯州东部为核心的肉鸡专门化生产区——"肉鸡带"。

"肉鸡带"完全取代了中部大西洋各州和"玉米带"肉鸡生产的地位。此后,肉鸡生产在南部集中的程度进一步提高,到 1990 年已占全国肉鸡产量的 79%,其中阿肯色、佐治亚、亚拉巴马和北卡罗来纳 4 个州的肉鸡产量就占全国的 54.4％。1995 年全美肉鸡产值 1 176 亿美元,肉鸡产值最高的州为乔治亚州,其年产值为 177 亿美元。1997 年美国的肉鸡生产集中在东南各州及西南部的加利福尼亚,东南部的阿肯色、佐治亚和亚拉巴马 3 个州的肉鸡产量占全国总产量的 42％,但是这些变化不是政府推动的,而是市场行为。

5.加工深度化

1997 年度全美 46 大肉鸡企业共有屠宰厂 171 家,有深加工厂 64 家,宰杀后整鸡的销售已小于 15％,带骨分割鸡肉的销售为 45％～50％,去骨分割鸡肉的销售为 35％～40％。鸡肉深加工的代表产品有炸鸡块、鸡肉饼、鸡肉热狗、鸡肉香肠以及全炉烤鸡等,TYson 公司近期还研究推出了 TV 套餐和个人休闲套餐,既满足了简洁方便的需要,又有可观的经济效益。在美国 1 千克全鸡的平均售价为 1.1～1.8 美元,而 1 千克深加工制品的平均售价为 6.6 美元。

肉鸡深加工提高了产品附加值,同时也能够有效缓解饲料价格的波动对肉鸡生产的影响,如整鸡的售价中,饲料成本约占 70％,而鸡肉热狗、鸡肉香肠的售价中,饲料成本仅占 10％。

二、巴西肉鸡健康养殖概况

近几年,巴西的家禽生产发展迅速,特别是自 2002 年起,无论是在量上还是在总额上,开始成为全球主要禽肉出口国。巴西家禽肉产量年平均增长 7.8％,持续增长了 12 年。巴西肉鸡出口 2000—2009 年持续增长。巴西肉鸡出口总额 2000—2007 年都在增长,但是 2008 年由于经济危机的影响,出口总额有所下降。预计 2010 年会有所增加。这些都得益于其大豆、玉米等原料的自给自足。而巴西日益增长的玉米出口也给效率日益提高的畜禽生产增加了压力。巴西的主要玉米种植户也是联营企业主,他们在畜禽和饲料上进行投资,作为使其玉米"增值"的手段。同时,他们也发现,把目标瞄准那些有利可图的禽肉出口市场会带来更多益处。纵向和横向的一体化发展势头在较大的玉米种植州巴拉那州较为迅猛——凭其散装产品和集装箱港的得天独厚的条件而优势突出。联营企业的整个生产链实行可追溯制。每个环节的所有信息都被记录在计算机系统,终端消费者可以查到这些信息:从饲料生产所用的大豆和玉米的生产到饲料和畜禽生产,再到运输、搬运直到最后的加工过程。

巴西家禽养殖业的竞争力:天然资源＋谷物等可供资源丰富＋集约化生产＋清洁卫生标准＋技术投资＝家禽生产的竞争性世界第一。巴西的家禽生产能够满足各类市场的需求:

(1)欧盟市场:对清洁卫生控制、动物健康和动物福利的要求严格。

(2)沙特阿拉伯:文化和宗教的要求,巴西已获得屠宰合格的清真食品认证。

(3)日本:开发出专供日本市场的产品和分割鸡肉。

巴西肉鸡主要的出口地:沙特阿拉伯、欧盟、中国香港、日本、阿联酋、科威特、委内瑞拉、南非、伊拉克、新加坡。

三、欧盟国家肉鸡健康养殖状况

欧盟正在致力于 2006—2010 年共同体行动计划的后续工作,新计划的关键之处包括:更新动物福利标准,引进标准的动物福利指标和提高在国际舞台上的动物福利水平。2009 年 10 月 2 日,欧盟批准了关于动物福利标签的 COM(2009)584 报告,该报告将作为将来动物标签系统(2011—2015 动物福利战略的一部分)的基础。

2007 年 6 月 8 日欧盟发布的关于肉鸡保护 2007/43/CE 号决议的最终实施日期是 2010 年 6 月 30 日。在该决议中将肉鸡场饲养密度限制在 33 千克/米^2 以内,并设定了折损需求,允许饲养密度最大到 42 千克/米^2,虽然各个成员国,尤其是波兰,都呼吁延后最终实施日期,但欧盟委员会对此表示拒绝。他们认为这将导致市场扭曲,因为大多数成员国已经将该决议列入他们的法规。该决议对欧盟家禽业竞争力的真实影响仍待评估,但大多数分析人士认为这将近一步打压未来欧盟的鸡肉出口量。

部分欧盟成员国 2007/43/CE 号决议执行情况：

保加利亚：通过 2008 年第 26 号令（2008 年 8 月 5 日发布），欧盟 2007/43 号决议已经被国家兽医管理局列入保加利亚的法规，将于 2010 年 6 月 30 日正式实施。据肉鸡业代表称，商品化养鸡场均符合该决议列出的各项标准。

法国：该法规于 2010 年 7 月 1 日实施，特别为养殖者制定了肉鸡饲养密度从 33 千克/米^2 提高到 42 千克/米^2 的规定。屠宰场如果发现死亡率异常、胴体病变或购进的鸡只患病应向当地兽医官方汇报。该决议对法国肉鸡业竞争力的影响尚待评估。

德国：2009 年 10 月 1 日通过《动物福利法第 4 次修订版》将该决议落实到国家法律层面，于 2009 年 10 月 9 日生效，其中的要求比欧盟更为苛刻。即使养殖场符合折损要求，最大的饲养密度在任何时候不得超过 39 千克/米^2。另外，如果肉鸡平均体重低于 1.6 千克，那么在 3 个生产周期平均饲养密度最大不得超过 35 千克/米^2。预计该法规不会对德国的肉鸡养殖场造成负面影响，因为在过去的 10 年内，德国已经坚持实施自愿的生产标准。

匈牙利：农业与农村发展部（MARD）发布的 2009 年第 178 号令，修订了有关饲养家畜动物福利规定的 1999 年第 32 号令，采用了欧盟委员会关于肉鸡福利和管理其他饲养动物的其他决议。肉鸡福利法规的实际执行情况进展顺利，并区别对待已经使用的旧鸡栏和新建鸡栏。欧盟和匈牙利政府共同出资支持农村来采用新的饲养技术。

荷兰：欧盟肉鸡福利决议在荷兰的实施有所拖延。那些试图将饲养密度提高到 42 千克/米^2 的养殖场要在 2010 年 6 月 17 日前取得荷兰农业部的许可。执行欧盟法规需要荷兰家禽业进行投资，但这不会给荷兰肉鸡生产带来显著影响，因为与其他行业（如荷兰养猪业）相比，家禽业财务状况相对较好。

比利时：欧盟肉鸡福利决议已经体现在比利时的法律中。参与比利时产业计划——Belplume 的农场主占比利时家禽养殖者的大多数，已经申请最大饲养密度为 42 千克/米^2 许可。在欧盟委员会法规实施前,比利时家禽业平均饲养密度为 45 千克/米^2。

罗马尼亚:国家卫生兽医管理局通过 2010 年第 30 号令(2010 年 3 月发布)将欧盟 2007/43 号决议写进了罗马尼亚的法规,于 2010 年 6 月 30 日实施。该法规允许养殖场将饲养密度从 39 千克/米^2 提高到 42 千克/米^2,但需要向当地兽医局提交相应手续。

西班牙:已经通过 2010 年 692 号皇家法令将该决议写进国家规定。最大的饲养密度为 33 千克/米^2,但是,在特定条件下允许提高饲养密度(如果满足其他更严格的要求,可将饲养密度提高到 39 和 42 千克/米^2)。该法规于 2010 年 6 月 30 日实施。西班牙的大多数养殖场饲养密度都符合 33 千克/米^2 这一规定,因此该法规的实施不会对养殖场造成太大影响。

瑞典:在欧盟 2007/43/CE 号决议实施之前,瑞典已经颁布了国家动物福利法。虽然欧盟规定最大的饲养密度为 39 千克/米^2(满足通风和给水要求的养殖场),但瑞典最大的饲养密度分别仅有 20 千克/米^2。

第二节　我国肉鸡健康养殖发展概况

据联合国粮农组织(FAO)的统计,我国鸡存栏量从 1980 年的 92 114.6 万只增长到 2007 年的 451 161.3 万只,年均增长速度为 6.06%,增长了 3.9 倍;鸡出栏数增长了 6 倍,年均增长速度为 7.42%;鸡肉生产量增长了 8.07 倍,年均增长 8.5%。肉鸡产业是国内肉类产业中产业化、市场化程度最高的产业,我国肉鸡生产占肉类总产量的比重由 1984 年的 6.63% 上升到 2005 年的 13.11%,2007 年为 15%,比 1984 年增长了 8.37。目前我国肉鸡生产量居于世界第二位,2008 年达到 1 184 万吨,比 1990 年增长了 3.45 倍,占世界总产量的

16.57%。2005—2008年肉鸡产品产量年均增长速度为5.10%,快于世界平均水平的4.21%,高于美国的1.43%,低于巴西的5.67%。

中国肉鸡产业经过多年迅猛发展,已经成为全球第二大肉鸡生产国,在竞争异常激烈的国际市场占有重要的地位,中国肉鸡业的发展优势在以下几个方面:

一是区域优势。我国肉鸡生产由分散走向集中,更有利于发挥地区优势。目前肉鸡生产主要集中在山东、江苏、河北、辽宁、吉林等几个省份,2005年排在我国禽肉产量前十位的省份其产量合计占全国总产量的72.2%。

二是规模优势。我国家禽生产正在向由传统的分散饲养方式,向规模化、集约化方向发展,其中肉鸡业规模化养殖比重最高,2005年出栏肉鸡2 000只以上的养殖场(户)占全国出栏肉鸡总量73.5%。

三是产业化优势。近年来我国肉鸡业不断发展,涌现出吉林德大、山东诸城等一批产业化龙头企业,形成了以产业化龙头企业为依托,"龙头企业＋基地＋标准化"的发展模式,有力地带动了产业的发展。

四是人力优势。我国人口众多,劳动力资源丰富,虽然近年随着我国经济的发展,人力成本有所上升,但相对发达国家,人力资源仍然是我们的优势所在。

我国肉鸡业的发展从80年代初至现在几经波折,从传统的农户生产转向公司带动农户,又从"公司＋农场或公司＋基地"代替了"公司＋农户"模式,我国肉鸡业从不成熟逐步走向成熟,从不健康发展逐步走向健康发展。

一、2000年以前我国肉鸡生产的组织形式

第一种"公司＋农户"模式,是以一个企业为龙头,这个企业可以是种鸡场或是屠宰厂,带动周围具有一定饲养规模的农户进行生产。这一模式在我国肉鸡业初期发挥了重大作用,例如山东诸城外贸、潍坊大江等。它在组织形式上比较紧密,但自主权和利益紧密程度较低,在行

情低落、鸡肉产品难以销售时,公司拖压农户的款,再加上饲养水平和设施条件低,经济效益差。当市场行情好转、毛鸡价格高于公司价格时,农户偷偷把鸡卖向市场,给公司正常生产造成严重影响。结果不是公司拖垮农户,就是农户拖垮公司,在 90 年代中期这种生产组织形式在国内最为普遍。第二种模式是千家万户分散饲养,自主经营。贫困地区以这种生产形式为主,生产条件和技术落后,效益不高,其商品价格对市场波动不敏感。

就目前看来.两种生产形式都不是良好的健康模式,不符合国家的三农精神,对公司发展不利、对农民有害无利。

二、肉鸡生产组织形式的变革

从 2004 年开始.由"公司＋农户"改变为"公司＋农场"、或"公司＋基地"。公司投资建农场、基地,从农户中招聘饲养比较好的人员进行栋、舍承包饲养,对他们进行单独核算,例如山东的盈泰集团、山东九联、山东六和等,采用这种模式在山东的肉鸡企业已占到 40％以上,这种模式确实要比"公司＋农户"好得多,但也存在不少问题。

(1)肉鸡舍设施条件差,基本是人工饲养。

(2)缺乏自主权,对农场或基地的约束力太强,强制使用公司的饲料、疫苗和兽药,肉鸡出栏必须销售给公司,但公司控制毛鸡价格,同时公司的饲料、兽药价格比较高,饲养成本高。技术难以保证,生产指标低,饲养者利润很少或亏损,积极性不高。

三、完善新的生产模式

(1)根据上述存在的问题,有的公司进行深入探讨,在"公司＋农场(基地)"的基础上克服存在的问题进行大胆的再改革。

①发挥承包者的自主权,扩大自主经营,公司将提供全部投资和周转金,招聘有能力、会经营、懂技术的人才进行经营承包。除饲料外,兽

药、疫苗、毛鸡销售等全部由农场主说了算,只是每年上缴 20％的投资。剩下的余额全部由农场主根据每个饲养员的饲养成绩再分配。农场主可获得较高利润。

②鸡舍全部采用环境控制标准化鸡舍,如机械送料、自动饮水、机械通风、水帘降温等。

"公司＋农场(基地)"模式值得推广。这种模式必须有先进的畜牧工程技术,这一点在整个模式运作中所占的适宜比例应该是,畜牧工程技术环境控制占 60％以上,经营承包和技术占 40％。公司必须提供雄厚的资金条件,农场主必须懂技术会管理,有独立经营权利,否则即便公司再给你多么优惠的条件,不懂技术、不会管理、不会经营,仍然亏损。

(2)多年来,中国政府及其行业主管部门和企业共同努力,从源头抓起,加强了禽肉产品的安全管理,产品安全性有了可靠保证。产品的种类不断增加,市场不断拓展,重塑了整个行业的安全形象。中国禽肉产品的安全形象也不断得到国际禽肉市场的信赖。之所以有这样的形势,行业主要做了下面的工作:

①规范了饲养环节:我国为了规范饲养环节,国家质检总局专门发布了文件,对饲养场实施备案管理,并公布在国家质量检总局的网站上,随时实施监管,监督和控制饲养过程的用药、免疫、饲料用药的情况。我国的禽类饲养场是全封闭式的模式,与外界完全隔离。禽舍实施自动通风、自动供料、自动饮水、自动调节温度和湿度。

②规范了兽药控制:中国的主管部门对饲养、饲料的用药实施严格管理。饲养场的免疫计划要到官方兽医处备案,疫苗的购买、储存、使用全部接受官方兽医的监管。

③疫情报告制度:官方兽医对所有会员企业实施驻厂监管,进一步完善了我国的疫情监测、上报体系。官方兽医可以随时对监管企业实施疫情监测,防止可能引起疫病发生、传播的各种因素,发现问题会用最短的时间上报到官方机构。并把这些问题消灭在萌芽状态,防止了疫情的发生。

（3）最近30年来，肉鸡产业有了巨大的变化和发展，而且在未来的10～20年间，似乎还将继续不断发展。毫无疑问，肉鸡业已取得了极大地成功。伴随着肉鸡产业的不断发展壮大，许多陈旧的生产方式急待更新。当前肉鸡健康养殖较以前有了巨大改善：

①改善鸡舍条件，努力推动肉鸡业产业升级。随着我国肉鸡业的不断发展，肉鸡业进入了一个由量变到质变的关键时期。我们已摆脱了单纯量的限制，到了需要提高生产效率，提高产品质量的时期。因此当前把改善鸡舍条件提到议事日程。通过对现有鸡舍的改造，不断改善鸡舍隔热、保温效果。实现鸡舍环境控制的自动化，使养鸡不受外界环境变化的影响，创造良好的饲养环境，增加饲养密度。在提高生产效率和产品质量的同时，净化我国养鸡的大环境，推动我国肉鸡业的结构优化和总体素质提高。

②实现环境控制自动化，保证鸡舍空气质量环境。控制自动化是保证鸡舍空气质量的重要措施。鸡舍环境控制就是通过各种方式把鸡舍内的有害气体（如氨气、硫化氢、一氧化碳和粉尘）和多余的空气湿度等排出鸡舍外，把鸡舍外的新鲜空气引进来，使鸡舍内的空气质量达到适合鸡群生长所需的环境标准。实际生产中往往只注重温度的控制而忽略了通风的重要性，以致鸡群的生产性能不能很好的发挥。具体鸡舍环境控制参数如下：

成年鸡体感温度为18～19℃，每小时温差不大于0.2℃；

氧气含量为≥19.6%；

氨气浓度为≤10毫克/千克；

二氧化碳浓度为≤3 000毫克/千克；

一氧化碳浓度为≤10毫克/千克；

灰尘为<3.4毫克/米³；

鸡舍风速（28天）<2.0～2.5米/秒。

③完善生物安全体系，确保鸡群健康。生物安全体系是指将会引起禽病的病原微生物排除在场区外的安全管理措施，是一种以切断传播途径为主要内容的预防疾病发生的生产体系，是保护家禽健康生长、

免受致病因子侵袭的综合防御系统。家禽生物安全体系是复杂、有序、高效的系统,任何一个环节出现问题,整个生物安全体系都将崩溃。饲料的中央输送方式、鸡场三道防鼠线的设立、鸡的袋装处理等措施对完善生物安全体系、确保鸡群健康有着非常重要的意义。

④规模化、标准化生产是世界发展的潮流,我国肉鸡业的发展应该借鉴世界的先进经验,不断向现代化、规模化的目标迈进。依靠设备自动化养鸡,在整个肉鸡产业中,实现人管理设备,设备养鸡,鸡养人的理念,提高生产效率。我国肉鸡业的劳动生产效率是欧美的 10%。如:国内每人可饲养父母代种鸡 3 000~5 000 套(平养),而使用自动化设备的欧美国家每人管理 2 栋 105 米×23 米鸡舍,平均每人可饲养35 200 套父母代。同样我国饲养商品肉鸡,人均养鸡很难超过 11 000只,而国外每人每天可管理四栋 12 米×150 米的商品肉鸡舍,平均每人每天可饲养肉鸡 12 万只。

⑤家禽行业的最大污染源—家禽粪便,里面沉积有大量的抗生素,会造成水源和土壤的污染,另外粪便中大量的氮、磷、铁等微量元素未经处理便随意排放,曾严重危及到我们的生态环境,一度导致蓝藻现象和海水富营养化现象的频繁发生。

(4)当前我国畜牧业进入生产平稳发展、质量逐步提高、综合生产能力不断增强的新阶段。作为动物源视频中重要组成部分的肉鸡产品,在畜牧业发展全局中占有不可或缺的重要地位。随着人民物质生活水平的不断提高,对食品的安全性日益重视,无公害、绿色、有机食品备受欢迎,畜禽标准化健康养殖已是摆在从业人员面前迫在眉睫、刻不容缓的重要议题。

当前影响肉鸡标准化健康养殖的突出问题是:

①饲养环境脏、乱、差:很多养殖场是庭院式养殖,饲养环境受工业废弃物、粪便污染;疫病种类增多、抗生素等药物滥用;营养代谢及中毒性疾病日益突出;动物福利条件差、营养供给不全面;基础设施薄弱,鸡舍简陋、通风不畅、卫生条件差;饲养密度过高、条件性疾病反复发生,

没有完整的免疫、消毒、隔离、检测、无害化处理等保障措施,缺乏标准化管理制度,进而影响鸡肉产品质量。

②饲料中超标添加有毒有害物质导致禽产品质量安全隐患:目前,国内肉鸡生产企业多分布于农村地区,规模小、数量多,生产水品参差不齐,对食品安全的重要性认识不够,一些企业为了达到提高肉鸡生产性能、改善鸡肉产品外观指标等目的,在饲料中随意添加有毒有害物质现象比较普遍。如为了达到防霉、防腐及促进生长、增加抵抗能力的目的,大量使用药物添加剂,如防腐剂、抗生素等。人体若长期食用含抗生素的鸡肉产品,可产生耐药性,还可引起消化道原有菌群失调,患胃肠道疾病。另外,饲料生产企业和畜禽养殖场为追求利益的最大化而添加违禁药物,主要包括激素类药物,如雌激素、碘化酪蛋白等;镇静类药物,如安眠酮、安定等;其他化学物质,如苏丹红。这些药物对人体、鸡体的安全威胁极大。例如,我国在一些食品中发现了苏丹红成分,包括肯德基的"奥尔良烤鸡翅"和一些企业的鸭蛋制品。苏丹红并非食品添加剂,而是一种化学染色剂,为亲脂性偶氮化合物,主要包括Ⅰ、Ⅱ、Ⅲ和Ⅳ 4种类型苏丹红。该物质具有偶氮结构,由于这种化学结构的性质决定了它具有致癌性,对人体的肝肾器官具有明显的毒性作用。2008 年发生的鸡蛋三聚氰胺事件,是一些饲料生产企业为了降低生产成本,牟取不正当利益,在饲料中人为添加工业用化学物质三聚氰胺来虚增饲料中蛋白含量,导致所产鸡蛋中三聚氰胺含量超标,严重损害了生产者利益和消费者身心健康。饲料生产企业使用发霉变质的饲料原料进行加工生产,导致生产出的鸡肉霉菌毒素含量超标,对人体产生较大的毒害作用。

③药品使用不规范:由于饲养环境恶劣导致鸡群健康状况差,不得不大量使用药物甚至违禁药物;滥用抗生素导致细菌耐药性增强;在药物使用过程中随意加大对人体危害较大的抗生素(青霉素类、四环素类、大环内酯类等)的使用剂量;抗菌药物(呋喃唑酮、喹乙醇、恩诺沙星等)不执行休药期,当人类食用了药物残留超标的鸡肉产品后,会在人

体内蓄积,直接危害人类健康。

④鸡肉产品加工过程掺假严重:鸡肉注水现象严重;病死鸡直接上市或加工成熟后上市;加工、储运、包装过程滥用漂白粉、色素、香精;为延长存货期添加抗生素以达到灭菌的目的,这样的产品对人类健康带来巨大威胁。

⑤质量意识低:养殖人员生物安全意识淡薄、科学文化水平低,对畜产品安全生产技术缺乏足够认识;生产加工企业质量安全的责任意识差,对自己的产品及服务是否对社会构成危害缺乏足够的重视;消费者自我保护意识不强;社会监督力度不够;行政执法部门素质有待进一步提高。

(5)经过多年的不懈努力,我国禽肉产品不断得到国际市场的认可。我们也不断的向国际先进的管理理论和技术学习,探索出既符合自己实际情况,又与国际水平接轨的管理模式。

①安全性与国际接轨:2004年我国顺利地接受了美国、日本、韩国等国家对我国熟制禽肉加工的检查,获得了检查团的好评。多年来,中国的禽肉制品成为麦当劳、肯德基等公司亚太地区的供应商,中国市场已经成为他们的最大市场。

②经营管理水平与国际接轨:中国的禽肉加工企业在国际市场开拓了近20年,是个不断熟悉、适应、掌握、运用国际标准的过程。已经形成了符合国际水平的一些管理体系。中国企业实施的ISO 9000、HACCP管理体系都是与国际标准等效的。中国还是国际多边互认同盟的成员国,我们的体系认证证书在成员国之间是具有等效性的。

③防疫检疫体系与国际接轨:中国的防疫检疫体系经过与多个国家和国际组织的交流、合作,已经达到国际通用的防疫水准,并且行之有效。能够满足国际社会对中国动物及其动物产品安全性的要求。2004年中国局部地区发生禽流感疫情,能够迅速得到控制、扑灭,充分体现了防疫检疫体系的作用。

思考题

1. 健康养殖我国肉鸡生产组织形式？

2. 影响肉鸡健康养殖的突出问题是什么？

3. 我国肉鸡健康养殖发展概况如何？

4. 我国肉鸡健康养殖生产组织形式是什么？

5. 发达国家健康养殖有什么特点？

第三章

健康养殖肉鸡品种与引进

　　提　要　本章主要介绍肉鸡品种 37 个,其中我国地方良种 18 个(北京油鸡、仙居三黄鸡、惠阳胡须鸡、竹丝鸡(乌骨鸡)、湘黄鸡、浦东鸡、长沙黄鸡、桃源鸡、肖山鸡、固始鸡、河田鸡、茶花鸡、清远麻鸡、寿光鸡、鹿苑鸡、武定鸡、峨眉黑鸡、霞烟鸡),我国培育品种 10 个(石岐杂鸡、中华矮脚肉鸡、鲁禽麻鸡、海新肉鸡、"882"黄鸡、江村黄鸡、京黄肉鸡、黔黄系列肉鸡、粤麻鸡、粤黄鸡、新浦东鸡),主要引进品种 9 个(AA肉鸡、艾维茵肉鸡、星布罗肉鸡、明星肉鸡、红波罗肉鸡、哈巴德肉鸡、狄高肉鸡、罗斯-308、罗曼)各个肉鸡具有不同的生长速度和品质,可根据各个企业(场)的生产要求选择。

第一节　我国地方品种

一、我国地方品种

1.北京油鸡

　　北京油鸡是北京地区特有的地方优良品种,距今已有 300 余年。

北京油鸡是一个优良的肉蛋兼用型地方鸡种。具特殊的外貌,肉质细致,肉味鲜美,蛋质佳良,生命力强和遗传性稳定等特性。体型外貌:北京油鸡体躯中等,羽色美观,主要为赤褐色和黄色羽色。赤褐色者体型较小,黄色者体型大。雏鸡绒毛呈淡黄或土黄色。冠羽、胫羽、髯羽也很明显,很惹人喜爱。成年鸡羽毛厚而蓬松。公鸡羽毛色泽鲜艳光亮,头部高昂,尾羽多为黑色。母鸡头、尾微翘,胫略短,体态墩实。北京油鸡羽毛较其他鸡种特殊,具有冠羽和胫羽,有的个体还有趾羽。不少个体下颌或颊部有髯须,故称为"三羽"(凤头、毛腿和胡子嘴),这就是北京油鸡的主要外貌特征。生产性能:北京油鸡的生长速度缓慢。屠体皮肤微黄,紧凑丰满,肌间脂肪分布良好、肉质细腻,肉味鲜美。其初生重为 38.4 克,4 周龄重为 220 克,8 周龄重为 549.1 克,12 周龄重为 959.7 克,16 周龄重为 1 228.7 克,20 周龄的公鸡为 1 500 克、母鸡为 1 200 克。北京油鸡开产日龄 170 天,种蛋受精率 95%,受精蛋孵化率 90%,雏鸡成活率 97%,年产蛋量 120 枚,蛋重 54 克,蛋壳颜色为淡褐色,部分个体有抱窝性。

2.仙居三黄鸡

仙居三黄鸡在国家农业部权威典籍《中国家禽志》一书中排名首位,该鸡属农户大自然放养。其肉质细嫩,味道鲜美,营养丰富,在国内外享有较高的声誉,是我国著名的地方优良品种。具有体型小、外貌"三黄"(羽毛、爪、喙黄)、适应性强、产蛋性能好、肉质鲜嫩等优良性状。体型外貌:全身羽毛黄色紧密,公鸡颈羽呈金黄色,主翼羽红夹杂黑色,尾羽为黑色,母鸡主翼羽半黄半黑,尾羽为黑色,颈羽夹杂斑点状黑灰色羽毛。喙为黄色,单冠,公鸡冠较高,冠齿 5～7 个。冠与肉垂呈鲜红色,眼睑薄,虹彩呈橘黄色,耳色淡黄。胫、爪呈黄色,无羽毛。体型紧凑,体态匀称,小巧玲珑,背平直,翅紧贴,尾羽高翘,状如"元宝"。头大小适中,颈细长。生产性能:成年体重(22 周龄)公鸡为 1 600～1 800 克,母鸡为 1 250～1 400 克;开产日龄:130～150 日龄。开产体重:1 150～1 200 克。蛋重:42～46 克。500 日龄产蛋数:180～200 枚。公母配比:1:(12～15)。受精率为 88%～91%;受精蛋孵化率为

90％～93％。屠宰率为 88.5％；全净膛率为 65％，腿肌率为 25.0％，胸肌率 18.8％。

3. 惠阳胡须鸡

惠阳胡须鸡产于广东省惠阳地区，是我国广东省的优良中型肉用型地方鸡种。以其特有的优良肉质和三黄胡须外貌特征而驰名中外。具胸肌发达、早熟易肥、肉质优佳、皮薄骨软、脂丰肉满等特性。体型外貌：惠阳胡须鸡体质结实，头大颈粗，胸深背宽，后躯丰满，体躯呈葫芦瓜形。该鸡的标准特征为颌下有发达而张开的胡须壮髯羽，无肉垂或仅有一些痕迹。公鸡单冠直立，喙黄，眼大有神，虹彩橙黄色。耳叶红色。全身羽毛黄色，主翼羽和尾羽有些黑色。尾羽不发达，脚黄色。生产性能：体重，成年公鸡为 2.23 千克，母鸡为 1.60 千克。产肉性能，该鸡早期生长较慢，生长最大强度出现在 8～15 周龄。3.5 月龄的公鸡体重为成年公鸡的 63.23％，母鸡相应为 63.44％。成年母鸡屠宰率半净膛率为 84.8％，全净膛率为 75.6％。120 日龄公鸡半净膛率为 86.6％，全净膛率为 81.2％。150 日龄公鸡半净膛率为 87.5％，全净膛率为 78.7％。产蛋性能：惠阳胡须鸡的产蛋性能受当地自然条件的影响，全年产蛋率仅在 28％左右。农家年平均产 45～55 枚，在改善饲养条件下，平均年产蛋可达 108 枚。平均蛋重 45.8 克，蛋壳呈浅褐色。繁殖性能：公母配种比例为 1：（10～12），母鸡平均开产日龄为 150 天。种蛋平均受精率为 88.6％，受精蛋孵化率为 84.6％，育雏率为 95％。该鸡就巢性极强，平均每只母鸡年就巢 14.2 次，最高达 18.5 次。

4. 竹丝鸡（乌骨鸡）

竹丝鸡又名乌骨鸡或泰和鸡。主要产区是江西省泰和县武山地区、广东和福建省，以江西泰和县所产的竹丝鸡体型较大，产蛋较多，故称泰和鸡，又因此鸡乌骨、乌肉，又称为乌骨鸡。现分布很广几遍全国，因鸡外貌奇异，日本和美国等国家亦已引进，主要作为观赏型鸡种。

竹丝鸡是我国珍贵鸡种之一，具有较高的滋补、药用和观赏价值。含有多种氨基酸、维生素和矿物质，是中成药"乌鸡白凤丸"的主要原料,可强身健体,是补身的珍品。

竹丝鸡体型小,骨骼纤细,性情温顺,头小、颈短、遍体为白色丝毛。外貌与一般鸡不同,有十大特征,群众称为"十全鸡",即紫冠(复冠)、缨头(顶上毛冠)、绿耳、胡须、五趾、毛脚、丝毛、乌皮、乌骨和乌肉。此外,眼、喙、脚、趾等也是乌黑色。因此国外列为观赏型鸡种。

成鸡体重,公鸡 1.5～1.8 千克,母鸡 1～1.25 千克,一般 180 日龄开产,平均产蛋 100～120 枚,蛋重 40～42 克,蛋壳淡褐色,母鸡就巢性强,种蛋的受精率和孵化率均可达 85% 以上。若作肉用,饲喂全价饲料至 60 日龄,体重可达 400 克,90 日龄达 700 克。一般饲养 100～120 日龄,体重可达 0.75～1.0 千克,即可上市,肉料比为 1∶4。

5. 湘黄鸡

湘黄鸡别名黄郎鸡、毛茬鸡、黄鸡,是湖南省肉蛋兼用型地方良种,在港澳市场享有较高的声誉。成年公鸡体重 1.5～1.8 千克,母鸡 1.2～1.4 千克。湘黄鸡体型小,早期生长较慢。在农家放牧饲养条件下,6 月龄左右,公、母鸡平均体重为 1 千克;在良好饲养条件下,4 月龄公、母鸡平均体重可达 1 千克。雏鸡长羽速度快,38 天左右可以长齐毛。

6. 浦东鸡

浦东鸡俗名九斤黄,原产于上海市的黄浦江以东的广大地区,故名浦东鸡。浦东鸡是我国较大型的黄羽鸡种,肉质特别肥嫩、鲜美,香味甚浓,筵席上常作白斩鸡或整只炖煮。浦东鸡体型较大,呈三角形,偏重产肉。公鸡羽色有黄胸黄背、红胸红背和黑胸红背三种。母鸡全身黄色,有深浅之分,羽片端部或边缘常有黑色斑点,因而形成深麻色或浅麻色。公鸡单冠直立,冠齿多为 7 个;母鸡有的冠齿不清。耳叶红色,脚趾黄色。有胫羽和趾羽。生长速度早期不快,长羽也较缓慢,特别是公鸡,通常需要 3～4 月龄全身羽毛才长齐。生产性能较高,成年体重公鸡 4 千克,母鸡 3 千克左右。浦东鸡是我国较大型的黄羽鸡种,肉质也较优良,但生长速度较慢,产蛋量也不高,极需加强选育工作。公鸡阉割后饲养 10 个月,体重可达 5～7 千克。年产蛋量 100～130

枚,蛋重58克。蛋壳褐色,壳质细致,结构良好。浦东鸡的肉质鲜美,蛋白质含量高,营养丰富,用于白斩、红烧、炒丁、清蒸、炒酱等,均为上乘。

7. 长沙黄鸡

长沙黄鸡克服了地方鸡早期生长慢,饲料报酬低,长羽迟缓等缺点,保持了地方鸡适应性广,肉质鲜美的优点,并具有黄喙、黄脚、黄毛"三黄"特征,深受群众喜爱。该品种成年公鸡体重3～4千克,成年母鸡体重2～3千克,90天平均体重1.6千克,料肉比3:1。

8. 桃源鸡

有"三阳黄"之称。又称桃源大种鸡,主产于湖南省桃源县中部。主要特性:属肉用型品种。桃源鸡体型高大,体质结实,羽毛蓬松,体躯稍长、呈长方形。公鸡姿态雄伟,性勇猛好斗,头颈高昂,尾羽上翘,侧视呈"U"字形。母鸡体稍高,性温驯,活泼好动,背较长而平直,后躯深圆,近似方形。公鸡头部大小适中,母鸡头部清秀。单冠,冠齿为7～8个,公鸡冠直立,母鸡冠倒向一侧。耳叶、肉垂鲜红,较发达。眼大微凹陷,虹彩呈金黄色。颈稍长,胸廓发育良好。尾羽未长齐时呈半圆佛手状,长齐后尾羽上翘。公鸡镰羽发达,向上展开。母鸡腹部丰满。腿高,胫长而粗。公鸡体羽呈金黄色或红色,主翼羽和尾羽呈黑色,梳羽金黄色或间有黑斑。母鸡羽色有黄色和麻色两个类型,黄羽型的背羽呈黄色,颈羽呈麻黄色;麻羽型体羽麻色。黄、麻两型的主翼羽和尾羽均呈黑色,腹羽均呈黄色。喙、胫呈青灰色,皮肤白色。初生重为41.92克,成年体重公鸡为3 342克,母鸡为2 940克。屠宰测定:24周龄公鸡半净膛为84.9%,母鸡为82.06%;全净膛公鸡为75.9%,母鸡为73.56%。开产日龄平均为195天,500日龄平均产蛋(86.18±48.57)枚,平均蛋重为53.39克,蛋壳浅褐色,蛋形指数1.32。

9. 肖山鸡

肖山鸡又名沙地鸡、越鸡,原产于浙江省肖山县。体型大,单冠,冠、肉髯、耳叶均为红色,喙黄色,羽毛淡黄色,颈羽黄黑相间,胫黄色,有些有毛。此鸡适应性强,容易饲养,早期生长较快,肉质富含脂肪,嫩滑味美,出口港澳深受欢迎。成年体重公鸡为 2.5～3.5 千克,母鸡为 2.1～3.2 千克;母鸡一般 6 月龄开产,年产蛋 130～150 枚,就巢性强。

10. 固始鸡

固始鸡是我国著名的地方鸡种,属于杂食家养鸟。它以河南省固始县为中心,在特殊的生态环境和饲养条件下,经过长期闭锁繁衍而自然形成。

固始鸡属黄鸡类型,具有产蛋多、蛋大壳厚、遗传性能稳定等特点,为蛋肉兼用鸡。全区均有分布,以固始为最多。固始鸡体躯呈三角形,羽毛丰满,单冠直立,六个冠齿,冠后缘分叉,冠、肉垂、耳垂呈鲜红色,眼大有神,喙短呈青黄色。公鸡毛呈金黄色,母鸡以黄色、麻黄色为多。90 日龄公鸡体重 500 克,母鸡体重 350 克,母鸡长到 160 天开产,年产蛋 122～222 枚,平均蛋重 51.43 克,蛋黄呈鲜红色。成年公鸡体重 2.47 千克,母鸡 1.78 千克。固始鸡有以下突出的优良性状:一是耐粗饲,抗病力强,适宜野外放牧散养;二是肉质细嫩,肉味鲜美,汤汁醇厚,营养丰富,具有较强的滋补功效;三是母鸡产蛋较多,蛋大,蛋清较稠,蛋黄色深,蛋壳厚,耐贮运。为我国宝贵的家禽品种资源之一。

11. 河田鸡

河田鸡是福建省西南地区肉用型地方品种,主要在长汀,上杭两县,以长汀县河田镇为中心产区。河田鸡体宽深,近似方形,单冠带分叉(枝冠),羽毛黄羽、黄胫,耳叶椭圆形,红色。公鸡成年体重 (1 725.0±103.26)克,母鸡(1207.6±35.83)克,体斜长公母分别为 (20.3±0.48)厘米、(16.70±0.25)厘米,胫长公母分别为(9.5±0.28)厘米、(7.86±0.07)厘米。90 日龄公鸡体重 588.6 克,母鸡 488.3 克,150 日龄公母体重分别为 1 294.8 克,母鸡 1 093.7 克。母鸡开产日龄 180 天左右,公鸡两月龄打鸣。母鸡年产量 100 个左右,蛋重 42.89 克。种蛋受精率90%,高者达 97%,入孵蛋孵化率67.75%,育雏成活率90%。母鸡就巢性强。

12. 茶花鸡

茶花鸡产于云南热带、亚热带地区,啼声似"茶花两朵"。体型小,体轻,骨细嫩,肉味醇香。茶花鸡体型矮小,单冠、红羽或红麻羽色、羽毛紧贴、肌肉结实、骨骼细嫩、体躯匀称、性情活泼、机灵胆小、好斗性强、能飞善跑。例如临沧地区体重公鸡(1 470±62.15)克,母鸡(1 020±85.47)克,公母体斜长分别为(20.61±0.19)厘米、(18.87±0.87)厘米。胫长分别为(8.68±0.20)厘米、(7.40±0.14)厘米。茶花鸡150日龄体重公母分别为 750 克、760 克,半净膛屠宰率公母分别为77.64%、80.56%。年平均产蛋70枚,蛋重38.2克。蛋黄较大占蛋的37.6%,蛋壳 11.3%。

13. 清远麻鸡

清远麻鸡原产于广东省清远县(现清远市)。因母鸡背侧羽毛有细小黑色斑点,故称麻鸡。它以体型小、皮下和肌间脂肪发达、皮薄骨软而著名,素为我国活鸡出口的小型肉用名产鸡之一。体型特征可概括为"一楔"、"二细"、"三麻身"。"一楔"指母鸡体型象楔形,前躯紧凑,后躯圆大,"二细"指头细、脚细;"三麻身"指母鸡背羽面主要有麻黄、麻棕、麻褐三种颜色。

公鸡颈部长短适中,头颈、背部的羽金黄色,胸羽、腹羽、尾羽及主翼羽黑色,肩羽、蓑羽枣红色。母鸡颈长短适中,头部和颈前1/3的羽毛呈深黄色。背部羽毛分黄、棕、褐三色,有黑色斑点,形成麻黄、麻棕、麻褐三种。单冠直立。胫趾短细、呈黄色。成年体重公鸡为2 180克,母鸡为 1 750 克。屠宰测定:6月龄母鸡半净膛为85%,全净膛为75.5%,阉公鸡半净膛83.7%,全净膛 76.7%。年产蛋为70~80 枚,平均蛋重为46.6克,蛋形指数 1.31,壳色浅褐色。

14. 寿光鸡

寿光鸡是我国的地方良种之一,遗传性较为稳定,原产于山东省寿光县稻田乡一带,以慈家村、伦家村饲养的鸡最好,所以又称慈伦鸡。该鸡的特点是体型硕大、蛋大。属肉蛋兼用的优良地方鸡种。"寿光鸡"肉质鲜嫩,营养丰富,在市场上,以高出普通鸡 2~3 倍的价格,成为高档宾馆、酒店、全鸡店和婚宴上的抢手货。品种特性:寿光鸡有大型和中型两种;还有少数是小型。大型寿光鸡外貌雄伟,体躯高大,体型近似方形。成年鸡全身羽毛黑色,有的部位呈深黑色并闪绿色光泽。单冠,公鸡冠大而直立;母鸡冠形有大小之分,颈、趾灰黑色,皮肤白色。初生重为42.4克,大型成年体重公鸡为3 609克,母鸡为3 305克,中型公鸡为2 875克,母鸡为2 335克。生产性能:据测定,公鸡半净膛为82.5%,全净膛为77.1%,母鸡半净膛为85.4%,全净膛为80.7%。开产日龄大型鸡240天以上,中型鸡145天,产蛋量大型鸡年产蛋117.5枚、中型鸡122.5枚,大型鸡蛋重为65~75克,中型鸡为60克。蛋形指数大型鸡为1.32,中型鸡为1.31,蛋壳厚大型鸡0.36毫米,中型鸡0.358毫米。壳色褐色,蛋壳厚度为0.36毫米,蛋型指数为1.32。

15.鹿苑鸡

鹿苑鸡远在清代已作"贡品"供皇室享用,它原产于江苏沙洲县鹿苑镇。常熟等地制作的"叫化鸡"以它作原料,保持了香酥鲜嫩等特点。体型硕大,胸部较宽深,单冠,冠小而薄,耳叶亦小。全身羽毛黄色,紧贴体躯。胫、趾黄色,两腿间距离较宽。公母成年体重分别为(3 120±8.25)克、(2 370±51.71)克。公母鸡体斜长分别为20.06厘米、(19.48±0.02)厘米,胫长10.36厘米、8.33厘米。90日龄公母活重分别为(1 475.2±16.8)克、(1 201.7±14.8)克。半净膛屠宰率3月龄公母分别为84.94%、82.6%。母鸡开产口龄180天,开产体重2 000克,年产蛋平均144.72枚,蛋重55克。种蛋受精率94.3%,受精蛋孵化率87.23%。经选育后受精率略有下降,30日龄育雏成活率96%以上。

16.武定鸡

武定鸡是云南省楚雄自治州的地方良种鸡。武定鸡体型硕大,青脚、胫长、肌肉发达、体躯宽深,是理想的地方肉用良种之一。单冠,直立,红色,冠齿7~9个,羽毛为红麻和黄麻羽,多数有胫羽和趾羽。皮肤白色。成年公母平均体重分别为:(3 050±78.36)克、(2 100±69.06)克,体斜长:公母分别为(25.5±0.12)厘米、21.4厘米,胫长:公母分别为14.98厘米、10厘米。武定鸡虽体躯硕大,但生长缓慢,3月龄仅 500～600 克,6 月龄也不过 1 500 克左右。公鸡去势后养至 300 天可达 4 000～5 000 克,阉割鸡的半净屠宰率公母分别为 85.0%、85.4%。年产蛋量 90～130 枚,平均蛋重 50 克,公鸡性成熟晚,6 月后开始打鸣。母鸡就巢性较强。

17. 峨眉黑鸡

峨眉黑鸡是四川盆地周围山区较多黑鸡中的优秀类型,主要产于峨眉龙池、乐山的沙湾、峨边的毛坪等地。体形较大,体态浑圆,全身羽毛黑羽,着生紧密,具有金属光泽。大多数为红单冠或豆冠,少数为紫色单冠或豆冠,喙黑色,胫、趾黑色,皮肤白色,偶有乌皮个体。公鸡体型较大,梳羽丰厚,镰羽发达,胸部突出,背部平直,头昂尾翘,姿态矫健,两腿开张,站立稳健。成年公鸡体重(3 025±165.8)克,母鸡(2 198±110)克,公母体斜长分别为(27.3±0.4)厘米、(25.4±0.3)厘米,公母胫长分别为(13.4±0.3)厘米、(11.0±0.2)厘米。90 日龄公母平均体重分别为(973.18±38.43)克、(816.44±23.7)克。6 月龄半净膛屠宰率测定公母分别为 74.62%,74.54%。年产蛋 120 枚,蛋重53.8 克,受精率 89.62%,受精蛋孵化率 82.11%,30 日龄育雏成活率93.42%。

18. 霞烟鸡

霞烟鸡原产广西容县,是国内著名的地方良种鸡。当地为土山丘陵地,物产丰富,群众喜爱硕大黄鸡。霞烟鸡体躯短圆,胸宽胸深,外形呈方形为肉用型。羽色浅黄,单冠,颈部粗短,羽毛紧凑。常分离出10% 左右的裸颈、裸体鸡。成年公鸡体重(2 178.0± 45.69)克,母鸡(1 915.0±18.25)克,体斜长公母分别为(19.73±0.55)厘米、(17.69±0.07)厘米,胫长(10.81±0.09)厘米、(8.79±0.03)厘米。90 日龄活重公鸡 922.0 克,母鸡 776.0 克,150 日龄公母活重分别 1 595.6 克、1 293.0 克,半净膛屠宰率公母分别为 82.4%、87.89%。屠体美观,肉质嫩滑,很受消费者欢迎,母鸡开产日龄 170～180 天,年产蛋量 80～110 枚,蛋重 43.6 克。受精率 78.46%,受精蛋孵化率 80.5%。就巢性能强,母鸡每年可达 8～10 次之多。

二、我国培育品种

1. 石岐杂鸡

该鸡种是香港有关部门出广东惠阳鸡、清远麻鸡和石岐鸡与引进的新汉县、白洛克、科尼什等外来鸡种杂交改良而成。其肉质与惠阳鸡相仿,而生长速度和产蛋性能比上述三个地方鸡种好。目前已经牢牢占领了港澳地区的活鸡市场。

外貌特征:具有三黄鸡黄毛、黄皮、黄脚,短脚、圆身、薄皮、细骨、肉厚、味浓等特征。

生产性能:母鸡年产蛋 120～140 个,母鸡饲养至 110～120 天平均体重在 1 750 克以上,公鸡 2 000 克以上。全期料肉比(3.2～3.4)∶1。青年小母鸡半净膛屠宰率为 75%～82%,胸肌占活重的 11%～18%,腿肌占活重的 12%～14%。它保留了地方三黄鸡种骨细肉嫩、味道鲜美等优点,克服了地方鸡生长慢、饲料报酬低等缺陷。一般肉仔鸡饲养 3～4 个月,平均体重可达 2 千克左右,料肉比(3.2～3.5)∶1。

2. 中华矮脚肉鸡

中华矮脚肉鸡是中国农业科学院畜牧研究所充分利用高新科技培育出了一系列中华矮脚肉鸡新品系:①中华矮脚隐性白羽肉鸡 D1 系;②中华矮脚黄羽肉鸡 D2 系(抗逆性强)、D3 系(增重快)、D4 系(产蛋多);③中华矮脚油鸡 D2 系(后备系);④中华矮脚麻羽肉鸡 D5 系(后备系);⑤中华矮脚黑羽肉鸡 D6 系(后备系)。体质外貌:单冠、隐性白羽或黄羽或麻羽或黑羽,胸宽、胫短、脚短 1/3,分黄脚和青脚两种类型,性情温顺,好饲养,易管理。生产性能:与同类种鸡相比,能节省饲料 20% 以上,1 只鸡全周期饲养可节省饲料 10 千克左右。抗逆性能强,成活率高,对马立克氏病有特殊抗性,16 年来末发现有马力克氏病和白血病(大肝病)。繁殖率高,受精蛋孵化率 92%,年产蛋 160～190 个,受精率 80%～95%,比普通型鸡多繁殖 10% 左右的雏鸡。在相同饲养条件下,单位面积饲养量可提高 20% 以上,很适合种鸡笼养人工授精。综合以上优势,与同类普通型种鸡相比,父母代鸡的经济效益可提高 40％以上。

与此同时,还成功的培育了黄羽肉鸡配套父系 H 系和 C 系。已配套成京星肉鸡 100、101、102。商品肉鸡体型美观,皮薄肉嫩,肉味醇香,是较理想的精品肉鸡。

3. 鲁禽麻鸡

鲁禽麻鸡是山东省农科院家禽所培育而成的优质肉鸡新品种,分 1 号和 3 号。

鲁禽 1 号麻鸡主要特点如下:体型外貌特征好。这两个配套系是以山东省优良地方品种琅琊鸡为育种素材培育而成的,保持了地方优良品种的体型外貌特征,公鸡颈羽、覆尾羽呈金黄色或红色,背羽、鞍羽呈红褐色,富有光泽,主翼羽、尾羽间有黑色翎闪绿色光泽。母鸡全身麻羽,分为黑麻和黄麻两种,颈羽有浅黄色镶边,腹羽浅黄或浅灰色,尾羽为黑色。生产性能高,10 周龄公鸡体重 2.05 千克 ,料肉比 2.3：1,母鸡体重 1.68 千克 ,料肉比 2.5：1,成活率 99.7％。

鲁禽 3 号麻鸡主要特点如下:鲁禽 3 号麻鸡是山东省农科院家禽所培育而成的优质肉鸡新品种。鲁禽 3 号麻鸡配套系的培育是以专门化品系培育为基础培育而成的高档优质型。该配套系保持了育种素材琅琊鸡的羽色、胫色、冠型等良好的体型外貌特征和肌肉品质,体型紧凑,腿细高,喙、胫(趾)呈青色,皮肤白色。单冠、冠大鲜红直立,脸部鲜红色,性成熟早。公鸡颈羽呈金黄色,披肩羽、鞍羽呈红褐色,富有光泽,主翼羽、尾羽间有黑色翎闪绿色光泽。母鸡羽色分为黑麻和黄麻两种,颈羽有浅黄色镶边,尾羽为黑色。13 周龄公母平均体重 1 856.5 克,饲料转化率为 3.36,成活率 99.7％。该品种适应性、抗病力强,适于散养、山地(果园、速生林地等)放养等饲养管理方式。体型外貌特征适应我国绝大多数地区的消费习惯,适应性、抵抗力强,适宜山地、速生林地等放养。

4. 海新肉鸡

海新肉鸡是上海畜牧兽医研究所用荷兰海佩科肉鸡与新浦东鸡

杂交而成,分快速型和优质型。快速型 8 周龄体重 1.6～1.5 千克,饲料转化比 2.2～2.5;优质型 13 周龄体重 1.5 千克,料肉比(3.3～3.5)∶1。

5. "882"黄鸡

该鸡是广东白云家禽公司杂交配套组合而成,有几个杂交组合。其中 2 号、3 号鸡 13 周龄平均体重为 1.95 千克,料肉比 2.8∶1。

6. 江村黄鸡

江村黄鸡是广东江村家禽企业发展公司选育配套而成。该鸡间部较小,嘴黄而短,全身羽毛浅黄,体型短宽,肌肉丰满、肉质细嫩,是制作白切鸡的上好材料。

7. 京黄肉鸡

中国农科院畜牧所培育出的黄羽肉鸡,分京黄 1 号和 2 号。京黄1 号 8 周龄体重 1.5 千克,料肉比(2.4～2.5)∶1;京黄 2 号 13 周龄体重 1.5 千克,料肉比(2.8～3.0)∶1。

8. 黔黄系列肉鸡

该鸡是贵州农学院培育的肉鸡品种,12 周龄公母平均体重 1.6～1.7 千克,料肉比(3.1～3.2)∶1。在粗蛋白为 19%～21% 的饲养水平下,9～10 周龄公母平均体重可达 1.5 千克,料肉比 2.5∶1。

9. 粤麻鸡、粤黄鸡

由广州培育,体质外貌:单冠、麻羽或黄羽。黄胫、脚较矮.骨细,肉质鲜嫩,体型适中,遗传性能较稳定。生产性能:90 日龄公母平均体重分别为 1 518 克、1 179.5 克,与清远麻鸡杂交,90 日龄公母活重平均分别为 1 429.5 克、1 153 克。500 日龄产蛋量 141～147 个。合格种蛋率95%～97%,受精率 94%～96%、受精蛋孵化率 85%～88%。

10. 新浦东鸡

上海市农业科学院畜牧研究所培育。体质外貌:保持了原浦东鸡"三黄"的特色,单冠直立,体躯较长而宽,腹部略粗短且无胫羽。成年鸡公母体重分别为(4 000±290)克、(3 260±280)克,体斜长(23.94±0.71)厘米、(20.65±0.59)厘米,胫长(13.96±0.62)厘米、(10.86±

0.63)厘米。生产性能:10周龄公母平均体重分别为2 172.1克、1 703.9克。开产日龄184天,500日龄产蛋平均(142.0±4.0)个。300日龄蛋重60.45克。种蛋受精率90%以上,受精蛋孵化率70%以上。

第二节　主要引进品种

1. AA 肉鸡

爱拨益加肉鸡简称为AA肉鸡,原产于美国。1981年以来,我国广东食品集团、山东诸城外贸公司、上海大江有限公司、江苏省海门县京海肉鸡公司种鸡场、江苏省连云港市东辛农场及北京、黑龙江、安徽等省市曾先后引进祖代、父母代种鸡饲养、繁育。AA肉鸡是美国爱拨益加种鸡公司培育成的一种配套高产肉用鸡种,是当今世界优良的肉用品种之一。该鸡祖代分为A、B、C、D四个品系,其中A、B为父系中的公母鸡,C、D为母系中的公母鸡,四个品系均为白洛克型,羽毛均为白色单冠。生产性能:AA肉鸡祖代产蛋性能5%产蛋率父系25周龄,平均体重3.32千克,平均蛋重45.9克;母系26周龄,平均体重为2.85千克,平均蛋量52.44克,50%产蛋率父系32周龄体重4.09千克,平均蛋重58.62克;母系30周龄,平均体重3.76千克,平均蛋重60.47克。75%产蛋率父系36周龄,平均体重4.22千克,平均蛋重62.5克,每打蛋耗料4.38千克;母系34周龄,平均体重3.84千克,平均蛋重63.04克,每打蛋耗料3.46千克。种蛋受精率90%以上,孵化率平80%以上,健雏率97%以上,育雏期成活率96.15%～97.14%,育成期死亡率2.16%～3.23%。父母代平均体重20周龄2.07～2.28千克,66周龄3.45～3.72千克。开产25周龄,产蛋高峰31～32周龄,产蛋率高峰期83%,入舍母鸡产蛋量62周龄170枚,66周龄184枚。入舍母鸡提供入孵种蛋62周龄为160枚,66周龄为174枚。种蛋平均受精率94%,入孵蛋孵化率为80%～81%。AA种鸡所繁殖的肉用仔鸡具生长快、耗料少、抗病力强,而且羽毛整齐,屠体美观、肉嫩味鲜。评价 AA 肉鸡引入我国以来,几年来经过各引进场的饲养繁育,该鸡种已遍布全国各省市。通过各地饲养,深受欢迎。其商品肉鸡具适应性和抗病力强,易养快长,肉质细嫩,味美无腥等特点,是目前白羽肉鸡的佼佼者。

2. 艾维茵肉鸡

艾维茵肉鸡是美国艾维茵国际有限公司培育的三系配套白羽肉鸡品种。我国从 1987 年开始引进,目前在全国大部分省(自治区、直辖市)建有祖代和父母代种鸡场,是白羽肉鸡中饲养较多的品种。

艾维茵肉鸡为显性白羽肉鸡,体型饱满,胸宽、腿短、黄皮肤,具有增重快、成活率高、饲料报酬高的优良特点。

祖代生产性能:入舍母鸡平均产蛋率母系 60%、父系 52%,累计产蛋数母系 163 枚、父系 138 枚,产蛋合格率平均为 91%;平均孵化率母系为 82%、父系为 77%,生产雏鸡母系 122 只、父系 94 只,生产可售父母代雏鸡母系 58 只、父系 45 只;41 周龄产蛋期母鸡成活率母系 90%、父系 85%。

父母代生产性能:入舍母鸡产蛋 5% 时成活率不低于 95%,产蛋期死淘率不高于 8%～10%;高峰期产蛋率 86.9%,41 周龄可产蛋 187枚,产种蛋数 177 枚,入舍母鸡产健雏数 154 只,入孵种蛋最高孵化率 91% 以上。

商品代生产性能:商品代公母混养 49 日龄体重 2 615 克,耗料 4.63 千克,饲料转化率 1.89,成活率 97% 以上。

艾维茵肉鸡可在全国绝大部分地区饲养,适宜集约化养鸡场、规模鸡场、专业户和农户。

3. 星布罗肉鸡

星布罗肉鸡是加拿大雪费公司培育的肉用型配套品系杂交鸡。我国于 1978 年 4 月从加拿大引入一套曾祖代雏鸡,计 7 000 余只,分别饲养于上海新杨种畜场和东北农学院。星布罗肉鸡为四系配套杂交鸡,其曾祖代 A、B、C、D 四个纯系中,A、B 两系为父本,属白科尼什型;

C、D 两系为母本,属白洛克型。在曾祖代鸡场或原种鸡场中,主要任务为各系纯繁扩群,兼作保种和选育提高,为祖代鸡场提供四系配套用的祖代鸡,按杂交制种要求,分配 A 公、B 母、C 公、D 母,其组成比例分别为 6%、18%、16% 和 60%。在祖代鸡场中,A 公与 B 母杂交,C 公与 D 母杂交,产生父母代鸡 AB 和 CD;而在父母代鸡场中,用 AB 公与 CD 母杂交,即生产出 ABCD 四元杂交肉鸡,专用于商品生产。体型外貌:星布罗肉鸡全身羽毛为白色,耳叶呈红色,胫、喙及皮肤为黄色。其父本 A、B 两系为豆冠或单冠,羽毛紧密;母本 C、D 两系为单冠,羽毛蓬松。生产性能:星布罗肉鸡具有生长快,饲料利用率高,生命力强的特点。8 周龄商品肉鸡公、母平均体重为 2.12 千克,累计耗料为 4.43 千克,增重耗料比为 2.04。50% 产蛋率为 189～196 天,产蛋高峰期 210～231 天,入舍母鸡(至 64 周龄)产蛋量为 168～178 枚,平均蛋重 62 天左右,蛋壳褐色。种蛋平均孵化率为 84.0～86.5%。该商品肉鸡屠宰率为 90.98%。半净膛率为 92.13%,全净膛率为 79.71%,表现出较好的产肉性能。星布罗肉鸡自 1978 年引入后,以上海和哈尔滨两个原种场为中心,建立南北两个繁育体系,分别向各省、市提供祖代鸡。几年来已普遍向全国各地推广,适应性强,生产性能好,深受饲养户欢迎。

4. 明星肉鸡

明星肉鸡原产于法国,我国于 1985—1988 年由上海、甘肃、江西先后从法国伊莎育种有限公司引进祖代、父母代种鸡。明星肉鸡是法国伊莎育种有限公司培育的带有矮个基因的五系配套原种肉鸡。该公司的育种专家在肉用矮小型鸡的育种上取得了很大成绩,首次育成了突变型鸡一性连锁的带矮小型基因的鸡。以矮小型鸡为基础,选育出"明星肉鸡",该鸡的育成有 20～30 年历史。该鸡五系配套,即 A、B、C、D、E 五个系,父系已选育了 13 个世代,母系选育了 10 个世代,父系 A、B 是科尼什型,为显性白羽,快羽,正常体型;母系 C、D、E 是白洛克型,其中 C 系含 dw 基因,是矮小型鸡,为隐性白羽,快羽;D 系是正常体型为显性白羽、慢羽;E 系是正常体型,隐性白羽,快羽。由于明星肉鸡选育过程中引入了矮小型基因,故该鸡具有体小、耗料少,而饲养密度高的特点。生产性能:明星肉鸡父母代体重 7 周龄 680 克,22 周龄 1.86 千克,40 周龄 2.4 千克。入舍母鸡至 64 周龄产蛋总数平均为 166.38 枚,产种蛋数为 156.52 枚,提供肉用仔鸡数为 132.52 只。产蛋 40 周龄平均蛋重 63.5 克,母鸡产蛋率 5%～10% 时为 25 周龄,产蛋率 50% 时为 22 周龄,产蛋高峰期的产蛋率为 80.7%,母鸡周龄为 29 周,入孵蛋平均孵化率为 84.6%。0～24 周龄耗料量为 10 千克,0～66 周龄为 48 千克。商品代肉用仔鸡 28 日龄重 820 克,饲料转化率为 1.51,35 日龄重 1 180 克,饲料转化率 1.66,56 日龄重为 2 340 克,饲料转化率 2.28。该鸡具黄脚、黄皮肤、胸肉多、脂肪低、皮薄、骨细、肉味美、性情温顺、适应性强、易管理等特性。明星肉鸡我国引入后经过几年的饲养、繁育推广,由于该鸡引入矮小基因,故与其他品种相比,体型小 30%,饲料消耗低 20% 左右,饲养密度提高 20%～30%。因此,该品种鸡的生产性能和经济效益均较好,同时也为我国培育矮小型鸡种提供了良好的母本。

5. 红波罗肉鸡

红波罗肉鸡又称红宝肉鸡,原产加拿大。我国最早在 1972 年由广东、广西引进商品代鸡,在 1981—1983 年广州、上海、广西、东北等地先后从加拿大谢弗公司和法国子公司引进了祖代和父母代种鸡。体型外貌:红波罗肉鸡为有色红羽,具有三黄特征,即黄喙、黄脚和黄皮肤。生产性能:红波罗肉鸡父母代平均体重 20 周龄为 1.87～2.01 千克,24 周龄为 2.22～2.38 千克,64 周龄为 3.0～3.2 千克。入舍母鸡累计产蛋为(66 周龄)185 枚,入舍母鸡提供种蛋数(64 周龄)165～170 枚,入孵蛋平均孵化率为 83%～85%,每只入舍母鸡出雏数为 137～145 只。育成期死亡率为 2%～4%,产蛋期死亡率(每月)0.4%～0.7%。平均日采食量为 145 克。商品代肉用仔鸡用全价饲料 60 日龄体重可达 2.2 千克,中等营养水平 70 日龄可达 1.8 千克,饲料转化率为 2.2～2.7。红波罗肉鸡引入我国后,表现出较强的抗逆性,母系产蛋量之高在肉鸡种鸡中也是少有的,而且有较高的受精率、孵化率和成活率。肉用仔鸡生长较快,屠体皮肤光滑、味道较好,深受广大消费者欢迎。

6.哈巴德肉鸡

哈巴德肉鸡是哈巴德公司育成的白羽配套系肉鸡种。1980年广州曾引入,我国已推广饲养。该鸡胸肉率高,不仅生长速度快,而且具有伴性遗传,能根据快慢羽自别雌雄。出壳时雏鸡主翼羽与覆主翼羽长度相等,或者短于覆主翼羽为公雏,若主翼羽长于覆主翼羽为母雏。父母代种鸡,入舍母鸡产蛋量为180枚,种蛋孵化率84%,蛋壳褐色。商品代肉用仔鸡7周龄公母平均体重1.78千克,肉料比1∶2.08。8周龄为2.12千克,肉料比1∶2.25。

7.狄高肉鸡

狄高肉鸡是澳大利亚狄高公司培育的黄羽配套肉鸡。广州和深圳于1982—1985年曾从国外引进肉用种鸡。该鸡适应性强,易饲养,商品代雏鸡可根据羽色自别雌雄。

父母代种鸡入舍母鸡产蛋量191枚,种蛋孵化率89%。商品代肉仔鸡7周龄体重1.78千克,肉料比1∶2.08,8周龄体重2.12千克,肉料比1∶2.25。

8.罗斯-308

原产于英国,是英国罗斯育种公司培育的四系配套品种,其商品代可以羽速自别雌雄。1989年被上海引进。此鸡的特点是成活率高,增重速度快,出肉率高。7周末体重约为2 370克,肉料比1∶1.97。23周龄末体重为2 640克,66周龄入舍母鸡产蛋数为186枚,平均孵化率为85%。

9.罗曼

原产地德国,是西德罗曼公司培育的。1982年被中国引进,在北京、四川、河南、江苏等省市建有种鸡场。种鸡38周产蛋数为164枚,平均孵化率为85%,产蛋36周平均每只母鸡耗料39.7千克。7周末体重约为2千克,肉料比为1∶2.05。

思考题

1.我国地方品种有哪些,各有什么特点?

2.我国引进的肉鸡品种有几个?

3.当前我国饲养国外哪些主要品种?

第四章

健康养殖肉鸡营养需要与饲料配制技术

　　提　要　本章共分三节,第一节介绍了健康养殖肉鸡营养、环境与肉鸡营养、微生态营养、营养与免疫、营养与肉鸡品质、肉鸡营养的特点和肉鸡营养需要;第二节主要介绍了健康养殖肉鸡常用饲料、饲料配方的设计和肉鸡各阶段饲料配制关键技术;第三节主要介绍了健康养殖肉鸡添加剂的使用要求和肉鸡兽药的使用要求。建议,饲料公司企业、养殖公司(场、户)在配制饲料和饲养过程中严格按照国家禁止使用添加剂和兽药,确保肉鸡产品的卫生安全。

第一节　健康养殖肉鸡的营养需要

一、健康养殖肉鸡营养

1. 能量的营养
肉鸡进行生命活动,必须有一定的基本能量。能量以饲料中的碳水化合物、脂肪以及蛋白质为来源。但是,蛋白质不仅是构成体细胞的基础物质,而且是构成各种功能酶和激素的原料。所以,仅把蛋白质作为能源使用,是极大的浪费。

肉鸡摄取饲料主要是为了满足必要的能量。当能量得到满足时采食即停止。如果日粮中能量不足,则要分解蛋白质来满足对能量的需要,而造成蛋白质的浪费。但能量过高时,鸡采食量减少,又会造成蛋白质不足,影响生长。因此,饲料中蛋白质、维生素、矿物质等必需营养物质的含量,应与饲料中能量的比例适当,才能达到耗料少、增重快、产蛋多的目的。

鸡的采食量除与饲料中代谢能有关外,舍内温度对能量需要的影响很大。在适温下变动最小,但在低温下能量需要明显增加,必须引起注意。

2.蛋白质、肽与氨基酸的营养

蛋白质是一种复杂的有机化合物,旧称"朊"。组成蛋白质的基本单位是氨基酸,氨基酸通过脱水缩合形成肽链。蛋白质是由一条或多条多肽链组成的生物大分子,每一条多肽链有20至数百个氨基酸残基不等;各种氨基酸残基按一定的顺序排列。蛋白质的氨基酸序列是由对应基因所编码。除了遗传密码所编码的20种"标准"氨基酸,在蛋白质中,某些氨基酸残基还可以被翻译后修饰而发生化学结构的变化,从而对蛋白质进行激活或调控。多个蛋白质可以一起,往往是通过结合在一起形成稳定的蛋白质复合物,发挥某一特定功能。产生蛋白质的细胞器是核糖体。

蛋白质(protein)是生命的物质基础,没有蛋白质就没有生命。因此,它是与生命及与各种形式的生命活动紧密联系在一起的物质。机体中的每一个细胞和所有重要组成部分都有蛋白质参与。

蛋白质的组成:蛋白质是由 C、H、O、N 组成,一般蛋白质可能还会含有 P、S、Fe、Zn、Cu、B、Mn。

蛋白质的性质:具有两性。蛋白质是由 α-氨基酸通过肽键构成的高分子化合物,在蛋白质分子中存在着氨基和羧基,因此跟氨基酸相似,蛋白质也是两性物质。

可发生水解反应:蛋白质在酸、碱或酶的作用下发生水解反应,经过多肽,最后得到多种α-氨基酸。蛋白质水解时,应找准结构中的"断裂点"肽键。

溶于水具有胶体的性质:有些蛋白质能够溶解在水里(例如鸡蛋白能溶解在水里)形成溶液,具有胶体性质。蛋白质的分子直径达到了胶体微粒的大小($10^{-9} \sim 10^{-7}$米)时,所以蛋白质具有胶体的性质。

加入电解质可产生盐析作用:少量的盐(如硫酸铵、硫酸钠等)能促进蛋白质的溶解,如向蛋白质水溶液中加入浓的无机盐溶液,可使蛋白质的溶解度降低,而从溶液中析出,这种作用叫做盐析。这样盐析出的蛋白质仍旧可以溶解在水中,而不影响原来蛋白质的性质,因此盐析是个可逆过程。利用这个性质,采用盐析方法可以分离提纯蛋白质。

蛋白质的变性:在热、酸、碱、重金属盐、紫外线等作用下,蛋白质会发生性质上的改变而凝结起来。这种凝结是不可逆的,不能再使它们恢复成原来的蛋白质.蛋白质的这种变化叫做变性。蛋白质变性后,就失去了原有的可溶性,也就失去了它们生理上的作用。因此蛋白质的变性凝固是个不可逆过程。

造成蛋白质变性的原因:物理因素包括:加热、加压、搅拌、振荡、紫外线照射、超声波等。化学因素包括:强酸、强碱、重金属盐、三氯乙酸、乙醇、丙酮等。

颜色反应:蛋白质可以跟许多试剂发生颜色反应。例如在鸡蛋白溶液中滴入浓硝酸,则鸡蛋白溶液呈黄色,这是由于蛋白质(含苯环结构)与浓硝酸发生了颜色反应的缘故,利用这种颜色反应可以鉴别蛋白质。

蛋白质在灼烧分解时,可以产生一种烧焦羽毛的特殊气味,利用这一性质可以鉴别蛋白质。

蛋白质与氨基酸的平衡:动物体细胞主要成分是蛋白质,鸡体蛋白是由饲料蛋白转化而来的。所以,能否经济而有效地利用饲料蛋白质是养鸡成本高低的关键。

蛋白质是一种高分子有机化合物,在体内经水解形成多种氨基酸。因此,氨基酸是构成蛋白质的基本单位。所谓饲料蛋白质的品质好,是指日粮中蛋白质含有鸡所需要的各种氨基酸,而且比例适当;品质差,则表明蛋白质中所含氨基酸不全面或比例不当。因此,蛋白质的生物价并不决定于蛋白质的含量多少,而决定于它的利用率高低。只有各种必需氨基酸平衡,才能提高蛋白质的利用率。氨基酸种类很多,但构成蛋白质的约 20 种,其中有半数鸡体内无法合成或合成不能满足需要,必须由饲料供给,这样的氨基酸称必需氨基酸。如果必需氨基酸摄取量不足,就难以发挥鸡的生产能力。

在含 15％粗蛋白的日粮中添加蛋氨酸增重效果极显著($p < 0.01$),添加赖氨酸对鸡虽有促进生长作用,但不显著($p > 0.05$)。很多试验表明,通常饲料配合中,蛋氨酸或蛋氨酸加胱氨酸(在体内有协同作用)为第一限制性必需氨基酸,其次为赖氨酸与色氨酸。所以,在配制日粮时应尽量满足上述 3～4 种氨基酸。

两种以上蛋白质混合使用,比各自单独饲喂的营养效果要好。这是由于天然蛋白质的各种氨基酸含量不平衡。几种饲料配合使用,可以取长补短达到平衡,提高利用率。

氨基酸添加剂:饲料中补充的蛋白质不但要考虑数量,而且要考虑质量。动物性饲料含蛋氨酸和赖氨酸都多,植物性饲料中只有豆类和饼粕类饲料含多量的赖氨酸,能量饲料则少含蛋氨酸和赖氨酸。以玉米、豆饼为主的日粮添加蛋氨酸,可以节省动物性饲料用量;大豆不足的日粮添加蛋氨酸和 L-赖氨酸,可以大大强化饲料的蛋白营养价值。人工合成的氨基酸主要有蛋氨酸和赖氨酸两种。

蛋氨酸:是必需氨基酸中唯一的含硫的氨基酸。用微生物发酵法生产的是 L-蛋氨酸,用合成方法生产的是 DL-蛋氨酸,两者效价相等。工业合成的 DL-蛋氨羟基类似物(MHA)能代替蛋氨酸应用,其效价为 1.2 克等于 1 克蛋氨酸。蛋氨酸的添加量要根据饲料中蛋氨酸含量与实际需要量的差额来补充,一般添加量是日粮的 0.05％～0.1％,添加量过大会抑制家禽生长,发生中毒现象。

赖氨酸:饲料中的赖氨酸可分为易被动物利用的有效赖氨酸和不易利用的与其他物质结合状态的结合赖氨酸两类。

3. 脂肪的营养

肉鸡具有生长发育快、代谢旺盛等特点,对日粮的营养要求较高。如艾维茵肉鸡的饲养标准,前期,粗蛋白质 22%,代谢能 12.5 兆焦/千克;后期,粗蛋白质 18.5%,代谢 13.4 兆焦/千克。这样高的能量要求,若用以玉米、豆饼为主配制的日粮是难以达到的,因此,需求添加一定比例的油脂。试验研究证实,肉鸡日粮中添加油脂后,能量和蛋白质的利用率提高,肉鸡生长速度明显加快。

种类与添加量:油脂饲料包括动物油和植物油。动物油如猪油、牛油、鱼油等,其代谢能在 33.5 兆焦/千克以上,植物油如菜籽油、棉籽油、玉米油等代谢能较低,也在 29.3 兆焦/千克。一般来讲,肉鸡日粮油脂的最佳配比为:前期 0.5%,后期 5%~6%。

添加使用方法:因油脂黏性大,添加时要先加热溶化,再由少到多加入粉料,均匀拌和,逐渐扩大稀释,最后与剩余日粮的其他部分混匀,切忌油脂直接与添加剂混合,以防黏结成球,无法拌匀,也可用喷雾器把油脂均匀地喷洒到颗粒饲料表面上。有条件生产颗粒饲料的,也可把添加量的 30% 油脂加入到颗粒饲料中,另 70% 喷洒到颗粒料表面上,从而提高适口性。

应注意的几个问题:首先不可使用变质油脂。其次要注意日粮中营养的平衡。油脂添加以后,由于提高了日粮中的能量水平,饲料中其他营养成分也要作相应的调整,特别是要保持蛋白能量比不变。再次是饲养贮存时间不宜过长。贮存时间过长或在高温条件下存放易发生酸败。一般来讲,含油脂饲料夏天贮存不要超过 7 天,冬天不超过 21 天。

4. 维生素

维生素添加剂:家禽对于维生素的需要量,除考虑营养需要外,还应考虑日粮组成、饲养方式、环境条件、家禽体质与健康状况、应激情况、饲料中维生素利用率、饲料加工贮藏的损失等而决定。如放牧饲养的家禽,青饲料比较充足时,维生素可以少添加或不添加;接种疫苗、转群、断喙和有疫病时,要加大维生素添加量。一般使用的维生素添加剂有维生素 A 油(粉状)、维生素 D₃ 油(粉状)、维生素 K₃、盐酸硫胺素、核黄素、盐酸吡哆醇、烟酸、烟酰胺、D-泛酸钙、氯化胆碱、叶酸、维生素 B₁₂、L-抗坏血酸、D-生物素。在使用禽用维生素添加剂时要注意:

(1)人工合成的维生素 A,生物效价可达 100%,而鱼肝油中维生素 A 的生物效价仅 70%。饲料中维生素 A(或胡萝卜素)含量越小,饲料利用率也越高。

(2)饲料中添加抗球虫药时,硫胺素用量不宜过多。当每千克饲料中硫胺素含量达 10 毫克时,抗球虫药效果会降低。

(3)谷物饲料中烟酸呈结合状物质,不易被动物利用,要另行添加。肉用雏鸡的饲料中要求添加较多的烟酸。

(4)胆碱产品如为液态,需加 50% 玉米粉混合使用。胆碱是碱性很强的维生素,而 B 族维生素遇碱性极易被破坏,使用时要特别注意。

(5)在应激情况下,家禽所需的维生素应比正常情况多一倍。

5.微量元素

微量元素添加剂也称为生长素,通常需要补充的微量元素有铁、铜、锰、锌、钴、碘、硒等。最好是使用硫酸盐作微量元素添加剂的原料,因为硫酸盐可使蛋氨酸增效 10% 左右,而蛋氨酸的价钱是比较贵的。

微量元素添加量极少,而基础饲料中含微量元素量变化较大,又不易分析,故习惯上均按饲养标准中的需要量添加,而基础日粮中的含量作为"安全含量"处理。但当基础日粮中某种矿物质含量超过饲养标准中规定量时,则在配制矿物质添加剂时,不应再添加此种矿物质,否则,不仅造成浪费,还会引起中毒。比较合理的做法是,在有条件的地方尽可能对饲料中矿物质含量直接加以测定,然后再根据饲料中矿物质实际含量来进行矿物质饲料添加剂配方设计。微量元素添加剂的载体应选择不能和矿物质元素起化学作用,并且性质较稳定、不易变质的物质,如石粉(或碳酸钙)、白陶土等。

6. 粗纤维

鸡体温高、生长快、物质代谢旺盛,因此,比其他动物需要更高的营养水平。还由于鸡没有牙齿,完全靠肌胃中的砂石来磨碎食物,又由于肠道短(食物通过的时间亦短),而且盲肠对饲料的消化作用不大,所以鸡对粗纤维的消化能力较低。若纤维过多,营养水平与鸡的生理特点便不相适应,影响其他营养成分的消化吸收,造成饲料浪费。但纤维过少时肠蠕动不充分,鸡没有饱食感,易发生恶食癖等。鸡日粮中粗纤维含量应在 2.5%～4%为宜。

7. 动物性饲料与植物性饲料的平衡

配制家禽日粮时,要注意动物性饲料与植物性饲料的搭配,以提高饲料利用效率。常用的动物性饲料有鱼粉、虾糠、血粉、蚕蛹等,也可用鲜鱼、虾、蚌肉、蚯蚓等代替。动物性饲料的作用主要是平衡必需氨基酸,改变饲料中脂肪酸组成,影响饲料代谢能值和维生素的平衡以及对肠道内细菌群繁殖发生影响,而且含有所谓未知生长因子。配制日粮时,鱼粉含 2%～5%即可,最多不超过 7%,其他动物性饲料也以不超过 10%为宜。

8. 日粮中的其他营养物质

水占鸡体的 60%～70%,对消化、吸收、代谢、调节体温等均有重要的作用,所以要供给清洁适量的饮水。鸡的饮水量受气温、湿度、体重、饲料成分及限喂情况等因素的影响。

二、环境与肉鸡营养

随着集约化高密度肉鸡饲养方式的迅速发展,工厂化养鸡中的环境问题已成为影响当前养禽业发展的重要因素之一(温书斋等,1991)。由于环境问题所造成的热应激使越来越多的人关注炎热气候下的肉鸡生产,一方面生产者为了追求高的生产水平,提高经济效益,使得所施加的生产工艺和技术措施严重地背离了禽类在长期进化过程中所形成的对环境条件的需求特点和生理规律;另一方面与环境控制相关的禽舍环境温度得不到有效调控,从而使大部分气候炎热地区难以抵御高温对家禽生产所带来的环境压力。

三、微生态营养

1.微生态制剂的分类

微生态制剂主要分为3类,即益生菌、益生元及合生元。益生菌是指改善宿主微生态平衡而发挥有益作用,达到提高宿主健康水平和健康状态的活菌制剂及其代谢产物;益生元是指一种非消化性食物成分,能选择性促进肠内有益菌群的活性或生长繁殖,起到增进宿主健康和促进生长的作用;合生元又称为合生素,是指益生菌和益生元的混合制品,或再加入维生素、微量元素等。美国 FDA(1989)规定允许饲喂的微生物共42种,我国农业部(2003)公布的可直接饲喂动物的饲料级微生物添加剂菌种有15个菌种。

2.肉鸡生产中对微生态制剂的需求

肉鸡生产中对微生态制剂的需求是独特的,因为肉鸡生产中具有应激大、消化道疾病多、生长快、饲养规模相对较大的特点,对以上特点所引发的消化障碍及其他新陈代谢问题,使用微生态制剂是一个很好的选择。对于解决大量使用抗生素引起的药物残留问题,微生态制剂是一个最佳的选择。肉鸡生产由于营养要求高,饲料制粒工艺限制了微生态制剂的应用,养殖场(户)可以在生产中直接进行合理使用。可见肉鸡生产中对微生态制剂的需求是很大的。

3.饲养管理水平与微生态制剂应用效果的关系

肉鸡生产管理水平的高低对微生态制剂应用效果有很大关系,饲养管理水平越好则应用微生态制剂的效果越好,反之饲养管理水平越差则微生态制剂应用效果越差。简单地说,肉鸡生产中饲养管理的好坏决定了微生态制剂的使用效果。因为在好的饲养条件下,有益菌株的补充容易获得较好的生长率,其营养及助消化功能能稳定有效地发挥,更有益于肉鸡的生长发育。相反在饲养水平较差的情况下,有益菌株的补充在肠道不容易定植,微生态制剂的功能不能得到有效地发挥。

4. 在肉鸡生产中应用的时机

根据生产经验及相关报道,有 2 个时期应用不佳,一是疫病期间,尤其是病毒类或细菌类引起的消化道疾病;二是使用抗生素期间。因为疫病期间肠道微生态平衡严重遭到破坏,此时应用微生态制剂去治疗,效果不如抗生素。多数有益菌为非耐药性菌株,与抗生素同时使用会降低其效果。在微生态制剂的应用中主要把握以下时机:①1～3 日龄停用抗生素后连用 1 周,以帮助雏鸡尽快建立微生态菌群;②疾病康复期连用 3～7 天,帮助鸡群尽快恢复微生态菌群;③转群及换料阶段连用 3～5 天;④肠炎及球虫病后连用 3～5 天;⑤化学药物停用后连用 3～5 天;⑥鸡群正常的情况下每隔 10 天连用 3 天。

5. 肉鸡生产中应用的方法

由于饲料加工工艺影响了微生态制剂在饲料中的添加应用,目前主要是在生产中直接应用。应用方法主要有以下几种:

(1)微生态制剂原液饮水饲喂。

(2)微生态制剂原液直接喷洒于颗粒饲料中饲喂。

(3)微生态制剂粉剂可拌料饲喂。

(4)小规模饲养户可制作发酵饲料饲喂。

6. 在肉鸡生产中应用微生态制剂应注意的问题

微生态制剂应注意保存:活菌一般怕光、怕热、怕湿,温度越高、湿度越大,活菌存活时间越短,因此应严格按储存条件保存。使用过程中,包装打开后应尽快用完。不要与抗菌素或抗球虫药品配伍:应提前或停药后 24 小时以上应用。因为抗菌素或抗球虫药品对有益菌有杀灭或抑制作用。同时要求饲料中应减少抗菌药物或抗球虫物的添加。由病毒或细菌原因引起的消化道疾病期间使用微生态制剂无效。正确选用微生态制剂:国内微生态制剂生产厂家很多,质量差异较大,使用中必须充分了解,尽可能做一些简单的对比实验进行筛选。

微生态制剂对于肉鸡的生产有肠道保健作用、营养助消化作用、增强免疫力的作用、抗菌的作用,同时有提高鸡肉品质解决药物残留的优点。在肉鸡生产中使用微生态制剂不但可以提高肉鸡养殖的经济效益,同时也会产生很大的社会效益。随着我国对食品安全的重视与规范,微生态制剂的发展和应用必然会受到高度的重视。

四、营养与免疫

甘露聚糖类物质作为半纤维素的第二大组分,广泛分布于自然界中。它是所有豆科植物细胞壁的主要组成成分,在其他植物性饲料原料中含量也很高,如玉米、小麦、菜籽粕、麸皮等。由于畜禽的消化酶系不含甘露聚糖酶,因此甘露聚糖类物质不能被消化吸收,并且还起到抗营养的作用。微生物来源的 β- 甘露聚糖酶是一种半纤维素水解酶,能以内切方式降解 β-1,4-糖苷键,降解产物的非还原末端为甘露寡糖,其作用底物包括 β-甘露聚糖、半乳甘露聚糖及葡萄甘露聚糖。

β-甘露聚糖酶降解甘露聚糖类物质产生甘露寡糖,甘露寡糖可以通过与肠绒毛免疫细胞表面蛋白受体相互作用或通过干预存在于淋巴结和黏膜固有层记忆细胞上的信号系统进行免疫调节。经研究表明,饲料中添加甘露寡糖可以增强吞噬细胞的吞噬能力。Siske(1977) 使用肉仔鸡、Zennoh(1995) 使用小鼠报告了甘露寡糖可提高吞噬细胞的活性。美国俄勒冈州立大学的 Tom Savage 博士报告了饲喂甘露寡糖后的火鸡胆汁中 IgA 及血浆中 IgG 浓度增加。许多关于肉仔鸡的试验显示,甘露寡糖可提高疫苗抗体滴度。罗马尼亚帕斯蒂奥研究所使用限菌猪所作的试验也表明,甘露寡糖可提高抗体滴度。

五、营养与肉鸡品质

改善肉质的几种方法:各种动物肌肉的品质是特定种质的特有的

性质,一般不易改变,可是肉的风味、鲜嫩度等可以通过特殊的饲养管理得到一定的改善。

大蒜中富含可以改善鸡肉风味的成分,能使鸡肉风味变浓。因此,可以在饲料中添加大蒜,一般添加大蒜粉,添加量为日粮的 2%。

在鸡配合饲料中加入 10%~27%牧草饲料和 5%~10%菜园或果园土壤表层的腐叶,可以使笼养鸡的肉质和口感均有所改善。

将肉用仔鸡饲料中的粗蛋白控制在 18%,其中的聚磷酸氨基酸铵为 0.54%,可以显著提高鸡的瘦肉率,改善鸡肉品质。

杜仲能促进肌肉纤维的发育,提高肌肉中的胶原蛋白的含量。因此在鸡饲料中添加 0.2%~0.3%杜仲,能使鸡肉味更鲜,蛋白质含量显著提高,改善鸡肉品质。

将紫苏种子掺入玉米粉,并添加适量的维生素 E,可以显著提高鸡肉中的 α-亚麻酸和维生素 E。这种鸡肉可以作为人类的一种功能性食品,预防动脉硬化。

在改善畜禽肉品质的这一领域,虽然积累了一些宝贵经验,但远不能满足消费者的需求。为了进一步提高禽肉产品品质,还需要作进一步的深入研究。

六、健康养殖肉鸡营养的特点

肉鸡不爱活动,生长速度快。日龄越小,相对生长速度越高,第一周末的体重为出壳时的 3 倍。绝对生长速度随日龄增加而加快,到第七周龄时达到高峰,以后则逐渐降低。肉鸡采食饲料数量大,饲料利用率高,但单位体增重的饲料消耗随日龄增加而增加。

肉鸡的消化特点:肉鸡的消化能力受多种因素的影响。仅就肉鸡自身而言,胃肠道的生长发育、消化酶和盐酸的产生速度均影响消化能力,这些都与肉鸡日龄有关。

肉鸡日龄对消化系统的生长发育有直接影响。孵化后 1 周内,消化系统生长发育速度是其他系统的 5~6 倍。5 日龄时肠腔横截面积为 0 日龄时的 3～4 倍,小肠中部、末端和回肠绒毛长度分别增加 1～2 倍,而 5 日龄与 14 日龄之间无显著差异。从 10 日龄开始,仔鸡消化道容量和酶分泌量增加,以适应采食量的增加。此外,肉鸡消化道的发育和消化力还受日粮物理特性的影响。

蛋白酶、胰脂酶和淀粉酶浓度随鸡日龄的增加而呈不同比率升高。YealNoy 等(1995)研究证明,马从 4～21 日龄,进入十二指肠的胰蛋白酶、淀粉酶和脂肪酶增加了 20～100 倍,但脂肪酶活性增加较少,比其他酶类增加缓慢。胆汁的分泌也与消化酶一样,随仔鸡日龄的增加而增加。生长初期,胆汁分泌较少,马从 4～21 日龄分泌到十二指肠的胆汁增加了 8～12 倍。随着鸡龄的增加,肉仔鸡采食量增加,能分泌充足的酶用于水解糖和脂类,从而缩短肠道排空时间。

胃肠道的排空率受多种因素的影响 第一,随鸡日龄的增长而变化。饲料的排空率随仔鸡生长而下降,从 4～10 日龄,饲料消耗增加 4 倍,排空率下降 30%,10 日龄以后,采食量继续增加而排空率没有变化。饲料排空时间均下降,在十二指肠更为明显。第二,受日粮采食量的影响。随采食量的增加,饲料的排空时间缩短。第三,受日粮营养成分的影响。高纤维日粮在消化道滞留时间较长,这有助于增加食物的消化和微生物发酵的时间,提高粗纤维的消化率。

研究发现,仔鸡日粮中添加 6%不饱和脂肪酸,4 日龄时脂肪酸的消化率超过 85%,12～15 日龄的仔鸡饲喂超过 10%的不饱和脂肪酸,日粮脂肪酸的消化率超过 90%。家禽对饱和脂肪酸,特别是硬脂酸的利用率低。因此,不同熔点和硬度的脂肪具有不同的能量价值。

肉仔鸡对淀粉的消化率可达 85%～95%。饲粮中粗纤维水平较低时对肉鸡的生产性能无明显影响。在标准的鸡饲粮中添加 2%的纤维素,试验鸡的生长率为对照组的 92%～101%。当饲粮中含 10%的草粉或苜蓿粉时,肉仔鸡生长正常。Sibbald(1979)报道,成年鸡的饲粮中添加纤维素不影响真代谢能和氨基酸的利用率。然而,过高的粗纤维对仔鸡的生产性能是有害的。肉鸡饲粮中的纤维水平从 0 增加到 20%,增重和饲料利用率随之下降。在鸡生长强度最大的 20 天中,饲粮(颗粒饲料)中纤维含量达到 20％水平时,鸡的生长率明显下降。

肉仔鸡对日粮中蛋白质的消化能力随日龄增加而提高。4～7 日龄仔鸡,氮的回肠表观消化率为 78％～80％,19 日龄时达到 86％,21 日龄达到 90％。日粮中蛋白质不足可降低甲状腺素的分泌,导致生长强度降低。在肉仔鸡肥育后期保持日粮代谢能不变时,增加日粮粗蛋白质水平可降低腹脂沉积率,脂肪肝的发病率也将减少,而当日粮代谢能增加时,脂肪沉积会增加。日粮粗蛋白质降低至 16％时,腹脂量增加。在日粮中添加 0.25％ DL-蛋氨酸、0.38％ L-赖氨酸盐酸盐和谷氨酸,可减缓脂肪的沉积速度。试验发现,日粮蛋白质水平与肉仔鸡蛋氨酸需要量呈线性相关,即蛋白质水平愈高,蛋氨酸需要量愈高。肉鸡日粮中添加蛋氨酸不仅可提高生产性能,而且能降低胴体脂肪含量。对赖氨酸、色氨酸、苏氨酸等必需氨基酸的研究也得到类似结果。

七、健康养殖肉鸡营养需要

营养需要标准就是畜禽的饲养标准,在一定的饲养环境条件下,要满足畜禽生长发育和生产所需要提供的营养素的量。这些数据是经过大量的重复试验和生产验证而总结出来的,规定出每只每天能量和各种营养物质的供给量,以及每千克风干物质应具有的营养价值,这些规定称为饲养标准。营养标准是进行配合日粮和科学饲养的基础。现在最具有权威性的营养标准是 NRC 标准,他所提供的是最低营养需要,一般在实际生产中应增加 5％～10％的安全系数。

1. 饲料营养标准的安全量

饲料厂家在生产饲料时为维护信誉,非常重视产品的质量。用户往往在发现生长缓慢、羽毛褪色或失去光泽等情况时,首先想到的是饲料质量问题。饲料厂虽然严格执行质量控制,但是每天生产量很大,所需要的原料品种和数量也很多。产品不是生产出来后立刻就能送到经销商或客户家,还需要贮藏、运输等过程,在经销商销售的过程中也存在贮藏和运输问题,有条件的可能在这些过程中,不会使饲料的营养成分损失太多,但如果条件差的贮藏和运输,则会使饲料中的营养成分损失很多。因此,为了保证终端客户所使用饲料的营养含量,厂家常常采用一些保险的办法,在饲料原料成分表中选用较低的数值,而对饲料标准则增加10%的安全量来计算饲料配方,这样既保证了饲料的生产性能,又经得起饲料监察部门的检察。但这样做会使饲料的成本有所上升。

NRC标准是几十年来科学研究的总结,历届家禽专业委员会的专家们大量搜集全球的研究报告,加以分析取舍,使之成为今日动物营养最权威的营养标准,并不断修改补充使之日益完善。有试验证明,低于NRC标准10%组的生产性能明显低,虽然饲料单价较低,但折合每千克产品的成本并不低;高于NRC标准10%的组生产性能与NRC组无明显差异,饲料转换率也相差不多,但每千克产品要求的代谢能相同,要求的蛋白质要多一些。这说明超过标准的安全量只是一个保险系数,可能有部分是浪费的。

我国作为一个蛋白质资源贫乏的国家,必须合理利用宝贵的蛋白质饲料资源。因此,如果在确定饲料配方的时候多考虑一些各方面的因素,将安全量定在一个较实际的水平上,就能够更好地发挥有限的蛋白质与氨基酸的作用。

2.肉用仔鸡的营养需要标准

肉用仔鸡的营养需要标准Scot主张要充分利用幼雏的生长优势,认为在0～2周龄时采用高蛋白日粮最经济。有关肉用仔鸡的营养需要可参考表4-1中肉用仔鸡的营养需要。

随着养鸡业的发展,各育种公司根据市场的需要,培育出更具有竞争力的品种,也使得这些品种在饲养管理中尤其是在营养素的供给上具有特定性,为了让鸡群发挥更大的潜力,各品种都制订了本品种的营养需要标准。

表 4-1　肉鸡营养需要
(90%干物质)

营养素	0～3 周[a]	3～6 周[a]	6～8 周[a]
	3 200[b]	3 200[b]	3 200[b]
蛋白质和氨基酸			
粗蛋白质[c]/%	23	20	18
精氨酸/%	1.25	1.1	1
甘氨酸＋丝氨酸/%	1.25	1.14	0.97
组氨酸/%	0.35	0.32	0.27
异亮氨酸/%	0.8	0.73	0.62
亮氨酸/%	1.2	1.09	0.93
赖氨酸/%	1.1	1	0.85
蛋氨酸/%	0.5	0.38	0.32
蛋氨酸＋胱氨酸/%	0.9	0.72	0.6
苯丙氨酸/%	0.72	0.65	0.56
苯丙氨酸＋酪氨酸/%	1.34	1.22	1.04
脯氨酸/%	0.6	0.55	0.46
苏氨酸/%	0.8	0.74	0.68
色氨酸/%	0.2	0.18	0.16
缬氨酸/%	0.9	0.82	0.7
脂肪			
亚油酸/%	1	1	1
常量元素			
钙/%	1	0.9	0.8
氯/%	0.2	0.15	0.12
镁/(毫克/千克)	600	600	600
非植酸磷[d]/%	0.45	0.35	0.3
钾/%	0.3	0.3	0.3
钠/%	0.2	0.15	0.12

续表 4-1

营养素	0～3 周[a]	3～6 周[a]	6～8 周[a]
	3 200[b]	3 200[b]	3 200[b]
微量元素			
铜/(毫克/千克)	8	8	8
碘/(毫克/千克)	0.35	0.35	0.35
铁/(毫克/千克)	80	80	80
锰/(毫克/千克)	60	60	60
硒/(毫克/千克)	0.15	0.15	0.15
锌/(毫克/千克)	40	40	40
脂溶性维生素			
维生素 A/(国际单位/千克)	1 500	1 500	1 500
维生素 D_3/(国际单位/千克)	200	200	200
维生素 E/(国际单位/千克)	10	10	10
维生素 K/(毫克/千克)	0.5	0.5	0.5
水溶性维生素			
维生素 B_{12}/(毫克/千克)	0.01	0.01	0.007
生物素/(毫克/千克)	0.15	0.15	0.12
胆碱/(毫克/千克)	1 300	1 000	750
叶酸/(毫克/千克)	0.55	0.55	0.5
烟酸/(毫克/千克)	35	30	25
泛酸/(毫克/千克)	10	10	10
吡哆醇/(毫克/千克)	3.5	3.5	3
核黄素/(毫克/千克)	3.6	3.6	3
硫胺素/(毫克/千克)	1.8	1.8	1.8

注：a. 0～3、0～6、6～8 的年龄划分源于研究的时间顺序；在青年阶段，据饲料消耗已做修正。

b. 为典型日粮能量浓度，用代谢能千卡/千克日粮表示。当地原料来源和价格不同时可做调整（1 卡＝4.186 焦）。

c. 肉鸡不需要粗蛋白本身，但必须供给足够的粗蛋白以保证合成非必需氨基酸的氮供应。粗蛋白建议值是基于玉米-豆粕型日粮提出的，添加合成氨基酸时可下调。

d. 当日粮含大量非植酸磷时，钙需要相应增加（Nelso,1984）。

第二节 健康养殖肉鸡的饲料配制技术

饲料是动物赖以生存并进而为人类生产动物产品的基本原料,配合饲料是动物健康高产的科学配餐,每一个饲料生产者,都努力使自己的产品做到质量好,价格低,就是以最低的饲料成本,满足动物的营养需要,换取最多的畜产品,获取最大的经济效益和社会效益。为达此目的,必须抓好三方面的工作,一是抓好原料质量,没有好的原料即使配方再科学,设备再先进,也做不出好饲料;二是要有先进的设备,确保生产过程中做到配料准确,搅拌均匀度高,这样生产的饲料能够达到配方的要求,能够做到单位体积的饲料内都含有畜禽生长生产所需要的各种营养物质;三是要具备科学的饲料配方,应该根据动物营养标准的要求,把多种原料,根据营养互补的原则,合理搭配,配出营养全面,成本低效益高的饲料。

一、健康养殖肉鸡常用的饲料原料

饲料原料是肉鸡健康养殖的关键,选用符合无公害食品标准的饲料原料是配制无公害饲料的前提。因此,应选用符合无公害饲料原料所规定的无生物(微生物)、化学、物理等有害物质的饲料原料;选用合格的饲料添加剂,严格遵守《允许使用的饲料添加剂品种目录》,禁用调味剂、人工合成的着色剂、人工合成的抗氧化剂、化学合成的抗氧化剂、化学合成的防腐剂、非蛋白氮和部分黏结剂;不使用动物粪便作饲料原料,禁止使用禽源性饲料原料。

1. 能量饲料

肉鸡饲料中常用的能量饲料主要包括动植物油脂和谷物籽实及其

加工副产品。在肉鸡生产中常用的谷物籽实类饲料有玉米、小麦、大麦、稻谷、高粱、燕麦、黑麦等。谷物籽实类饲料的干物质消化率高,其中无氮浸出物含量为70%～80%,纤维素含量低,一般为3%～8%,可利用的能量高于其他饲料。粗蛋白质含量为8%～12%,但蛋白质品质比较差,蛋氨酸、赖氨酸、色氨酸、苏氨酸含量较低,所以能量饲料中无论是蛋白质还是几种必需氨基酸,均不能满足肉鸡的需要,一定要和蛋白质饲料配合使用。

(1)玉米:玉米是肉鸡的基础饲料,号称"饲料之王"。玉米的颜色有黄白之分,黄玉米含有少量胡萝卜素和叶黄素,有助于脚和皮肤的着色,故肉鸡多用黄玉米作能量饲料。玉米中所含的可利用能值高,表观代谢能值达13.8兆焦/千克。但其蛋白质含量低,7.2%～9.3%,氨基酸组成不均衡,赖氨酸、蛋氨酸、胱氨酸和色氨酸较缺乏。遗传改良的高赖氨酸玉米中赖氨酸含量可比常规玉米高36%左右。玉米中钙含量仅为0.02%左右,磷含量约为0.25%,但其中50%～60%为植酸磷,肉鸡对其利用率很低。除成本因素外,在肉鸡日粮中玉米用量不受限制,只要按肉鸡饲养标准中满足蛋白质、钙、磷的水平,能量饲料全部可用玉米来满足。一般,鸡日粮中玉米占50%～70%。

(2)小麦:小麦的代谢能值约为玉米的90%,蛋白质含量为11%～16%。小麦中氨基酸组成优于其他谷实类饲料,但氨基酸含量仍然较低,尤其是赖氨酸:与玉米一样,小麦中钙少磷多,且磷主要是植酸磷,但小麦种皮含有比其他谷物高得多的植酸酶,可起到提高磷利用率的作用。由于小麦含有较多会增加肉鸡消化道食糜黏稠度的可溶性多糖——阿拉伯木聚糖,这使得肉鸡对小麦中养分的利用率较低,从而降低养分的消化率和饲料转化率。在肉鸡日粮中,小麦等量取代玉米时,可以提高肉鸡的抗球虫能力,同时有利于生长期营养成分的平衡过渡,不利的方面是减少了出肉率和胸肉率,饲喂效果仅及玉米的90%左右,使用小麦酶,能提高小麦的利用率,提高饲喂效果。日粮中小麦添加比例的多少,在设计配合饲料时要经过精确计算,前期料中小麦的安全用量是不使用或在 4～7 日龄使用 5％,中期料逐渐增加到 10％,后期料逐渐增加到 15％。

(3)稻谷和糙米:稻谷粗纤维含量约为 10％,代谢能含量低于玉米,约 11.00 兆焦/千克。稻谷蛋白质含量约为 8％。稻谷去外壳后为糙米,其营养价值比稻谷高,其消化率和能值与玉米相似,糙米中含有胚芽,所以其蛋白质略高于玉米。稻谷在肉鸡日粮中用量应有一定限度,因含粗纤维高影响饲料消化率和适口性。使用稻谷和糙米时与其他谷实类饲料一样,要注意与优质的饼粕类或动物性蛋白质饲料配合,补充蛋白质的不足。肉仔鸡给饲糙米(20％～40％)的饲养效果,到 8 周时与玉米比较毫不逊色。

(4)脂肪:动物性脂肪中用作饲料的有牛、羊、猪、禽脂肪,植物油包括玉米油、花生油、葵花油、豆油等。植物油的代谢能值为 34.3～36.8 兆焦/千克,动物脂为 29.7～35.6 兆焦/千克。肉鸡日粮中一般添加油脂 1％～3％,且以植物油为佳。

2.蛋白质饲料

蛋白质饲料可分为植物性蛋白质饲料、动物性蛋白质饲料、单细胞蛋白质饲料和非蛋白氮饲料。

(1)植物性蛋白质饲料:植物性蛋白质饲料主要指植物性饼粕及某些豆类。此外,玉米蛋白、浓缩叶蛋白及某些植物性加工副产品也属此类。

豆科籽实类:豆科籽实的营养特点是蛋白质含量丰富,一般为 20％～40％,无氮浸出物含量较谷实类低,仅为 28％～62％,但它的能量值高于玉米。蛋白质的品质优良,特别是赖氨酸的含量比较高,但蛋氨酸含量相对较少。值得注意的是,生大豆中含有抗营养因子,如抗胰蛋白酶,会影响动物适口性和饲料的消化率。抗胰蛋白酶可在高温下被破坏,故大豆常加工成膨化全脂大豆取代豆粕。

大豆饼(粕):豆饼(粕)是我国主要的植物性蛋白质饲料的来源,约占饼粕类饲料总量的 70％。大豆饼(粕)的蛋白质含量为 40％～50％。

大豆饼(粕)蛋白质品质较好,含赖氨酸约为 2.5％,其含量低于鱼粉但高于其他饼粕类饲料,蛋氨酸含量相对低,约为 0.46％。氨基酸利用率较其他饼粕类饲料高。钙和磷含量较谷物类饲料高,但 50％～70％磷为植酸磷,利用率低。豆饼(粕)是肉鸡日粮中主要的蛋白质饲料源,其用量一般不受限制,但需要注意补充蛋氨酸。

棉仁饼(粕):是棉籽经脱壳之后压榨或浸提后的残渣。棉仁饼(粕)中蛋白质含量为 33％～40％。粗纤维一般含量为 11％,故棉仁饼(粕)的鸡代谢能低,为 7.1～9.2 兆焦/千克。棉仁饼(粕)蛋白质质量较差,赖氨酸含量低于豆饼(粕),约为 1.34％,蛋氨酸约为 0.38％,胱氨酸约为 0.75％,氨基酸利用率低。棉仁饼(粕)中含有棉酚,肉鸡摄入过量易引起中毒。肉鸡日粮中一般仅限使用 3％～5％的棉仁饼(粕),且在后期使用。

菜籽饼(粕):菜籽饼(粕)是菜籽榨(浸)油后的残渣。蛋白质含量为 33％～38％,赖氨酸含量为 1.0％～1.8％,蛋氨基酸含量为0.5％～0.9％,色氨酸含量为 0.3％～0.5％,氨基酸利用率比豆饼(粕)低。粗纤维含量为 12％,无氮浸出物含量为 30％,代谢能为7.1～8.4 兆焦/千克。菜籽饼(粕)能量低、蛋白质品质差、适口性差,且含有有毒物质——硫葡萄糖苷,从肉鸡营养需要讲,日粮中不宜过量使用菜籽饼(粕),一般用量为 3％～5％,使用时期为后期。

花生饼(粕):花生饼(粕)是花生去壳后的花生仁经榨(浸)油后的残渣。花生饼粕蛋白含量为 44％～48％。蛋白质品质较差,赖氨酸含量 1.32％、蛋氨酸 0.27％。花生饼粕的适口性好,优于其他饼粕类饲料,仅次于豆饼(粕)。花生饼(粕)不宜作为肉鸡饲料中唯一蛋白质来源,宜与大豆饼(粕)配合使用。应用过程中应注意预防黄曲霉毒素污染。肉鸡前期最好不用,其他阶段用量宜在 4％以下。

玉米蛋白粉:玉米蛋白粉是玉米提取淀粉后的副产品。我国的玉米蛋白粉蛋白质含量一般为 30％～70％,赖氨酸和色氨酸含量严重不足,不及相同粗蛋白含量的鱼粉的 1/4,但蛋氨酸含量高,与相同蛋白质含量的鱼粉相当。蛋白质的适口性一般,一般肉鸡料中的用量为2%～3%,不得超过5%否则应注意补充氨基酸。

(2)动物性蛋白质饲料:我国肉鸡饲料中常用的动物性蛋白质饲料有鱼粉、肉骨粉、血粉、蚕蛹粉等。动物性蛋白质饲料的蛋白质含量高,蛋白质品质好,尤其含赖氨酸丰富。大部分动物性蛋白质饲料中钙、磷含量高,且比例适宜;部分维生素含量丰富,如维生素 B_{12} 等。肉鸡对动物性蛋白质饲料养分利用率高。

鱼粉:鱼粉因加工和来源不同品质差异较大。优质鱼粉的蛋白质含量一般为55%～65%,脂肪含量小于10%,含钙3.8%～4.5%,磷2.5%～3.0%,食盐含量小于4%。鱼粉蛋白质、赖氨酸、蛋氨酸、胱氨酸和色氨酸含量高,且消化率也高。此外,鱼粉含微量元素硒多,高达2毫克/千克。鱼粉中维生素含量丰富,尤其是B族维生素,鱼粉中含有所用植物性饲料都不具有的维生素 B_{12}。鱼粉用量过高时,既增加成本又会使禽肉产生腥味,还易造成肌胃糜烂,所以肉鸡饲料中鱼粉的适宜用量为1%～6%。国产鱼粉一般含盐量高,配合饲料时要加以考虑,适当降低食盐的添加量,避免食盐中毒。

肉粉、肉骨粉、骨肉粉:由废弃的胴体、内脏等加工而成的产品,蛋白质含量变化很大,一般在50%左右。蛋白质含量高的肉骨粉,钙磷含量较少;蛋白质含量低者被称为骨肉粉,其钙磷含量较高。肉骨粉蛋白质含量为20%～26%,脂肪含量为8%～12%,钙含量为10%～14%,磷含量为3%～8%。赖氨酸含量丰富,但蛋氨酸和色氨酸较少。缺乏维生素 A 和维生素 D、核黄素、烟酸等,但维生素 B_{12} 较多。肉骨粉在肉鸡日粮中可使用5%左右。

血粉:是屠宰牲畜所得血液经干燥后制成的产品,含粗蛋白质80%以上,赖氨酸含量为6%～7%,但异亮氨酸、蛋氨酸含量较低。血粉中含铁多,约含2 900毫克/千克。血粉适口性差,日粮中不宜多用,易引起腹泻,肉鸡日粮中应控制在1%～3%。

(3)矿物质饲料:肉鸡常用的矿物质饲料主要有下面几种:

石粉:含钙量为 36%～39%,用量一般占日粮的 1%～3%。

贝壳粉:含钙量 38%左右,常作饲料补充钙之用。一般占日粮的 1%～3%。

骨粉:含钙约 30%,含磷 15%。骨粉的用量一般占日粮的 1%～2.5%。

食盐:在配制日粮时要根据饲料中实际含盐量,再考虑食盐的添加量,避免食盐过量或不足。一般用量不超过日粮的 0.35%。

磷酸钙或磷酸氢钙:在日粮中添加 2%～3%。但应注意含氟和含矾量太高的磷酸盐(即磷矿石)不宜作饲料用。

沙砾:它不是饲料,但可帮助消化,提高饲料转化率。可在日粮中添加 0.5%～1%的沙砾,或在运动场内置沙盘让肉鸡自由啄取。

(4)饲料添加剂:肉鸡常用的饲料添加剂主要有以下几种:

氨基酸类:家禽饲料中应用较普遍的有蛋氨酸和赖氨酸。也可添加精氨酸、苏氨酸、谷氨酸等,但成本较高不常用。无鱼粉或低鱼粉日粮必须添加蛋氨酸,蛋白质饲料以豆粕为主的日粮中赖氨酸可以添加很少或不加。常规肉鸡日粮中氨基酸添加量为 0.05%～0.3%。氨基酸添加剂形式目前主要有固态和液态两种。

维生素类:肉鸡日粮中使用的维生素添加剂有 14 种,按溶解性可分为脂溶性维生素和水溶性维生素,脂溶性维生素包括维生素 A、维生素 D、维生素 E、维生素 K;水溶性维生素包括硫胺素、核黄素、泛酸、烟酸、吡哆醇、叶酸、生物素、维生素 B_{12}、胆碱、维生素 C。各种维生素添加剂的规格及性质见表 4-2。

微量元素:在肉鸡饲料中常用的微量元素有铁、铜、锰、锌、碘和硒 6 种。常用微量元素添加剂为有硫酸铜、硫酸镁、硫酸锌、硫酸锰、碘化钾、碳酸钙、磷酸氢钙、硫酸亚铁、亚硒酸钠、氯化钴、乳酸铁。

表 4-2 维生素添加剂的规格及性质

种类	外观	粒度/(个/克)	含量	容重/(克/毫升)	水溶性
维生素 A, 乙酸脂	淡黄到红褐色球状颗粒	10 万~100 万	50 万国际单位/克	0.6~0.8	在温水中弥散
维生素 D₃	奶油色细粉	10 万~100 万	10 万~50 万国际单位/克	0.4~0.7	可在温水中弥散
维生素 E, 乙酸脂	白色或淡黄色细粉或球状颗粒	100 万	50%	0.4~0.5	吸附制剂, 不能在水中弥散
维生素 K₃ (MSB)	淡黄色粉末	100 万	50%甲萘醌	0.55	溶于水
维生素 K₃ (MSBC)	白色粉末	100 万	25%甲萘醌	0.65	可在温水中弥散
维生素 K₃ (MPB)	灰色到浅褐色粉末	100 万	22.5%甲萘醌	0.45	溶于水的性能差
盐酸维生素 B₁	白色粉末	100 万	98%	0.35~0.4	易溶于水, 有苦水性
硝酸维生素 B₁	白色粉末	100 万	98%	0.35~0.4	易溶于水, 有苦水性

续表4-2

种类	外观	粒度/(个/克)	含量	容重/(克/毫升)	水溶性
维生素 B_2	橘黄色到褐色,细粉	100万	96%	0.2	很小溶于水
维生素 B_6	白色粉末	100万	98%	0.6	溶于水
维生素 B_{12}	浅红色到浅黄色末	100万	0.1%~1%	因载体不同而异	溶于水
泛酸钙	白色到浅黄色粉末	100万	98%	0.6	易溶于水
叶酸	黄色到浅黄色粉末	100万	97%	0.2	水溶性差
烟酸	白色到浅黄色粉末	100万	99%	0.5~0.7	水溶性差
生物素	白色到浅褐色粉末	100万	2%	因载体不同而异	溶于水或在水中弥散
氯化胆碱(液态制剂)	无色液体	—	70%、75%、78%	含70%者为1.1	易溶于水
氯化胆碱(固态制剂)	白色到褐色粉末	因载体不同而异	50%	因载体不同而异	氯化胆碱部分易溶于水

71

药物添加剂：

①抗球虫药类：氨丙啉、氨丙啉＋乙氧酰胺苯甲酯、氨丙啉＋乙氧酰胺苯甲酯＋磺胺喹噁啉、硝酸二甲硫胺、氯羟吡啶、氯羟吡啶＋苄氧喹甲酯、尼卡巴嗪、尼卡巴嗪＋乙氧酰胺苯甲酯、氢溴酸常山酮、氯苯、二硝托胺、拉沙洛西钠、莫能菌素、盐霉素、马杜霉素、海南霉素。

② 驱虫药类：越霉素 A、潮霉素 B。

抑菌促生长剂类：喹乙醇、杆菌肽锌、硫酸粘杆菌素、杆菌肽锌＋硫酸粘杆菌素、北里霉素、恩拉霉素、维吉尼霉素、黄霉素、土霉素钙、金霉素钙、氨苯胂酸、磷酸泰乐菌素。

③中草药类：苍术、陈皮、沙棘、金荞麦、党参、蒲公英、神曲、石膏、玄明粉、滑石、牡蛎。

④抗菌促生长类：包括多肽类、磷酸化多糖类、大环内酯类、聚醚类、氨基苷类等。多肽类：使用较多的为杆菌肽锌、黏杆菌素、恩拉霉素、维吉尼霉素、硫肽霉素、阿伏霉素。磷酸化多糖类：黄霉素、魁北霉素。聚醚类：莫能菌素、盐霉素。大环内酯类：泰乐菌素。氨基苷类：越霉素 A、潮霉素 B。

⑤防霉剂：常用的主要是丙酸和丙酸盐。

酶制剂：包括消化酶类和非消化酶类。消化酶主要有淀粉酶、蛋白酶、脂肪酶等，用于补充肉鸡自身消化酶分泌不足；非消化酶以纤维素酶、半纤维素酶、植酸酶等为主，能促使饲料中某些营养物质或抗营养因子降解。除植酸酶外，主要以复合酶制剂的形式应用。复合酶制剂通常以纤维素酶、木聚糖酶和 β-葡聚糖酶为主，以果胶酶、蛋白酶、淀粉酶、半乳糖苷酶、植酸酶等为辅。淀粉酶包括 α-淀粉酶和糖化酶，α-淀粉酶能将淀粉大分子分解为易被吸收的中、低分子物质。糖化酶能将 α-淀粉酶分解的中低分子物质进一步水解为葡萄糖。蛋白酶是降解蛋白质肽链的水解酶，主要有胃蛋白酶、胰蛋白酶和木瓜酶等。纤维素酶可破坏纤维素的结晶结构，将纤维素大分子水解为低聚糖，并将低聚糖分解为葡萄糖。β-葡聚糖酶能水解葡聚糖等大分子，降低消化道中物质的黏度，促进营养物质的吸收。果胶酶能有效分解果胶质，促进营养成分的消化和吸收。植酸酶可将植酸磷中的磷分解释放出来,从而减少无机磷在饲料中的添加量,降低饲料成本,并且减少动物粪便中磷的排泄量,降低环境污染。复合酶是将两种或超过两种具有生物活性的酶混合而成的产品。复合酶根据不同动物和不同生长阶段的特点进行配制,有较好的作用。

微生态制剂:是利用正常微生物或促进微生物生长的物质制成的活的微生物制剂,即一切能促进正常微生物群生长繁殖的及抑制致病菌生长繁殖的制剂都称为"微生态制剂"。具有调节肠道微生物菌群,快速构建肠道微生态平衡的功效。肉鸡常用的微生态制剂有:①乳酸菌类:嗜酸乳杆菌,嗜热乳杆菌,双歧杆菌,醋酸菌群。②芽孢杆菌类:枯草芽孢杆菌,纳豆芽孢杆菌,地衣芽孢杆菌,蜡状芽孢杆菌。③酵母菌。④放线菌。⑤光合细菌等。

二、饲料配方的设计

1.饲料配方设计的原则

(1)营养平衡性:根据肉鸡品种和日龄段的营养需要,能够全面满足肉鸡的营养需求,以充分发挥肉鸡的生产性能。

(2)经济性:饲料配方在满足营养需要的基础上,尽可能降低饲料的成本。

(3)安全性:按照农业部发布的有关标准配制。要确保健康养殖,在饲料方面须做到:①饲料配方除满足肉鸡生长需要外,还应考虑到肉鸡适应环境能力的需要,例如对温度的变化和改换饲料配方的应激以及提高肉鸡免疫力都需要补充营养。应考虑到饲料配方中更多的营养组分的需要量,除蛋白质、维生素和矿物质外,还有脂肪酸等。②选用符合无公害食品标准的饲料原料,特别是一些天然植物,它们可提供维生素、矿物质、色素、多糖或其他提高肉鸡免疫力的活性组分。③选用合格的饲料添加剂,品种严格遵守《允许使用的饲料添加剂品种目录》。④在生产贮存过程中没有被污染或变质。

2.确定饲养标准

饲养标准是根据大量科学试验和生产实际经验得出的各种营养物质的需要量。由于目前给出的饲养标准是试验得出的一般性数据,而实际上不同肉鸡品种、不同饲养环境下对营养物质的需求量是不同的,因此,要配合能够满足肉鸡需要且不造成浪费经济性配方,就必须根据各影响条件的具体变化对饲养标准进行修正。

3.选择原料并测定营养成分

选择符合无公害饲料原料的有关规定,无生物、化学、物理等有害物质;要因地制宜,充分利用当地的饲料资源,每种原料都有自己的营养特色,多种饲料搭配使用,可以发挥各种营养成分的互补作用,提高营养物质的利用率。

在选择原料时还应注意以下几点:

(1)了解原料营养成分的特性,主要把握住各种原料哪些可用,哪些不可用,能用的最大限量等等。如棉饼或棉粕中含有棉酚,因此饲料标准中限定配合饲料中棉酚的含量不超过 20 毫克/千克,即棉粕的含量限定在 3%左右。如果通过各种方法把棉酚的含量降低(如生物、化学脱毒等)棉粕的用量可以加大,棉粕的资源可以得以充分利用。豆粕是一种很好的蛋白原料,但豆粕的生熟程度是一个很重要的技术指标,因为大豆中含有红血球凝集素、尿素酶、胰蛋白酶抑制酶等毒素,这些毒素在大豆的加工过程中通过加热可以去除,但加热的程度不同,其结果也不一样,加热不够豆粕偏生,其中的毒素破坏不了,豆粕中的粗蛋白就难以消化吸收,鸡吃后拉稀,影响生长和生产,如果加热过度,其中的毒素是破坏了,也影响豆粕质量,因此饲料厂一定要检测豆粕生熟。

(2)选择质优价廉的原料,每个饲料厂都想使自己的产品质量最好,价格最低,只有这样才能扩大市场占有,提高经济效益,为达到目的,设计配方前要先对原料进行评价,凭经验,挑选物美价廉的原料,然后进行设计。

(3)适当控制所用原料的种类,可以用作配合饲料的原料很多,一般来说使用的原料种类越多,越能弥补饲料营养上的缺陷,价格应变能力也强,但生产上成本升高,饲料厂可根据自己的实际情况适当控制原料的种类。

(4)了解和利用原料的物理性质,原材料有各种物理性质,如容易粉碎的、难以粉碎的,粉尘多的,粉尘少的,易溶的,难溶的,适口性好的、差的等等,配方设计中要充分利用这些物理性质。如多用玉米豆粕饲料的颜色多呈黄色,使用少量的油脂和液体原料可抑制生产中的粉尘,还有专用的调整适口性的原料,调味剂,如香料、糖精、味精等等,这类原料的合理使用,也能提高饲料的质量。

(5)选择饲料添加剂,配合饲料中使用的添加剂,首先要符合有关饲料的卫生、安全、法则,其中抗菌素类要根据配合饲料的种类,按规定选用。维生素、矿物质和氨基酸等营养性添加剂,只要符合规格要求就行,这些营养性添加剂,有些是补充原料中含量不足的,如氨基酸,有些是不计原料中含量的,即按营养需要量添加,如维生素微量元素、矿物质。选择添加剂,除考虑价格因素外,还要注意它们的生物效价,稳定性高等等。

4.需要考虑的其他因素

饲料的适口性,饲料的可消化性,饲料的容积,含有毒素的饲料要控制用量,为简化饲料加工工艺,组成配方的原料品种应尽可能少一些,油脂的用量不宜过多,否则容易霉变;动物性原料要考虑品质,适量添加,避免感染细菌性疾病;由于国产鱼粉含盐量较高,使用国产鱼粉时,应根据其含盐量对食盐添加量进行调整。

5.饲料配方的设计

饲粮配合方法有许多种,如:有交叉法、代数法、试差法和使用电子计算机优选配方。现介绍几种常用方法。

①交叉法,也叫方形法、对角线法。在饲料种类少、营养指标单一的配方设计。如用粗蛋白含量为40%的浓缩料搭配玉米(粗蛋白含量8.7%)配制粗蛋白含量为22%的全价日粮。

第一步,画一长方形,在对角线交叉点上写上所要配制日粮的粗蛋白含量。在长方形在左上角和左下角分别写上玉米和浓缩料的粗蛋白含量。

第二步,沿两条对角线用大数减小数,把结果写在相应的右上角及右下角,所得结果便是玉米和浓缩料的份数。如下所示:

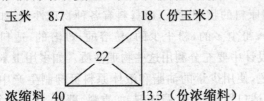

玉米　8.7　　　　　18(份玉米)

22

浓缩料 40　　　　　13.3(份浓缩料)

第三步,两料份数相加,即得日粮总分数,为了便于按百分比配合日粮,需将两料换算成百分数即可。

玉米=18/(18+13.3)×100%=57.5%

浓缩料=13.3/(18+13.3)×100%=42.5%

②试差法,也叫凑数法。这是最常用的一种配料计算方法。具体做法是:首先根据经验初步拟出各种饲料原料的大致比例,然后用各自的比例去乘以原料所含的各种养分的百分含量,再计算各种原料的同种养分之和,即得到该配方的每种养分的总量。将所得结果与饲养标准进行对照,若有任一养分超过或不足时,可通过增加或减少相应的原料比例进行调整和重新计算,直至所有的营养指标都基本满足要求为止。调整的顺序为能量、蛋白、磷(有效磷)、钙、蛋氨酸、赖氨酸、食盐等。

第一步,找到所需资料。肉鸡饲养标准、中国饲料成分及营养价值表(各个时期有不同的版本)、各种饲料原料的价格。

第二步,查饲养标准。

第三步,根据饲料成分表查出所用各种饲料的养分含量。

第四步,按能量和蛋白质的需求量初拟配方。根据饲养工作实践经验或参考其他配方,初步拟定日粮中各种饲料的比例。肉仔鸡饲粮中各类饲料的比例一般为:能量饲料 60%~70%,蛋白质饲料 25%~35%,矿物质饲料等 2%~3%(其中维生素和微量元素预混料一般各为 0.1%~0.5%)。据此,先拟定蛋白质饲料用量,棉仁饼适口性差含有毒物质,日粮中用量要限制,一般定为 5%;鱼粉价格昂贵,可定为

3％,豆粕可拟定20％;矿物质饲料等按2％;能量饲料如麸皮为10％,则玉米60％。

第五步,调整配方,使能量和粗蛋白质符合饲养标准规定量。方法是降低配方中某一饲料的比例,同时增加另一饲料的比例,两者的增减数相同,即用一定比例的某一饲料代替另一种饲料。

第六步,计算矿物质和氨基酸用量。根据上述调整好的配方,计算钙、非植酸磷、蛋氨酸、赖氨酸的含量。对饲粮中能量、粗蛋白质等指标引起变化不大的所缺部分可加在玉米上。

第七步,列出配方及主要营养指标。维生素、微量元素添加剂、食盐及氨基酸计算添加量可不考虑。

③使用电子计算机优选配方。

第一步,选用计算软件。现在计算饲料配方一般都用配方软件,这方面的软件很多,可根据情况选用,如中国农业大学编的《金牧饲料配方软件》,这些软件中设置了各种动物的饲养标准,设置了适用于各种动物的原料数据库,提供了计算配合饲料,浓缩饲料和预混料的功能。提供了丰富的药品和添加剂使用指南和营养专家指导等等。这些软件安装方便,计算快捷,计算的配方营养全面,价格最低,能为饲料企业带来丰厚的利润。

第二步,具备详细的原料价格,凡是输入到软件中的原料,不管该原料在配方中使用量的大小,都必须提供详细的准确的价格,以便计算出准确的饲料成本。

第三步,提供详细的原料营养成分值,提供的营养成分值包括的项目应与营养标准和饲料标准相吻合,提供的数据要完整。同时应根据动物营养学知识和相关标准的要求,对某些原料提出合理的约束,如棉粕在蛋鸡料中的用量等。

第四步,选定合适的营养标准,选定标准时,首先考虑能量浓度,不同的标准,能量浓度不同,如美国的NRC标准中能量水平很高,而我国的标准中能量水平偏低,以肉鸡前期料为例,NRC规定的能量为13.39兆焦/千克,而我国规定为12.13兆焦/千克。因为能量饲料在配方中占的比例最大,因此对饲料成本影响也最大确定饲料的能量浓度,首先要看能量饲料的价值,如果价格偏低,可以适当把配方能量水平提高,其他各种营养成分也按比例提高。这样可以减少采食量,提高饲料报酬。饲料能量水平是决定进食量的主要因素。可以这么说,鸡就是为能量而食(只要吃的能量够了,就停止采食)由于鸡在采食方面有自行调节采食量的本能,所以在设计配方时,先确定能量浓度以后,再根据营养标准中规定的能量、粗蛋白质、钙、磷、氨基酸等的比例,确定这些营养素的需要量,确定的原则是能量高,采食少,其他营养素的浓度就要高。能量低,采食量大,其他营养素的浓度低。

三、健康养殖肉鸡各阶段饲料配制关键技术

1.肉鸡早期料

肉鸡在第1、2周龄相对生长速度很快,第1周体重比出壳时增加近3倍,因此应加强早期营养,如果出现营养不良就很难补救。因为肉仔鸡饲养周期很短,像短跑一样,起跑慢了很难取得好成绩。肉鸡前期料的使用阶段是1～2周,育雏料的目标是建立良好的食欲和获得最佳的早期生长。这一时期的日粮占肉鸡饲料成本的很小一部分,在制定饲料配方时主要考虑生产性能,使7日龄体重到达160克以上。由于雏鸡的消化器官还没有发育完全,所以对饲料原料的要求是消化率高、营养含量高特别是氨基酸、维生素E和微量元素锌,另外还要添加免疫活性物质,刺激雏鸡免疫系统的发育,添加增食剂和诱食剂提高采食量。这一阶段,能量饲料最好选择玉米,油脂添加水平小于5%,避免使用饱和动物脂肪,否则将限制肉鸡的早期生长。

2.肉鸡中期料

此阶段每周的绝对增重呈对数增加,因此需提供高质量的饲料,氨基酸水平和能量水平要兼顾,从而获得最佳的生产性能。除了配方原料发生了变化,还有饲料粒度的变化。

3.肉鸡后期料

此阶段关键要避免脂肪过度沉积,从而影响胸肉的出肉率。因此营养水平要把握好,营养水平过低,将增加脂肪沉积和降低胸肉的出肉率。肉鸡后期料成本占整个饲料成本的比例较大,在设计配方时要考虑经济效益,这时可以加大非常规饲料原料的使用,如杂粮等。

第三节 健康养殖肉鸡添加剂及兽药的使用要求

养鸡场户要合理选用饲料添加剂。饲料中添加酶制剂、酸化剂、益生素、免疫调节剂、抗应激添加剂,防止饲料受潮霉变;做好饲料原料的检测工作。入库前水分含量不得高于12.5%,杂质不超过2%,干饲料中黄曲霉素及其他有害成分,如汞、铅、砷等的含量控制在国家规定的标准之内。饲料及原料不得与有毒、有害物品混装、混运;各类饲料原料及饲料添加剂应严格按照国家标准的要求贮存,不应与农药、化肥等非饲料和饲料产品贮存于同一场所。为防止加入药物添加剂的饲料产品生产过程中的交叉污染,在生产不同加入药物添加剂的饲料产品时,对所用的生产设备、工具、容器应进行彻底清理,用于包装、盛放原料的包装袋和包装容器,必须无毒、干燥、洁净。运输工具应干燥、洁净,并有防雨、防污染措施。贮存饲料的场所要尽量干燥、通风、卫生、干净,要消灭苍蝇、老鼠等。不允许将饲料、药品、消毒药、灭鼠药、灭蝇药或其他化学药物堆放在一起;加药饲料和非加药饲料不可混放。

一、健康养殖肉鸡添加剂的使用要求

添加剂饲料:为促进肉鸡正常生长,防止发病,提高产量和经济效益,在现代肉鸡饲养中,普遍使用添加剂饲料,如氨基酸、维生素、微量元素、抗生素、抗氧化剂、防霉剂、酶和着色剂等。添加的种类和用量应根据实际需要确定,如大部分饲料日粮中,维生素和微量元素不完全,应注意添加适当比例的多种维生素和微量元素添加剂,一般占日粮0.05%～0.1%,20日龄雏鸡日粮中应加抗白痢药,15～40日龄雏鸡日粮中,应加抗球虫药和其他抗生素药。夏季多雨潮湿常加防霉剂和抗氧化剂等。添加剂加入饲料中一定要充分搅拌、混合均匀。肉鸡上市前,饲料中不应含任何药物。

表4-3　饲料添加剂品种目录(2008)

类别	通用名称	适用范围
氨基酸	L-赖氨酸、L-赖氨酸盐酸盐、L-赖氨酸硫酸盐及其发酵副产物(产自谷氨酸棒杆菌,L-赖氨酸含量不低于51%)、DL-蛋氨酸、L-苏氨酸、L-色氨酸、L-精氨酸、甘氨酸、L-酪氨酸、L-丙氨酸、天(门)冬氨酸、L-亮氨酸、异亮氨酸、L-脯氨酸、苯丙氨酸、丝氨酸、L-半胱氨酸、L-组氨酸、缬氨酸、胱氨酸、牛磺酸	养殖动物
	蛋氨酸羟基类似物、蛋氨酸羟基类似物钙盐	猪、鸡和牛
	N-羟甲基蛋氨酸钙	反刍动物
维生素	维生素A、维生素A乙酸酯、维生素A棕榈酸酯、β-胡萝卜素、盐酸硫胺(维生素B_1)、硝酸硫胺(维生素B_1)、核黄素(维生素B_2)、盐酸吡哆醇(维生素B_6)、氰钴胺(维生素B_{12})、L-抗坏血酸(维生素C)、L-抗坏血酸钙、L-抗坏血酸钠、L-抗坏血酸-2-磷酸酯、L-抗坏血酸-6-棕榈酸酯、维生素D_2、维生素D_3、α-生育酚(维生素E)、α-生育酚乙酸酯、亚硫酸氢钠甲萘醌(维生素K_3)、二甲基嘧啶醇亚硫酸甲萘醌、亚硫酸氢烟酰胺甲萘醌、烟酸、烟酰胺、D-泛醇、D-泛酸钙、DL-泛酸钙、叶酸、D-生物素、氯化胆碱、肌醇、L-肉碱、L-肉碱盐酸盐	养殖动物

续表 4-3

类别	通用名称	适用范围
矿物元素及其络（螯）合物[1]	氯化钠、硫酸钠、磷酸二氢钠、磷酸氢二钠、磷酸二氢钾、磷酸氢二钾、轻质碳酸钙、氯化钙、磷酸氢钙、磷酸二氢钙、磷酸三钙、乳酸钙、硫酸镁、氧化镁、氯化镁、柠檬酸亚铁、富马酸亚铁、乳酸亚铁、硫酸亚铁、氯化亚铁、氯化铁、碳酸亚铁、氯化铜、硫酸铜、氧化锌、氯化锌、碳酸锌、硫酸锌、乙酸锌、氯化锰、氧化锰、硫酸锰、碳酸锰、磷酸氢锰、碘化钾、碘化钠、碘酸钾、碘酸钙、氯化钴、乙酸钴、硫酸钴、亚硒酸钠、钼酸钠、蛋氨酸铜络（螯）合物、蛋氨酸铁络（螯）合物、蛋氨酸锰络（螯）合物、蛋氨酸锌络（螯）合物、赖氨酸铜络（螯）合物、赖氨酸锌络（螯）合物、甘氨酸铜络（螯）合物、甘氨酸铁络（螯）合物、酵母铜*、酵母铁*、酵母锰*、酵母硒*、蛋白铜*、蛋白铁*、蛋白锌*	养殖动物
	烟酸铬、酵母铬*、蛋氨酸铬*、吡啶甲酸铬	生长肥育猪
	丙酸铬*	猪
	丙酸锌*	猪、牛和家禽
	硫酸钾、三氧化二铁、碳酸钴、氧化铜	反刍动物
	稀土（铈和镧）壳糖胺螯合盐	畜禽、鱼和虾
酶制剂[2]	淀粉酶（产自黑曲霉、解淀粉芽孢杆菌、地衣芽孢杆菌、枯草芽孢杆菌、长柄木霉*、米曲霉*）	青贮玉米、玉米、玉米蛋白粉、豆粕、小麦、次粉、大麦、高粱、燕麦、豌豆、木薯、小米、大米
	支链淀粉酶（产自酸解支链淀粉芽孢杆菌）	
	α-半乳糖苷酶（产自黑曲霉）	豆粕
	纤维素酶（产自长柄木霉）	玉米、大麦、小麦、麦麸、黑麦、高粱

续表 4-3

类别	通用名称	适用范围
	β-葡聚糖酶（产自黑曲霉、枯草芽孢杆菌、长柄木霉、绳状青霉*）	小麦、大麦、菜籽粕、小麦副产物、去壳燕麦、黑麦、黑小麦、高粱
	葡萄糖氧化酶（产自特异青霉）	葡萄糖
	脂肪酶（产自黑曲霉）	动物或植物源性油脂或脂肪
	麦芽糖酶（产自枯草芽孢杆菌）	麦芽糖
	甘露聚糖酶（产自迟缓芽孢杆菌）	玉米、豆粕、椰子粕
	果胶酶（产自黑曲霉）	玉米、小麦
	植酸酶（产自黑曲霉、米曲霉）	玉米、豆粕、葵花籽粕、玉米糁渣、木薯、植物副产物
	蛋白酶（产自黑曲霉、米曲霉、枯草芽孢杆菌、长柄木霉*）	植物和动物蛋白
	木聚糖酶（产自米曲霉、孤独腐质霉、长柄木霉、枯草芽孢杆菌、绳状青霉*）	玉米、大麦、黑麦、小麦、高粱、黑小麦、燕麦
微生物	地衣芽孢杆菌*、枯草芽孢杆菌、双歧杆菌*、粪肠球菌、屎肠球菌、乳酸肠球菌、嗜酸乳杆菌、干酪乳杆菌、乳酸乳杆菌*、植物乳杆菌、乳酸片球菌、戊糖片球菌*、产朊假丝酵母、酿酒酵母、沼泽红假单胞菌	养殖动物
	保加利亚乳杆菌	猪、鸡和青贮饲料
非蛋白氮	尿素、碳酸氢铵、硫酸铵、液氨、磷酸二氢铵、磷酸氢二铵、缩二脲、异丁叉二脲、磷酸脲	反刍动物
抗氧化剂	乙氧基喹啉、丁基羟基茴香醚（BHA）、二丁基羟基甲苯（BHT）、没食子酸丙酯	养殖动物

续表 4-3

类别	通用名称	适用范围
防腐剂、防霉剂和酸度调节剂	甲酸、甲酸铵、甲酸钙、乙酸、双乙酸钠、丙酸、丙酸铵、丙酸钠、丙酸钙、丁酸、丁酸钠、乳酸、苯甲酸、苯甲酸钠、山梨酸、山梨酸钠、山梨酸钾、富马酸、柠檬酸、柠檬酸钾、柠檬酸钠、柠檬酸钙、酒石酸、苹果酸、磷酸、氢氧化钠、碳酸氢钠、氯化钾、碳酸钠	养殖动物
着色剂	β-胡萝卜素、辣椒红、β-阿朴-8'-胡萝卜素醛、β-阿朴-8'-胡萝卜素酸乙酯、β,β-胡萝卜素-4,4-二酮（斑蝥黄）、叶黄素、天然叶黄素（源自万寿菊）	家禽
	虾青素	水产动物
调味剂和香料	糖精钠、谷氨酸钠、5'-肌苷酸二钠、5'-鸟苷酸二钠、食品用香料[3]	养殖动物
黏结剂、抗结块剂和稳定剂	α-淀粉、三氧化二铝、可食脂肪酸钙盐、可食用脂肪酸单/双甘油酯、硅酸钙、硅铝酸钠、硫酸钙、硬脂酸钙、甘油脂肪酸酯、聚丙烯酸树脂Ⅱ、山梨醇酐单硬脂酸酯、聚氧乙烯20山梨醇酐单油酸酯、丙二醇、二氧化硅、卵磷脂、海藻酸钠、海藻酸钾、海藻酸铵、琼脂、瓜尔胶、阿拉伯树胶、黄原胶、甘露糖醇、木质素磺酸盐、羧甲基纤维素钠、聚丙烯酸钠*、山梨醇酐脂肪酸酯、蔗糖脂肪酸酯、焦磷酸二钠、单硬脂酸甘油酯	养殖动物
	丙三醇	猪、鸡和鱼
	硬脂酸*	猪、牛和家禽
多糖和寡糖	低聚木糖（木寡糖）	蛋鸡和水产养殖动物
	低聚壳聚糖	猪、鸡和水产养殖动物
	半乳甘露寡糖	猪、肉鸡、兔和水产养殖动物
	果寡糖、甘露寡糖	养殖动物

续表 4-3

类别	通用名称	适用范围
其他	甜菜碱、甜菜碱盐酸盐、大蒜素、山梨糖醇、大豆磷脂、天然类固醇萨洒皂角苷(源自丝兰)、二十二碳六烯酸(DHA)、啤酒酵母培养物*、啤酒酵母提取物*、啤酒酵母细胞壁*	养殖动物
	糖萜素(源自山茶籽饼)、牛至香酚*	猪和家禽
	乙酰氧肟酸	反刍动物
	半胱胺盐酸盐(仅限于包被颗粒,包被主体材料为环状糊精,半胱胺盐酸盐含量27%)	畜禽
	α-环丙氨酸	鸡

注:*为已获得进口登记证的饲料添加剂,进口或在中国境内生产带"*"的饲料添加剂时,农业部需要对其安全性、有效性和稳定性进行技术评审。

1. 所列物质包括无水和结晶水形态。

2. 酶制剂的适用范围为典型底物,仅作为推荐,并不包括所有可用底物。

3. 食品用香料见《食品添加剂使用卫生标准》(GB 2760—2007)中食品用香料名单。

二、健康养殖肉鸡兽药的使用要求

(1)兽药是用于预防、治疗和诊断畜禽等动物疾病,有目的地调节其生理机能并规定作用、用途、用法、用量的物质(含饲料药物添加剂)。包括:血清、菌(疫)苗、诊断液等生物制品;兽用的中药材、中成药、化学原料及其制剂;抗生素、生化药品、放射性药品。抗菌药能够抑制或杀灭病原菌的药物,包括中药材、中成药、化学药品、抗生素及其制剂。

(2)抗寄生虫药是能够驱除或杀灭动物体内外寄生虫的药物,包括中药材、中成药、化学药品、抗生素及其制剂。

(3)疫苗是由特定细菌、病毒、立克次氏体、螺旋体、支原体等微生物以及寄生虫制成的主动免疫制品。

（4）消毒防腐剂是用于杀灭环境中的病原微生物、防止疾病发生和传染的药物。

（5）药物饲料添加剂是为了预防、治疗动物疾病而掺入载体或稀释剂的兽药的预混物，包括抗球虫药类、驱虫剂类、抑菌促生长类等。

（6）休药期指食品动物从停止给药到许可屠宰或它们的产品（乳、蛋）许可上市的间隔时间。

（7）最高残留限量是对食品动物用药后产生的允许存在于食物表面或内部的该兽药残留的最高量/浓度（以鲜重计，表示为毫克/千克或微克/千克、微克/升）。

（8）使用准则：肉鸡饲养者应供给动物适度的营养，所用饲料和饲料添加剂应符合《饲料和饲料添加剂管理条例》NY 5037 的规定，饲养环境应符合 NY/T 388 的规定，按照 NY/T 5038 加强饲养管理，采取各种措施减少应激，增强机体自身的免疫力；应严格按照 NY 5036 的规定做好预防，防止发病和死亡，及时淘汰病鸡，最大限度地减少化学药品的使用。必须使用兽药进行鸡病的预防和治疗时，应在兽医指导下进行。应先确定致病菌的种类，以便选择对症药品，避免滥用药物。所用兽药应符合《中华人民共和国兽药典》《中华人民共和国兽药规范》《兽药质量标准》《进口兽药质量标准》和《兽用生物制品质量标准》的有关规定。所用兽药应产自具有兽药生产许可证并具有产品批准文号的生产企业，或者具有《进口兽药登记许可证》供应商。所用兽药的标签应符合《兽药管理条例》的规定。

三、健康养殖肉鸡使用兽药时，还应遵循以下原则

（1）允许使用消毒防腐剂对饲养环境、畜舍和器具进行消毒，应符合 NY/T 5038 的规定。

（2）应使用疫苗预防肉鸡疾病，所用疫苗应符合《兽用生物制品质量标准》的规定。

（3）允许使用《中华人民共和国兽药典》、《中华人民共和国兽药规范》、《兽药质量标准》和《进口兽药质量标准》中收载的营养类、矿物质和维生素类药。

（4）允许使用国家兽药管理部门批准的微生态制剂。

（5）允许使用表4-4中所列药物。

（6）使用表4-3中所列的饲料药物添加剂，应严格遵守规定的用法、用量和休药期。允许在兽医指导下使用表4-4中所列的抗菌药和抗寄生虫药，但应严格遵守规定的作用与用途、给药途径、使用剂量、疗程和休药期。

（7）表4-3、表4-4中未规定休药期的药物，为保证屠宰后鸡组织中的兽药残留符合限量规定，应停药28天后再屠宰供食用。

（8）使用表4-3、表4-4所列药物时应注意配伍禁忌。抗球虫药应以轮换或穿梭方式使用，以免产生抗药性。

（9）建立并保存鸡群免疫程序，患病与治疗记录：包括所用疫苗的品种、剂量和生产厂家，发病时间及症状，治疗用药的商品名称和有效成分，治疗时间、剂量、疗程及停药时间等。记录应在清群后继续保存2年。

（10）禁止使用有致畸、致癌、致突变作用的兽药。

（11）禁止使用会对环境造成严重污染的兽药。

（12）限制使用某些人畜共用药，主要是青霉素类和喹诺酮类的一些药物。

（13）禁止使用影响动物生殖的激素类或其他具有激素作用的物质及催眠镇静类药物。

（14）禁止使用未经国家畜牧兽医行政管理部门批准的用基因工程方法生产的兽药。

表 4-4　肉鸡休药期

品名	商品名	规格	用量	休药期/天	其他注意事项
二硝托胺预混剂	球痢灵	0.25%	每吨饲料添加本品 500 克	3	
马杜霉素铵预混剂	抗球王，加福	1%	每吨饲料添加本品 500 克	5	
尼卡马嗪预混剂	杀球宁	20%	每吨饲料添加本品 100~125 克	4	高温季节慎用
尼卡巴嗪、乙氧酰胺苯甲酯预混剂	球净	尼卡巴嗪 25%＋16%乙氧酰胺苯甲酯	每吨饲料添加本品 500 克	9	高温季节慎用
甲基盐霉素预混剂	禽安	10%	每吨饲料添加本品 600~800 克	5	禁止与泰妙菌素、竹桃霉素并用，防止与人眼接触
甲基盐霉素、尼卡巴嗪预混剂	猛安	8%甲基盐霉素＋尼卡巴嗪 8%	每吨饲料添加本品 310~560 克	5	禁止与泰妙菌素、竹桃霉素并用；高温季节慎用
拉沙洛西钠预混剂	球安	15%或 45%	每吨饲料添加 75~125 克（以有效成分计）	3	
氢溴酸常山酮预混剂	速丹	0.6%	每吨饲料添加本品 500 克	5	
盐酸氯苯胍预混剂		10%	每吨饲料添加本品 300~600 克	5	
盐酸氨丙啉、乙氧酰胺苯甲酯预混剂	加强安保乐	25%盐酸氨丙啉＋1.6%乙氧酰胺苯甲酯	每吨饲料添加本品 500 克	3	每 1 000 千克饲料中维生素 B_1 大于 10 克时明显拮抗

续表 4-4

品名	商品名	规格	用量	休药期/天	其他注意事项
盐酸氨丙啉、乙氧酰胺苯甲酯、磺胺喹噁啉预混剂	百球清	20％盐酸氨丙啉＋1％乙氧酰胺苯甲酯＋12％磺胺喹噁啉	每吨饲料添加本品 500 克	7	每 1 000 千克饲料中维生素 B₁ 大于 10 克时明显拮抗
氯羟吡啶预混剂		25％	每吨饲料添加本品 500 克	5	
海南霉素钠预混剂		1％	每吨饲料添加本品 500 ～ 750 克	7	
赛杜霉素钠预混剂	禽旺	5％	每吨饲料添加本品 500 克	5	
地克珠利预混剂		0.2 或 0.5％	每吨饲料添加 1 克（以有效成分计）		
莫能菌素钠预混剂	欲可胖	5％,10％或 20％	每吨饲料添加 90 ～ 110 克（以有效成分计）	5	禁止与泰妙菌素、竹桃霉素并用；搅拌配料时禁止与人的皮肤、眼睛接触
杆菌肽锌预混剂		10％或 15％	每吨饲料添加 4 ～ 40 克（以有效成分计）		
黄霉素预混剂	富乐旺	4％或 8％	每吨饲料添加 5 克（以有效成分计）		
维吉尼亚霉素预混剂	速大肥	50％	每吨饲料添加本品 10～40 克	1	
那西肽预混剂		0.25％	每吨饲料添加本品 1 000 克	3	

续表 4-4

品名	商品名	规格	用量	休药期/天	其他注意事项
阿美拉霉素预混剂	效美素	10%	每吨饲料添加本品 50～100 克		
盐霉素钠预混剂	优索精、赛可喜	5%,6%,10%,12%,45%,50%	每吨饲料添加 50～70 克(以有效成分计)	5	禁止与泰妙菌素、竹桃霉素并用
硫酸黏杆菌素预混剂	抗菌素	2%,4%,10%	每吨饲料添加 2～20 克(以有效成分计)	7	
牛至油预混剂	诺必达	每 1 000 克中含 5-甲基-2 异丙基苯酚和 2-甲基-5-异丙基苯酚 25 克	每吨饲料添加本品 450 克(用于促生长)或 50～500 克(用于治疗)		
杆菌肽锌、硫酸黏杆菌素预混剂	万能肥素	5%杆菌肽＋1%粘杆菌素	每吨饲料添加 2～20 克(以有效成分计)	7	
土霉素钙		5%,10%,20%	每吨饲料添加 10～50 克(以有效成分计)		
吉他霉素预混剂		2.2%,11%,55%,95%	每吨饲料添加 5～11 克(用于促生长)或 100～330 克(用于防治疾病),连用 5～7 天。以上均以有效成分计	7	
金霉素(饲料级)预混剂		10%,15%	每吨饲料添加 20～50 克(以有效成分计)	7	

续表 4-4

品名	商品名	规格	用量	休药期/天	其他注意事项
恩拉霉素预混剂		4%,8%	每吨饲料添加1～10克(以有效成分计)	7	
磺胺喹噁啉、二甲氧苄啶预混剂		20%磺胺喹噁啉＋4%二甲氧苄啶	每吨饲料添加本品500克	10	连续用药不得超过5天
越霉素A预混剂	得利肥素	2%,5%,50%	每吨饲料添加5～10克(以有效成分计)	3	
潮霉素B预混剂	效高素	1.76%	每吨饲料添加8～12克(以有效成分计)	3	避免与人皮肤、眼睛接触
地美硝唑预混剂		20%	每吨饮料添加本品400～2 500克	3	连续用药不得超过10天
磷酸泰乐菌素预混剂		2%,8.8%,10%,22%	每吨饲料添加4～50克(以有效成分计)	5	
盐酸林可霉素预混剂	可肥素	0.88%,11%	每吨饲料添加2.2～4.4克(以有效成分计)	5	
环丙氨嗪预混剂	蝇得净	1%	每吨饲料添加本品500克		
氟苯咪唑预混剂	弗苯诺	5%,50%	每吨饲料添加30克	14	
复方磺胺嘧啶预混剂	立可灵	12.5%磺胺嘧啶＋2.5%甲氧苄啶	每千克体重每日添加本品0.17～0.2克	1	
硫酸新霉素预混剂	新肥素	15.4%	每吨饲料添加本品500～1 000克	5	

续表 4-4

品名	商品名	规格	用量	休药期/天	其他注意事项
磺胺氯吡嗪钠可溶性粉	三字球虫粉	30%	每吨饲料添加 600 毫克（以效成分计）	1	

注：1. 表中所列的商品名是由相应产品供应商提供的产品的商品名。给出这一信息是为了方便本标准的使用者，并不表示对该产品的认可。如果其他等效产品具有相同的效果，则可使用这些等效产品。

2. 摘自中华人民共和国农业部公布的《药物饲料添加剂使用规范》。

四、健康养殖肉鸡休药期及用药限制

休药期是指从最后一次给药时起，到出栏屠宰时止，药物经排泄后，在体内各组织中的残留量不超过食品卫生标准所需要的时间。在休药期内不准屠宰出售。在养鸡业，特别是肉仔鸡饲养业，必须严格按照药物的休药期规定合理用药，保证鸡肉内的药物残留不超过食品卫生标准，否则，就会使肉鸡及其产品无法进入市场，有可能还会引来合同纠纷，给企业造成不应有的损失。以下是养鸡业常用药物的休药期规定和应用限制。

（1）土霉素：用于肉仔鸡，可以拌料使用，用量为（50～100）毫克/千克，无休药期要求；但注射使用时，休药期为 5 天。

（2）金霉素：用于肉仔鸡，拌料使用，用量为 500 毫克/千克，休药期 1 天；饮水给药时，休药期为 4 天。肉、肝、脂肪、皮肤中的允许残留量为 1 毫克/千克。

（3）红霉素：可用于各年龄段的蛋鸡、肉鸡，内服用药，混饮时浓度为 0.01%，连续饮用 3～5 天，注射用药时，按照每千克体重每次 10～40 毫克给药，每日 2 次。休药期为 1～2 天。鸡蛋中的允许残留量为 0.025 毫克/千克。185 毫克/千克以上的浓度禁用于产蛋鸡。

（4）壮观霉素：用于肉仔鸡，内服用药，休药期为 5 天。

（5）庆大霉素：用于各年龄段的蛋鸡、肉鸡，可以内服用药，肌肉注射时，用量为每千克体重 3 000 单位，每日 3～4 次。休药期为 35 天。

（6）新生霉素：用于肉仔鸡，内服用药，混饮时，每升水中添加新生霉素 0.1～0.3 克，连用 4～7 天。休药期为 4 天。

（7）磺胺氯吡嗪：用于肉仔鸡，饮水给药，用 0.03％的浓度，连饮 3 天。休药期为 5 天。

（8）磺胺二甲基嘧啶：用于肉仔鸡，可用 0.5％的浓度拌料饲喂，或者用 0.2％的浓度饮水给药，连用 3 天，停药 2 天，再用 3 天。休药期为 10 天。产品中的允许残留量为 0.1 毫克／千克。产蛋鸡禁用该品。

（9）磺胺二甲氧嘧啶：用于肉仔鸡，饮水给药，浓度为 0.05％，连用 6 天。休药期为 5 天。日本规定鸡肉中的最高残留量为 0.01 毫克／千克。

（10）三甲氧苄氨嘧啶：用于各年龄段的蛋鸡、肉鸡，肌肉注射或内服给药，注射用量为每千克体重 20～25 毫克，每 12～24 小时用药 1 次，混饮时，每 5 000 毫升水中添加 1 毫升三甲氧苄氨嘧啶注射液。休药期为 5 天。

（11）磺胺二甲氧嘧啶＋二甲氧苄氨嘧啶：用于肉仔鸡，可以饮水给药，内服给药时剂量为每千克体重 20～25 毫克，每日用药 2 次，饲喂时浓度要求为：1～5 日龄 10 毫克，6～10 日龄 15 毫克，10～17 日龄 20 毫克，或以 0.02％拌料饲喂。休药期为 5 天。肉中的允许残留量为 0.1 毫克／千克。产蛋鸡禁止使用该品。

（12）克球多：用于肉仔鸡，按照 0.012 5％的比例拌料饲喂，休药期为 5 天。肝、肾中的允许残留量为 15 毫克／千克，肉中的允许残留量为 5 毫克／千克。16 周龄以上的鸡群禁用该品。

（13）氯苯胍：用于肉鸡，拌料饲喂，休药期为 5 天。皮肤、脂肪中的允许残留量为 0.2 毫克／千克，其他组织中的允许残留量为 0.1 毫克／千克。产蛋鸡禁用该品。

（14）氨丙啉：用于肉鸡，可以用 0.012 5％～0.024％的浓度拌料饲喂，或者用 0.006％～0.024％的饮水给药，连用 7 天，再将用药浓度降低 1/2,连用 14 天。休药期为 7 天。肉中的允许残留量为 0.5 毫克/千克,肝、肾中的允许残留量为 1 毫克/千克。产蛋鸡禁用该品。

(15)球痢灵(二硝苯甲酰胺):该品毒性小,安全范围大,是预防和治疗鸡艾美耳球虫较为理想的药物,用于各年龄段的蛋鸡、肉鸡,拌料饲喂浓度为 0.012 5%,混饮浓度为 0.015%,治疗时饲喂浓度为 0.025%～0.03%,连用 3～5 天。虽无休药期的要求,但脂肪中的允许残留量为 2 毫克/千克,肌肉中的允许残留量为 3 毫克/千克,肝、肾中的允许残留量为 6 毫克/千克。

(16)尼卡巴嗪:用于肉鸡,拌料饲喂,用药量为 0.012 5%,休药期为 4 天。产蛋鸡禁用该品。日本规定鸡肉中的最高残留量为 0.02 毫克/千克。

(17)呋喃唑酮:用于肉仔鸡,拌料饲喂,治疗时,饲喂浓度为 0.04%,预防时饲喂浓度为 0.005%～0.01%,可以连用 7～10 天。休药期为 5 天。产蛋鸡和 14 周龄以上的鸡禁用该品。

(18)磺胺喹噁啉:用于肉鸡,治疗时以间断给药法为最好,用 0.1% 浓度拌料饲喂,连用 2～3 天,间歇 3 天,再用 0.05%的浓度拌料饲喂,连用 2 天,间歇 3 天,再喂 2 天;或者用 0.04%的浓度饮水给药,连饮 2 天,间歇 3 天,再饮用 2 天。预防时用 0.012%的浓度拌料饲喂或用 0.005%的浓度饮水给药。休药期为 7 天。产蛋鸡禁用该品。日本规定鸡肉中的最高残留量为 0.05 毫克/千克。

(19)硝基氯苯酰胺:用于肉鸡,拌料饲喂,休药期为 5 天。肝脏、肌肉中的允许残留量为 4.5 毫克/千克,皮肤、脂肪中的允许残留量为 3 毫克/千克。产蛋鸡禁用该品。

(20)莫能菌素:用于肉鸡,拌料饲喂,常用浓度为 0.012 5%,休药期为 3 天。肉中的允许残留量为 0.05 毫克/千克。产蛋鸡禁用该品。

(21)氯羟吡啶(可爱丹):该品毒性较低,肉鸡和产蛋鸡均可使用,拌料饲喂,用药浓度氯羟吡啶为 0.012 5%～0.025%,可爱丹为 0.05%～0.1%,休药期为 5 天。

(22)马杜霉素:可用于各年龄段的蛋鸡、肉鸡,常用 1%马杜霉素预混剂,拌料饲喂,用量为0.05％,休药期为5天。

(23)甲基盐霉素:由美国首先研制成功,可以用于各种年龄段的蛋鸡、肉鸡,是目前为止唯一可以用于种鸡和产蛋鸡的抗球虫药,拌料饲喂,用量为1 000千克饲料加药60～70克,无休药期要求。

使用畜禽饲料添加剂一是要明确使用的目的。营养型饲料添加剂,如氨基酸类、微量元素类、多维素类等,其主要作用是补充饲料营养不足,满足畜禽生长、发育和繁殖的要求;非营养型饲料添加剂,如抗氧化类、防霉类、诱食剂、抗生素类等,其目的主要是改善饲料品质,减少养分损失,增强畜禽食欲和抗病力。二是要有比较地选择品种,当前饲料添加剂生产厂家众多,品牌繁杂,首先要选择比较有名的生产厂家,其次要到信誉较高的经营企业购买,再次,要有比较地选择使用,不但要比价格,更要比效果。三是合理、规范使用。饲料添加剂除一些专门用于饮水的品种,如速溶多维素等,绝大多数一般只能混于干料中饲喂,添加于湿料或水中饲喂会大大降低使用效果,因此,不能随便改变应用方式。使用时要严格按比例配比,不能随意增加或减少用量;要注意搅拌均匀;多品种应用要注意配伍禁忌,要注意细心观察畜禽,一旦发现异常现象,立即停饲。

思考题

1.健康养殖肉鸡的营养特点是什么?

2.健康养殖肉鸡的营养需要有哪些?

3.健康养殖肉鸡各阶段的饲养标准有哪些?

4.健康养殖环境与肉鸡营养有什么关系?

5.健康养殖微生态营养有什么特点?

6.健康养殖国家禁止使用的各种添加剂和各种兽药有哪些?

7.健康养殖肉鸡出栏前多少天停止用药?

第五章

健康养殖肉鸡环境控制技术

　　提　要　本章详细介绍了肉鸡场区环境要求、肉鸡舍内环境要求、肉鸡舍内微生物指标的要求、肉鸡饲料和饮水卫生指标的要求和肉鸡场三废无害处理及利用。本章内容掌握和应用的情况,直接关系到今后肉鸡的成活率和生产效益,特别是目前大家都将进行规模化养殖,工程防疫越来越重要。

第一节　健康养殖肉鸡场区环境要求

一、生活区

　　(1)外来人员、车辆一律禁止入场。确需入场外来人员,必须经脚踏消毒、全身喷雾消毒,到门卫室填写入场登记表,然后再入场办理业务;外来车辆冲刷消毒。

（2）外来人员、车辆入场必须持贵宾证,经场长和主管领导批准。

（3）外来人员不准在场内住宿。

（4）本场车辆入场一律冲洗消毒,司机及同车人员自觉按程序消毒后入场。

（5）生活区应搞好环境卫生,每周二、五进行环境喷雾消毒,遇到疫情影响每天环境消毒。

（6）大门口消毒池每周二、五更换 2％火碱液。脚踏消毒池（袋子）保持湿润,进生产区的消毒池每日更换消毒药。

（7）宿舍、办公室、门卫室、伙房、餐厅等每周喷雾消毒一次。

（8）库房每次来物料、药品后用福尔马林和高锰酸钾熏蒸消毒。

（9）消毒室紫外线灯全天开启,夜间及平常将门闭严,以利于紫外线照射所产生臭氧灭菌。

（10）后勤人员（包括维修、保卫等）一律经消毒室洗澡,更换工作鞋服后进入生产区。生活区严禁穿工作服。

（11）场内工作人员不准随便外出,如有特殊情况,需经负责人同意后,填写外出记录,方可出场。

（12）场内工作人员家中不得饲养禽类,以防交叉感染。

二、生产区

（1）保持卫生清洁,每天一次清扫,不留死角,以杜绝病原微生物滋生繁殖。

（2）生产区每周进行 2 次环境消毒;各鸡舍每天带鸡消毒一次;鸡舍周围道路每天撒一次石灰水或火碱水。

（3）鸡舍消毒池每天更换一次消毒药液,门口配置塑料喷壶,人员进出必须脚踏消毒,全身喷雾消毒。

（4）生产人员（包括饲养员、技术员）吃住在生产区内,并实行封闭式管理。平常不得休班或外出,所需生活必需品由场部统一安排购买。

（5）确需休假或外出必须经场长或主管领导批准后,填写好请假记录,方可出场。回场后应严格按程序消毒入场。

(6)生产人员不准互串鸡舍,不准聚堆闲聊,各舍工具要妥善保管使用,不准互借。

(7)保持宿舍卫生整洁,上班锁门。上班时间严禁私自回宿舍休息。

(8)各舍死鸡及时拾取,经主管兽医(技术员)剖解鉴定后做相应处理。严禁死鸡在舍内过夜。

三、综合性措施

(1)采用"全进全出"程序饲养商品肉鸡,防止疾病的传播和病原微生物的蓄积。

(2)根据肉鸡生长发育和生产性能的需要,供给全价饲料。发霉、变质、质量不符合要求的饲料不得饲喂。定期化验检查饲料营养成分。

(3)饮用水应符合国家规定的卫生要求,水井、饮水终端定期检测。

(4)根据鸡群状况、季节因素、管理因素及药敏试验情况等,及时、合理投服预防性药物。

(5)根据防疫计划和抗体检测情况,定期进行免疫接种。

(6)每批鸡入舍前进行一次灭鼠工作,及时组织杀灭苍蝇、蚊子等昆虫,控制鸟、兽进入场区、鸡舍,以清除传染病隐患。

(7)杜绝市场上的禽产品,如禽肉等进入鸡场,同时场内不得饲养其他禽类。

第二节　健康养殖肉鸡舍内空气环境的要求

肉鸡生产水平的高低,首先取决于鸡只内在的遗传潜力,而内在潜力表现的程度如何,与其所处的生活环境是否适宜密切关系,因而肉鸡管理的基本要求,就是通过良好的饲养管理创造一个有利于快速生长和健康发育的生活环境,只有这样才能取得较好的经济效益。

肉鸡在生长过程中需要消耗氧气并产生废气。鸡舍的通风系统必须把这些废气排出鸡舍,从而保证鸡舍内的空气质量。

鸡舍空气的主要污染来自灰尘、氨气、硫化氢、二氧化碳、一氧化碳和蒸发的多余水分。当这些物质在鸡舍内超过正常水平,将损害肉鸡的呼吸道,减少呼吸效果,同时降低肉鸡的生产性能。肉鸡在受污染的空气环境中时间过长,会造成肉鸡的腹水症和慢性呼吸道疾病。鸡舍内蒸发的多余水分过高,将影响鸡舍的温度并使垫料质量恶化。

鸡舍内通风不足,将影响鸡舍内的空气质量,从而造成肉鸡出现较高比例的腹水症和慢性呼吸道疾病。

鸡舍的通风保持或高于每分钟 155 米³/千克体重的最低通风量,可以使鸡舍保持较好的空气质量,特别是在育雏阶段。

在饲料和垫料中使用一些化学添加剂能减少氨气的产生。

鸡舍内最好安装监控氨气、二氧化碳、相对湿度和温度的探头,它最好和自动通风系统结合使用。

一、有害气体

有害气体是指对人、禽的健康产生不良影响,或者对家禽的生产力和人的健康虽无影响,但使人感到不舒服,影响工作效率的气体。

1. 二氧化碳（CO_2）

二氧化碳因由家禽呼吸排出,而且比重大,所以在禽舍下部、禽体周围的浓度较高。

二氧化碳本身无毒性,但高浓度的二氧化碳可使空气中氧的含量下降而造成缺氧,引起慢性中毒。实际上,禽舍空气中的二氧化碳一般很少能够达到引起家禽中毒或慢性中毒的程度,其卫生学意义主要在于用它表明禽舍通风状况和空气的污浊程度。当 CO_2 含量增加时,其他有害气体含量也可能增多。因此,CO_2 浓度通常被作为监测空气污染程度的可靠指标。

2.氨(NH₃)

氨是无色、具有刺激性臭味的气体。

3.硫化氢(H₂S)

管理良好的禽舍硫化氢浓度一般在 15 毫克/米³ 以下。一旦管理不善，硫化氢含量增加，致使人、禽中毒。

4.一氧化碳(CO)

一氧化碳是一种对血液和神经有害的毒物。一氧化碳随空气被吸入肺泡后，通过肺泡进入血液循环，与血红蛋白有巨大的亲和力，比氧与血红蛋白的亲和力大 200～300 倍。

5.恶臭物质

恶臭物质是指刺激人的嗅觉，使人产生厌恶感，并对人和动物产生有害作用的一类物质。

表 5-1 为每种污染源和不同的污染程度对肉鸡造成的主要影响。

表 5-1　鸡舍空气污染对肉鸡造成的主要影响

氨气	氨气浓度在 20 毫克/千克以上人的嗅觉可以感觉到
	大于 10 毫克/千克将损害肺的表面
	大于 20 毫克/千克将易于感染呼吸道疾病
	大于 50 毫克/千克将降低肉鸡的生长速度
二氧化碳	大于 0.35％会造成腹水症含量再增高对肉鸡是致命的
一氧化碳	100 毫克/千克将造成肉鸡缺氧。含量再增高对肉鸡是致命的
灰尘	损害肉鸡的呼吸道。增加其他疾病的感染机会
湿度	温度不同对肉鸡的影响程度不同。当温度高于 29℃，相对湿度大于 70％时，将影响肉鸡的生长速度

鸡舍内的通风不足会引起垫料潮湿，增加跗关节的损伤比例和胴体等级的下降。

6.消除舍内有害气体的措施

消除舍内有害气体，是现代禽业生产中改善禽舍空气环境的一项非常重要的措施。首先,应合理设计禽舍的除粪装置和排水系统。其次在设计禽舍时,必须设置人工通风换气系统,将舍内有害气体及时排出舍外。此外,还应注意禽舍的防潮,因为氨和硫化氢都易溶于水,当舍内湿度过大时,氨和硫化氢被吸附在墙壁和天棚上,并随水分渗入建筑材料中。当舍内温度上升时,这些有害气体又挥发出来,污染环境。因此,注意鸡舍的防湿和保暖是减少有害气体的重要措施。舍内地面,主要是在禽床上应辅以垫料,垫料可吸收一定量的有害气体。在生产过程中,建立各种规章制度,加强管理,对防止有害气体的产生也有重要意义。

二、空气中微粒和微生物

1.空气中微粒

空气中的微粒主要来源于地面和工农业生产活动,地面条件、土壤特性、植被状态、季节和天气以及工业生产、农事活动、居民生活等,对空气中微粒的数量和性质都会产生影响。

2.空气微生物

舍外空气中微生物的数量,与人和家禽的密度、植物的数量、土壤和地面的铺装情况、气温与气湿、日照与气流等因素有关。

三、通风换气

通风换气是指适当地排除舍内污浊空气,换进外界新鲜空气,并借此调节舍内的温度和湿度,这在肉鸡非常重要。

1.通风的重要作用

当今肉鸡生长速度极快,在每平方面积上又饲养较多的鸡,这使得通风换气更显得十分重要。鸡舍内通风主要起到下列几个重要作用:

(1)排除多余的热量和湿度。

(2)提供充分的氧气,同时排除有害气体(NH_3、CO_2 等)。

（3）减少舍内尘埃，提高空气质量。

（4）增加房舍利用率，延长设备使用寿命。

如通风换气达到上述目的，则会提高肉用仔鸡的成活率，加快生长速度并减少舍内污染，减少疾病的发生。

2.通风不良的危害

氨气浓度是表示舍内换气是否良好的主要标志，舍内氨气含量不应超过 20 毫克/千克，以不刺眼、刺鼻为宜。持续高浓度的氨气会引起呼吸道疾病和腹水症，同时继发其他疾病，生长缓慢不均匀，死亡率增高。

3.通风系统

随着鸡只生长，温度、湿度和气候的变化，通风量的要求也随之变化，最常用的通风系统有：

（1）使用侧墙侧风窗自然通风。

（2）侧墙侧风窗结合使用风机（包括横向小风机）的自然通风。

（3）使用风机进行机械通风，保证必要的空气流动。

（4）环境控制鸡舍通风系统，采用数量有限的进气口和排风扇使舍内产生负压。

4.不同季节通风目的和措施

（1）炎热季节通风：

目的：控制热量积聚，保持鸡只舒适。

下列措施可达到此目的：

● 降低鸡群饲养密度。

● 使用隔热屋顶（5 厘米厚的绝热屋可有效地阻挡阳光的辐射作用）。

（2）寒冷季节通风：

目的：确保舍内空气清新，满足鸡群生长需要

下列措施可达到此目的：

● 杜绝鸡舍的裂隙和洞穴产生"空气漏洞"，以减少贼风产生并尽可能保持舍内温度。

● 尽可能使新鲜空气从最高位置（靠近幕帘的顶部）进入鸡舍内部，以便使其在接触到鸡体之前与舍内较暖和的空气混合。

● 在鸡舍风机上安装定时装置,使其每隔 5 分钟运转 30 秒钟以保证不断获得新鲜空气。

● 提高舍内温度 2～3℃后再行通风,可防止寒冷应激。

5.通风要点

(1)第 1、2 周龄时可以保温为主,适当通风。但需防止冷空气直接吹袭到雏鸡身上。

(2)第 3 周龄开始要增加通风量和通风时间。4 周龄以后以通风为主,特别是夏季,通风可增加舍内氧气量,降低舍温,提高采食量,促进生长速度。

(3)在冬季可利用中午时间通风换气。舍内氨气浓度过大,要先提高舍温,再打开风机通风。

(4)夏季炎热季节必要时可向屋顶或鸡群喷水,以防肉鸡中暑。

(5)掌握好准确的换气量,调节定时器进行通风控制。

第三节　健康养殖肉鸡舍内微生物指标的要求

肉鸡舍内微生物指标如表 5-2 所示。

表 5-2　肉鸡舍内微生物指标的要求

检测项目	限定标准			
	细菌总数	大肠菌群	沙门氏菌	霉菌
水线/毫升	<10 000	<100	不得检出	
鸡舍空气/米³		<1 900	不得检出	
垫料/克	—	<200 万	不得检出	<500 万
后备鸡舍熏蒸前(环境)/厘米²	<2 000			
后备鸡舍熏蒸后(环境)/厘米²	<200			
后备鸡舍熏蒸前(空气)/米³	<600			
后备鸡舍熏蒸后(空气)/米³	<60			
球虫卵囊/克	限定标准:<3 000			

为减轻禽舍中空气微生物对家禽的危害,可采取以下一些措施:①在选择场址时,应注意避开医院、兽医院、屠宰厂、皮毛加工厂等污染源。禽场应有完备的防护设施,注意场区与场外、场内各分区之间的隔离。②建立严格的防疫制度,对禽群进行定期防疫注射和检疫。③保证鸡舍通风性能良好,使舍内空气经常保持新鲜。并尽可能在进气管上安装除尘装置。④严格消毒。新建场须经过严格、全面、彻底消毒,才可进入家禽。⑤注意鸡舍的防潮。干燥的环境条件不利于微生物的生长和繁殖。⑥采取各种措施减少禽舍空气中灰尘的含量,以使舍内病原微生物失去附着物而难以生存。⑦注意防潮,及时清除粪便和污浊垫料,搞好鸡舍的环境卫生。⑧绿化。⑨加强垫料管理,首先要选择无污染、吸水防潮性好且干燥松软的原料作为垫料。如锯末、刨花、稻壳或碎麦秸,以刨花最好,麦秸易板结。垫料厚度一般为 7~10 厘米,夏天可薄一些,冬天要适当厚一些。垫料一般要求含水量为 20%~30%,这样的垫料对鸡群的羽毛状况、饲料转化率、球虫病以及其他寄生虫病的控制都有益处,而且鸡舍氨气含量也小。垫料太干燥,粉尘大,易诱发鸡群呼吸道病。要加强鸡舍通风,经常翻动垫料以防止板结。同时要防止水盘漏水。夏天要经常清除潮湿的垫料,加一些新的干燥垫料。

第四节　健康养殖肉鸡饲料、饮水卫生指标的要求

一、饲料

饲料管理:按照我国农业部《无公害食品肉鸡饲养饲料使用手册》的要求,感官要求应具有一定的新鲜度,具有该品种应有的色、嗅、味和

组织形态特征，无发霉、变质、结块、异味及异臭；饲料原料中有害物质及微生物允许量应符合 GB 13078 的要求；饲料原料中含有饲料添加剂的应做相应说明，制药工业副产品不应用作肉鸡饲料原料。

1. 严把饲料生产关，确保饲料无污染

建立饲料原料种植基地，确保饲料原料生产过程无污染。对动物性饲料要进行无菌处理，对有毒饲料要进行脱毒并控制用量。使用的饲料、饲料添加剂产品必须来自取得生产许可证的企业，还应有产品批准文号、产品标识。饲料中不允许有违禁药物，如制药工业的副产品，禁止使用的激素类、安眠镇静类药品及农业部禁止做家禽促生长剂的其他物质等。完善法律、法规体系建设，加大对饲料、兽药生产、经营等各个环节的监管力度，杜绝一切不合格产品上市。

2. 使用"绿色"添加剂

所谓"绿色"添加剂，是这些饲料添加剂对禽产品不产生毒副作用和有害物质，且能够提高产品的产量和品质，对消费者的健康有益无害，对环境不造成污染。

微生态制剂：是从动物或自然界分离、鉴定或通过生物工程人工组建的有益微生物，经培养、发酵、干燥加工等特殊工艺制成的含有活菌并用于动物的生物制剂或活菌制剂。它主要通过自身有益菌（主要有乳酸杆菌、酵母菌、分枝杆菌等）抑制肠道部分病原微生物的存活，进而起到抗病促生长降低、饲料成本、增强动物体免疫和提高消化酶活性等功能。

中草药制剂：最大的特点是天然无毒无害，价廉、无残留、无休药期，不产生抗药性。多数中草药含有禽生长所需的粗蛋白、粗脂肪、淀粉等营养物质，具有改善饲料品质，促进食欲，抗菌消炎，活血化淤，消食健胃，驱虫的作用，能增强禽的抗病能力，预防多种疾病。中草药饲料添加剂有不同的作用，应结合饲养目的，禽的需要、习性和饲料条件等，选用适合的中草药。

酶制剂的特点：能提高饲料消化率和利用率，提高生产性能，减少氮、磷的排泄量。

酸化剂：常用的有柠檬酸、延胡索酸、甲酸、乳酸等，它们具有增强胃酸，促进消化，防下痢，抗应激作用，还可降低死亡率、发病率，提高饲料效率。

3.饲料运输卫生要求

运输工具应干燥、清洁，无异味，无虫害，并有防雨、防潮、防污染设施。不得将饲料与有毒、有害、易燃、易爆、易腐蚀等物品混装、混运。不应使用运输畜禽等动物的车辆运输饲料产品。饲料运输工具和装卸场均应定期清洗。

二、饮水

正常情况下，年轻的、快速生长的鸡只其饮水量是采料量的两倍，所以为鸡只提供洁净的、健康的饮水非常重要，如果你不想喝的水，就不要给鸡喝。水不仅是机体所必需的营养成分，而且对机体的各项生理机能都会产生至关重要的影响。因此改变饮水质量，如：细菌数、pH值、硬度、酸碱度或矿物质水平都可以直接影响到鸡只的饮水量。实际生产中如鸡群生产性能表现欠佳，如：饲料吸收不良、增重不好或出现健康问题，而又不能给予很好的解释时，你不妨评估一下饮水的质量。

由于水源不同，为肉鸡提供的饮水有可能包含过多的矿物质，或被细菌污染。尽管人的饮用水也同样适合于鸡，来自浅水井、开放式水库或质量不好的公共供水系统仍会给肉鸡饲养带来问题。

我们要检查供水系统钙盐的含量（例如硬度）、盐浓度和硝酸盐含量。在清洗完储水罐和饮水器后，需要取样检查饮水中细菌的污染情况。

饮水是食品中有害细菌最多的地方。

表5-3显示，供水系统中可接受的最大矿物质和有机物浓度。如果鸡场的供水来自同一个水源，这些数据不应超标。来自浅水井的水源，由于土地受到化肥污染，饮水中的硝酸盐含量超标，同时细菌数量过高。当饮水中细菌数量过高时，应尽快查明原因并及时解决。在饮水系统中

加入 1~3 毫克/千克的氯,能降低水中的细菌数,特别是在使用传统的开放式饮水器时。紫外线照射能有效地控制水中的细菌污染。

表 5-3　供水系统中可接受的最大矿物质浓度和细菌数量

矿物质/细菌数量	可接受的浓度
可溶性矿物质总量	300~500 毫克/升
氯化物[1]	200 毫克/升
pH[2]	6~8
硝酸盐	45 毫克/千克
硫酸盐[3]	200 毫克/千克
铁	1 毫克/升
钙	75 毫克/升
铜[4]	0.05 毫克/升
镁[3]	30 毫克/升
锰	0.05 毫克/升
锌	5 毫克/升
铅	0.05 毫克/升
大肠杆菌数量	0

注:1.如果钠的含量也很高时(50 毫克/升),氯化物的含量达到 14 毫克/升,就会影响肉鸡的生产性能。

2.饮用水为酸性(pH 小于 6)将影响肉鸡的消化、腐蚀饮水设备及不适宜使用药物和疫苗。

3.硫酸盐含量过高将造成肉鸡的下痢。如果钠或镁的含量超过 50 毫克/升,将使这种症状更为恶化。

4.铜含量过高会使水有一些苦的味道,同时会造成肝脏损伤。

1.饮水的 pH 值

饮水消毒最常用的方法是氯化。pH 值会影响到氯的消毒效力,水的 pH 值高于 8 时,氯在水中以氯离子的形式存在,只有很弱的消毒作用;水的 pH 值在 6~7 时,氯更多地以次氯酸的形式存在,次氯酸是很强的消毒剂,次氯酸的水平保持在 85％以上,氯才能达到最佳的消毒效果。为确保氯的水平是否合适,有必要检查饮水系统末端游离氯的水平,建议氯的水平在 4～6 毫克/千克。如果水的 pH 值确实较高,则有必要对水加以酸化。饮水的 pH 值可以用硫酸氢钠来调整,应先对水加以酸化,之后再加氯;把酸和氯直接混在一起,会释放出对人体有害的氯气。

鸡的味觉传感器有两个,咸和苦。自然界中大多数有毒物质都与苦味或生物碱有关。如果饮水中含有苦味,则鸡只饮水量势必就会减少。在水中加入酸制剂时,这种情况可能被掩盖。请不要过度使用有机酸(如柠檬酸或醋酸),有机酸是典型的弱酸,不容易释放 H^+,有很强的味道,这可使鸡只的饮水量减少。无机酸很容易释放 H^+,没有很重的味道。

2. 饮水中的矿物质

鸡只对不同矿物质的耐受力水平是不一样的,对某些物质(如钙和钠)有很强的耐受力;而对于铁和锰耐受力却非常低。铁和锰可以使水有苦的金属味道,铁还可以支持某些细菌微生物(如假单胞菌或大肠杆菌)在水中繁殖。如果饮水中确实涉及铁的问题(聊城地区地下水中铁含量较高),那么最好对水进行氯化和过滤,这对清除饮水系统中的铁离子非常有效。

如果水中含的钙盐过高(例如硬度),或铁的含量过高(大于 3 毫克/升),这些物质的最大问题是容易形成水垢。水垢可以使饮水管道内容积变小,从而影响乳头饮水器的正常使用,同时还可以降低消毒剂和清洁剂的效力。水软化剂可以用来降低水硬度,但要注意,如果水中钠离子水平已经很高,就不要再使用含钠离子的软化剂,最好使用孔径为 40～50 微米的过滤器。

3. 饮水中的微生物

水中的病原体有细菌性的、病毒性的或寄生虫。大肠杆菌一般来源于有机物,如腐烂的植物,绝大多数情况下来自于温血动物的肠道,水源中有排泄污染物的存在,有必要对水进行氯化消毒。

通常情况下,我们发现在封闭的水线中有高水平的需氧菌,有的可达每毫升上百万细菌,而可接受的细菌水平是每毫升100个,虽然这一细菌水平对生产性能影响不明显,但此种状况会使得饮水系统具有潜在的灾难性,大肠杆菌在适宜的条件下几小时内就可以繁殖到数万亿个。微生物污染从何而来?当鸡只啄饮乳头时,会有一些水回流到乳头上方的空隙里,回流的水中可能含有鸡只饮水时携带的污染物或病原体。在水压较低时可以使水再流回水井或自来水系统,这样整个饮水系统就会被污染。如果水源中不保持一定的消毒剂水平,那么随着时间的流逝,在温暖稳定的饮水系统中将形成一层菌膜,有害病原体可在此存活数天至数月。用硝酸银作稳定剂的含有50%过氧化氢的产品对于清除饮水系统中的菌膜具有显著的效果。

对于鸡只来说水是一种重要的营养物质,给鸡只提供干净卫生的饮水是鸡只达到正常生产性能的有力保障。要定期对水中的细菌总数以及矿物质含量进行检测,并根据情况进行处理、净化。通过对水质卫生的控制,从而使生产者因饮水系统环境不佳而导致的鸡只生产性能低下的问题得到解决。

水是维持动物生命的基础物质。饮水的质量直接关系到动物的生长发育和健康。不洁饮水引起动物腹泻、营养吸收障碍和其他多种疾病。在目前养殖业中,人们对饲养卫生比较重视、而往往对饮水卫生状况注意不够,造成多种疾病发生而导致畜禽生产能力下降。

动物饮水怎样才算合格呢?动物饮水卫生包括以下3个方面:一是感官性状。合格饮水要求达到无色、透明、无异味。二是化学性状。合格饮水,pH值在6.5~8.5;可溶性固化物在1 000毫克/升以内;硬度:碳酸钙含量低于75毫克/升;硫酸钙含量低于250毫克/升;硝酸盐和亚硝酸盐含量小于100毫克/升;微量元素:铁小于0.3毫克/升,铜小于0.5毫克/升,锰小于0.5毫克/升,锌小于5毫克/升;三是细菌指标。合格饮水,细菌总数不超过100个/毫升,大肠菌群小于3个/毫升。为了保证动物饮水卫生,建议养殖企业和专业户要重视畜禽饮水卫生:一是饮用国家自来水厂的处理水;二是农村饮用深井水,井水必须注意水源保护;三是定期对动物饮水进行化验,针对存在问题,及时作好相应的处理。

第五节 健康养殖肉鸡场三废无害处理及利用

随着国家对农村产业结构调整的深入和加大,禽牧业占农业经济的比重越来越大。目前,我国养殖业中,千家万户搞养殖所占的比重很大,由于布局不规范,饲养简单,管理粗放,饲养方式落后,造成疾病多、资源浪费严重、大范围环境污染等很多问题,因此,宣传并搞好农村禽养殖的环境保护工作对保障人禽健康,为农村提供良好居住环境具有重要意义。禽疫病可以发生在不同规模的生产场或生产户,发病症状越来越复杂,除了靠药物与疫苗外,不论是从动物健康与安全禽产品生产需要考虑,还是从根本上开拓我国健康养殖业的新局面来说,都迫切需要净化养殖场周围的环境卫生,保持良好的生态环境,这是禽业得以持续发展的基础与前提,关系到我国禽牧业发展的前途。

禽粪虽为高浓度污染源,但粪便中含有大量的有机质、氮、磷等物质,都是植物所需的养分。禽粪经过腐熟制成发酵堆肥并回归农田使用,既可防止禽粪便污染,又可为植物提供养分,以及改良土壤和改善土壤生态肥力。

近年来,中央和各级地方政府对农村沼气的发展都给予了极大的关注和强有力的支持,加大投资力度,大力推进农村沼气的推广应用,引导带动了沼气产业发展。2008年年底金融危机肆虐,政府将农村沼气作为进一步扩大内需的措施之一。2009年中央一号文件再次锁定"三农"。其中明确加快农村的沼气建设,增加农村沼气工程建设投资,扩大秸秆固化气化试点示范。

鸡粪和废水可以集中开发沼气,供生产、生活使用。同时沼气可进一步发电,供工农业生产使用。

思考题

1.健康养殖肉鸡场选址和设计要求是什么？

2.肉鸡场各区和空气环境的要求是什么？

3.健康养殖肉鸡舍内、饲料卫生指标的要求是什么？

4.健康养殖肉鸡饮水卫生指标的要求是什么？

5.健康养殖肉鸡舍通风要点是什么？

6.三废无害化处理的重要意义有哪些？

第六章

健康养殖肉种鸡饲养管理

提要　本章共分育雏期的饲养管理、育成期的饲养管理、产蛋期的饲养管理、肉种鸡笼养饲养管理和强制换羽五个部分,详细介绍了育雏期、育成期和产蛋期各生产阶段的细节管理,特别是根据目前普遍饲养的罗斯—308的育种特点、饲料营养要求和产蛋上升期的加光、加料、产蛋高峰后的体重控制、种公鸡的培育及后期管理及整个产蛋期的疾病净化等管理,是本章重点。

第一节　健康养殖肉种鸡育雏期的饲养管理

一、进鸡前的准备

(1)联系祖代鸡场,了解雏鸡的到场时间、随车电话等情况,以便能及时为雏鸡到场后,做好温度、湿度、饮水、喂料、药品及人员的安排等工作。

(2)根据雏鸡需要,准备优质全价育雏颗粒破碎料,通知饲料厂生产不添加球虫药的育雏饲料。

(3)根据药物净化程序准备相关抗生素和抗应激类药物。如预防大肠杆菌和沙门氏菌、慢性呼吸道病等的有效药品,一般开口药常选择喹诺酮类(环丙沙星、氧氟沙星等)。

(4)根据免疫程序准备所需的疫苗及辅助用品。如鸡新城疫疫苗、鸡病毒性关节炎疫苗、鸡传染性法氏囊疫苗、鸡球虫疫苗、鸡传染性支气管炎疫苗等。

(5)接雏前3天打开熏蒸鸡舍,并让化验室监测消毒效果,调试,检修一切育雏所用设备,确保进鸡后一切都能正常使用。

(6)鸡舍进行通风,提前3~5天开启风机将鸡舍中的甲醛气体排净,可对垫料进行加湿,并翻2~4次,将垫料中的甲醛通过挥发排出,防止因甲醛对雏鸡上呼吸道及眼结膜造成损伤,若甲醛味过大可加氨水中和。翻垫料及时将垫料中的绳头及杂物捡出。检查鸡舍的墙角和缝隙是否有透风的地方,如有将其用内膜袋或报纸堵死。特别冬季的贼风对鸡群的伤害特别大。

(7)预温加湿:鸡舍应提前预温(夏季提前2天,冬季提前5天),使舍内温度达到35~37℃,相对湿度达到65%~75%。雏鸡进舍前,舍内温度调整到28~30℃,雏鸡入舍时,舍温达到25~26℃,以后0.5小时提高1℃,3小时后到达31~32℃(冬季提高1℃)。进鸡前1天,将鸡舍温度提升至30℃,湿度控制在75%左右。同时要保证垫料的温度在28℃以上,加湿应在过道上和不育雏的栏内撒上热水,也可通过自动喷雾器用30℃左右温水进行加湿。

(8)纠正所有的温度计,把所有的温度表放在一起察看是否一致,用正确温度计将其纠正,并在表上标明差额,每舍前、中、后各放一只,高度离垫料5~10厘米。

(9)育雏栏的建立:利用鸡舍中间1/3部分作为育雏间。一般前面空出1栏,后面空出1栏,一是前方用于加湿,二是防止前面温度太高和后面太低不利于育雏。每个鸡舍建立6～8个小栏,每个小栏50米²(40～50只小鸡/米²),工作间门口及鸡舍4、5栏之间悬挂塑料布等挡风布,防止通风或贼风直吹到鸡身上(夏天未必)。

(10)准备好育雏用具,开食盘、直径15～20厘米真空式饮水器按80～100只鸡/个,将其消毒并用清水清洗干净。将开食盘饮水器放入栏中摆放好,要求小鸡随时都能喝上水吃到料,确保雏鸡在最初24小时不出1米的范围能自由采食,育雏用具摆放应根据雏鸡分布摆放,靠墙边及前面炉头位置可少放一些,原则是根据鸡群的分布来放置。

(11)提前1天准备可供雏鸡饮用1天的温开水。加药桶和水线提前调试好,水线高度要求水线乳头与鸡眼相平行。来鸡前半小时将饮水器和加药桶内加好水,用水线添加药物时必须把药物冲入整条水线内,使鸡能在同一时间内饮到药物。

二、接鸡工作

(1)雏鸡运输车按入场消毒程序严格消毒后方可进场,驾驶员更换场内隔离服。

(2)雏鸡车进入场区后尽快卸车,要有条不紊,避免忙中出错,运鸡和车上卸鸡人员要分清公、母(卸车人员必须消毒后方可进舍,其他人员不准随便上车),饲养员按预定计划将鸡搬运到指定地点。每栏摆放按顺序进行,每两箱一摞、按计划数量把雏鸡均匀分放到各栏,并立即打开雏鸡箱盖。检点鸡数,每栋鸡舍抽检10盒,并随机抽测称重。

(3)将所有的鸡入舍后,转入数量与供应商提供的数量经核对无误后,打开盒盖,倾斜纸盒,小心地把鸡倒入开食布上方及饮水球周围便于雏鸡能及时均匀开饮。放鸡过程中应将雏鸡投放均匀,各个纸盒在不同处投入,使雏鸡在整个育雏栏内分布均匀。

(4)每栏留两个纸盒,一个放死鸡,一个放残弱鸡。公鸡和母鸡鸡群中各留 1 个空围栏,用于在饲养过程中将弱小鸡只挑出单独护理。

(5)清理工作:撤下的纸盒和垫纸不能随便乱放,应及时搬出,打扫干净,用喷雾器喷洒过道消毒。

(6)每个育雏栏有专人负责,使栏内的小鸡尽快能饮上水,可以轻轻敲打料筒、开食盘等利用小鸡的好奇心促进开食开饮,搞清各栏的准确鸡数并做好详细记录(鸡数-死亡-淘汰),及时挑选残弱鸡,单独饲养并注射药物。

(7)雏鸡入舍后先饮水 2～3 小时,然后再开食,Roos308 雏鸡必须同时开水开食。第一天要触摸雏鸡嗉囊检测饱食率,6 小时达 90% 以上,12 小时达 95% 以上,24 小时后达到 100%,开食原则是少量多次的添加饲料。经常地观察鸡群,及时清出被污染的饲料并加入新的饲料。

(8)及时更换饮水球中的水,并保证水温适宜,在水中加入 5% 葡萄糖及多维素,3 小时后严格按用药计划改用抗生素(环丙沙星,氧氟沙星等),以后每隔 3 小时添水添料。

三、育雏期卫生消毒管理

(1)鸡舍过道每天至少清扫两次,清扫前可加湿,尽量避免扬起灰尘,垃圾及时清出鸡舍。避开活苗免疫的前中后 3 天,过道每天用消毒剂消毒一次。

(2)工作间要及时清扫,并用清水将地面清洗干净。地面不能有积水,清扫后地面用小喷壶消毒。

(3)小喷壶中的消毒剂使用时间不得超过 12 小时。

(4)冬季门外火碱盆改用农福消毒(1：400),使用时间不得超过 72 小时(免疫时经常更换)。

(5)门前清扫干净,不得有污物和积水。黄线内侧,每天至少用清水清洗一次(不得有积水,防止结冰滑倒)。

(6)人员进入鸡舍前必须脚底消毒、全身喷雾消毒并洗手消毒。

四、育雏期工作要点

(1)育雏期温度不能高于35℃,若片面注重保温,育雏往往偏热,造成主翼羽平头羽鸡较多,温度偏高还会影响内脏及免疫系统的发育。前3天最好控制在31～32℃。温度从第3日龄开始每3天下降1℃,直至4周末降至20℃左右。

(2)雏鸡应该尽早开食,促进肠道、消化、免疫系统发育。出壳56小时,脐带关闭,卵黄仅够3天用的,前3天还是心血管免疫系统的发育期,尽可能保证前3天雏鸡多采食,多增重,这影响到以后整个养鸡过程的鸡群健康和均匀度。良好的开食与饮水对雏鸡的肠道发育好,肝脏、法氏囊等器官也与体重呈正相关。前3天赶鸡要有规律的赶鸡,雏鸡也需要休息。如果育雏吃料饮水不好,明显鸡爪发黄干瘪,消化系统扁平。

(3)育雏期喂料应少喂勤添,前1周每日5～6次,逐渐减为每天1次,1日龄雏鸡不少于8次,刺激雏鸡采食;开食后3天内可喂湿料,以手捏紧后放开即散为宜。湿料易于雏鸡消化,但要现拌现喂,以防因堆放时间过长而变质。7日龄前使用方形平底饲料盘,每100只用1个,7日龄后逐渐改用料桶或料槽给饲。

(4)育雏前3天,为避免踩死踩伤鸡只,进入鸡舍栏内不允许穿鞋。饮水球开食盘内的稻糠必须及时清出,饮水球下的稻糠必须每天翻一次以防发霉,每次换水时饮水球必须用净水清洗,每12小时用消毒液擦洗消毒一次。

(5)育雏围栏要从第3日龄开始向外扩展,直至5～7日龄将围栏撤出。每次扩栏前应先将鸡舍温度提升1～2℃,以免扩栏过快鸡只受凉,将1/8旧垫料掺到新垫料里,同时要补充料具、水具及垫料,擦拭水线,检查隔网有无破损以防串栏现象。

(6)目前断喙一般选择在5～7日龄,断喙质量的好坏直接影响到雏鸡健康及育成期均匀度,因此断喙时要认真小心、一次灼烧、一步到位,灼烧面要整齐,垂直,减少因断喙造成的感染,上下喙部在断喙前3天和后3天添加适量维生素 K_3 和抗应激电解多维预防感染和出血。

(7)1周末需要2~3天循序渐进地撒开食盘,采食不足影响均匀度。无论是撒开食盘,还是撤真空式饮水器(需要空水),都是需要循序渐进地进行。如果用上料筒后,再用开食盘,还有鸡过去,就说明料位不足,开食盘还得继续用。料位是否充足,料筒高低等都会影响鸡的采食,影响以后的均匀度,要保证第一时间所有鸡只都有料位,即所有鸡只在同一时间同一环境下采取到适合自己的料量。当然料位也不能太多,太多也会导致两极分化。

(8)第一周自由采食,但仍需制定合理的料量,可以根据初生重。在分栏饲养中,由于前面热后面冷,导致雏鸡吃料不均匀,可以根据标准制定出最高采食还高一点的料量,每个栏料量是固定的,这样可以很好控制前中后各个栏鸡的采食量进而控制好均匀度。

(9)进入2周龄一定要注意通风,因为雏鸡第2周开始每日限饲,吃完料开始刨稻壳容易起灰尘,加之雏鸡开始褪绒毛,在2~4周换羽期间一定要最小通风量的基础上加强通风。

(10)养成摸嗉囊的习惯,看水喝的是否足够。当水温大于30℃,鸡是不喝的,23~25℃适中,水温低则喝水少。半开不开的水对鸡伤害很大,如果温开水不够用的话,保证2~3天温白开足以,原则一定不能缺水。如果熄灯鸡嗉囊还硬,说明水线有问题高低不平,水压小或者减光过快。4周减光到8小时后,如果有硬嗉囊现象需要补水或者补光。无论什么状况下,熄灯应该是嗉囊里无料或者稀糊状。减光标准是应该嗉囊里料没有或者稀糊状为止。

(11)免疫前核实所免疫疫苗的种类、名称、厂家等信息,疫苗生产日期是否存在过期,免疫用器具提前消毒备好。

(12)每天截至下午5:30,统计好死鸡、残鸡数、喂料量、饮水量、药品、光照、免疫、温度,做好详细记录将报表做好。

(13)做好值班及交接班工作,加强值班责任心。实施24小时值班,及时调节温度和湿度。吃饭时间互相换班,不准间断人(包括烧炉工)以防止意外发生,直至育雏结束。

(14)影响均匀度的因素:①串栏导致鸡只数不准;②育雏条件差,特别是冷应激、热应激,开食、开水晚;③饲喂器面积不够、高低不平、分布位置不合理;④断喙不好,去喙太多和断喙器温度太高;⑤疾病,特别是球虫、肠道病;⑥饲料质量差、霉变;⑦饲养面积不够,活动空间、饮水空间狭窄;⑧分群过晚,大中小在一起;⑨垫料不平整;⑩免疫反应大;⑪饲喂器与饮水器更换,饲喂器与饮水器质量差。

(15)总之,育雏同"育婴",要做到"细心、耐心、认真","生命的东西永远是不可逆的",要时时做好,事事做好。实际生产中往往会因为我们一时的疏忽,而造成鸡群终生无法弥补的过失,从而影响鸡只的生产性能,所以我们必须加强责任心,将鸡群养好。

五、雏鸡的生理特点

1.体温调节机能不完善

成年鸡的体温是 40.5～41.7℃。而初生雏鸡的体温约是 39℃,在 4 日龄时开始均衡上升,到 10 日龄时才能达到成年鸡体温,21 日龄左右体温调节机能逐渐趋于完善。所以育雏期间依靠人工控温才能维持正常生理活动。

2.生长迅速,代谢旺盛

5 周龄时体重可达到出壳重的 10 倍。所以育雏阶段的饲养管理是相当重要的,必须满足雏鸡的各种需要,以保证其快速的生长发育。

3.消化能力弱

雏鸡消化系统发育不健全,胃和嗉囊的容积小,进食量有限。因此育雏初期要增加饲喂次数,并且要求饲料营养全面。

4.敏感性强

对饲料中的各种营养成分的缺乏或药物的过量,都会很快反映出病理症状。因此要求喂给雏鸡全价饲料,添加药物一定要拌均匀,防止发生药物中毒。

5.抵抗力弱

对外界环境适应性差,很容易受到各种有害微生物的侵袭,感染疾病。因此育雏期间尤其是育雏前要做好环境清洁、消毒工作,育雏期间做好免疫接种。

6.胆小,群居性强

周围环境的任何改变都会引起惊吓、混乱,所以育雏期间应尽量保持安静,防止一切应激的发生,并且防止野生动物的进入(老鼠、野猫)对雏鸡造成危害。

六、前一周的饲养管理

1.1 日龄

(1)光照:母鸡 24 小时、公鸡 24 小时。

(2)温度:31～32℃,不要超过 33℃。

育雏时温度高低的衡量方法除参看室内温度表外,主要是"看雏给温",通过观察雏鸡行为判断温度是否合适。如鸡分散均匀,活动自由,说明温度好;如鸡叫声低沉或张开翅膀、张口喘气,即是温度过高的表现;如果雏鸡向围栏一侧集中,有可能存在"贼风";如果集中在某个地方,叫声凄惨,显示成堆集中的现象,有可能是温度过低;温度计悬挂的高度应与鸡背平行,在围栏两头与中间均需悬挂温度计,整栋育雏往往前高后低,很多时候鸡只扎堆,不采食是鸡实际感受温度偏低,不是空气温度,要设法保证鸡雏腹部接触物的温度不低于 28°(简称腹感温度)。

特别需要注意的是刚接来雏鸡时吃料饮水正常,12 小时左右大部分均已开食,开食率达到 98％以上,而 24 小时的开食率缺不一定好,即使温度正常情况下雏鸡也常会发生聚堆现象,

因为在经历了路上长时间运输后较为疲劳,但刚进入鸡舍新环境比较兴奋,且雏鸡嗉囊比较小,在吃上料喝上水对新环境适应后进行短暂的休息,管理人员往往会片面认为鸡舍温度偏低而提升鸡舍温度导致雏鸡脱水、中暑等症状。

(3)湿度：65％～75％。

加湿方法：走廊、第一栏炉头周围不定期洒水保持湿润，使其自行蒸发。避免喷雾加湿，否则会使温度瞬间下降。前期育雏对温度很敏感，湿度过低易引起雏鸡的脱水，绒毛焦黄、腿、趾皮肤皱缩、无光泽，体内脱水，消化不良；身体瘦弱，羽毛生长不良；湿度过高影响雏鸡水分代谢，不利羽毛生长，易繁殖细菌和球虫等，应使相对湿度保持在65％～75％，随着种雏鸡的生长，相对湿度也应当相对降低。

(4)称重：雏鸡到场后，放出前应随机抽测3％的鸡只，逐只称重，当日算出均匀度、体重做为初生重（称重必须在雏鸡未拿出前抽测，放鸡人员注意留好）。

(5)饮水：前3天要求饮用温开水，水温保持25℃左右，第一次饮水中可加入5％的葡萄糖和多维。雏鸡最好在出壳24小时内饮水，第一次饮水叫初饮，可加入适量抗生素和5％葡萄糖，增强抵抗力。初饮有利于促进肠道蠕动、吸收残留卵黄、排除胎粪、增进食欲等左右。初饮后应不间断保证提供干净的饮水并及时检查饮水器具，隔12小时清洗一次并及时补充干净温开水。

①加药桶和水线提前调试好，水线高度要求乳头与鸡眼相平行。

②来鸡前0.5小时将饮水器和加药桶内加好水，用水线添加药物时必须把药物冲入整条水线内，使鸡能在同一时间内饮到药物。

③使用水线时应先用手抠动所有水线乳头，让其悬挂一层水珠诱导雏鸡去啄。高度置于鸡眼部。

④雏鸡到场前0.5小时应先将开食布和开食盘摆放好作为开饮用，待鸡放出，用喷壶向开水布上喷洒水珠，让雏鸡饮用。开食盘可暂作为开水盘用，水量为淹没雏鸡鸡爪为宜，此方法仅适合1日龄母鸡用，因公鸡1日龄断趾，剪冠，脚趾粘水很容易导致发炎，故公鸡开食盘不易放水。

⑤第1日龄饮水球高度不易过高，要求砖块上沿与垫料平行。

⑥雏鸡饮水半小时后应用手触摸嗉囊，观察鸡群饮水情况。对于饮水不足或没饮水鸡只应马上严格挑出单独放入弱鸡围人工训练饮水，或用滴瓶进行滴口灌服法，确保100％鸡只都能饮上水，防止脱水。

(6)喂料:雏鸡提早开食能促进卵黄的吸收,应尽快使雏鸡学会吃食,能刺激肝脏、胰脏和肠道的生长,并且能增加肠道绒毛的长度,这些效应能提高雏鸡在开始采食干饲料后的养分利用率,从而促进生长。一般在出壳后 20～30 小时开食。

①开食方法是将准备好的饲料撒在硬纸、塑料布等辅助采食器具上,让其自由采食,并将开食盘放在两边增加采食面积,以使雏鸡迅速熟悉采食与饮水,防止饥渴。过 3 小时后给雏鸡换水换药时将所有开食盘全部加上全价破碎育雏料(罗斯鸡同时开饮开食),前 3 天拌料中加入绿源生可有效减少雏鸡前期糊肛。

②开食后要密切观察鸡只采食情况,每栏保留 1～2 人进行驯饲,触摸鸡群嗉囊,确保开食 12 小时后达到 99％嗉囊有料,24 小时后应达到 100％。雏鸡嗉囊丰满度检查标准:6 小时——90％～95％;12 小时——95％～99％;24 小时——100％。

③对于没及时开食的鸡只挑出单独饲喂,对于小围栏内的未吃料喝水雏鸡可增加光照强度,补充饲喂器具,还可人工开食开饮增加成活率。

④应保证鸡群分布均匀,采食同步(同一时间同一环境下采取到适合自己的料量),为刺激鸡只食欲,可采取敲打料盘吸引。每次喂料切记少加勤添,现拌现喂,避免饲料霉变或者饲料陈旧,从而导致育雏不吃造成浪费。

(7)通风:建立最小通风量,给鸡群提供足够的氧气,满足雏鸡对氧气的需求,排除二氧化碳、氨气及多余的水分等,同时调节舍内整体温度,排出多余热量,使舍内前后温度均衡,排出舍内多余水蒸气。育雏期间通风不足造成较差的空气质量,会破坏雏鸡呼吸系统,使雏鸡易发生呼吸道疾病。

①封闭多余进风口,防止贼风。所有进风口应添加挡风板,避免冷风直接吹到鸡身上。

②通风前舍内温度需提高 1～2℃,通风时间不宜过长,冬季根据舍内实际情况,要求温控间断性通风,要求 4～5 分钟既可。夏季温度适宜,可采用连续通风。

③通风时冬季确保舍内温度不低于 30℃,不能因通风不当使舍温出现忽高忽低现象。

④通风不良的危害:由于雏鸡代谢旺盛,尤其是大规模高密度饲养情况下,由于呼吸、粪便及垫料散发出大量的二氧化碳和氨气,如果这些有害气体不能及时排出,更换新鲜空气,长时间作用于鸡体,会影响鸡群健康发育,降低抵抗力,易导致及诱发呼吸道疾病及大肠杆菌,增加其他疾病感染的机会,增加死淘率。

(8)密度:每栏根据实际面积搭配鸡只(40～50 只/米^2)。

2.2 日龄

(1)光照:23 小时(0—1 点关灯)30～31℃。第一次熄灯时为防止雏鸡受惊,应逐渐关掉舍内 4 路电源(间隔 1 分钟)。停光前 1 小时将开食盘撤出并刷洗。饮水器在关灯前撤完,并在开灯前将饮水器加满水放于栏门。开灯后加强通风 5～10 分钟,先将饮水器拿进栏内饮水 1 小时后再加料。

(2)饮水:用手触摸乳头,继续诱导其使用水线。饮水器严格按用药程序加水加药(经常清理饮水器内稻糠)。拌料或饮水添加维生素 K_3。

(3)喂料:免疫时要将人员具体分工,保证鸡群正常采食饮水,水料可以比正常添加量多些,减少劳动量的同时给免疫提供方便。添加抗应激药物和电解多维增加免疫效果。(开食盘内的稻糠必须经常筛出)下午 5:30 前统计好料量,填写报表。

(4)免疫:点眼(MA5+clone30)。点眼时动作要慢,鸡只较小疫苗很容易从眼边流落,造成抗体参差不齐,甚至容易发病。疫苗要专人专配,现配现用,每次少配分开使用,在 1.5 小时以内用完上次兑的疫苗。

(5)扩栏:如果温度达到要求,在 2 日龄晚上应将整个栏扩满,扩栏前可提高鸡舍温度 1～2℃,扩群后要立即增加栏内水杯和料盘数量,料盘加到 11～12 个/栏;15～20 厘米真空式饮水器 10 个/栏(根据季节及气温情况密度灵活掌握)。

(6)加强值班纪律:每天晚上轮流值班,值班人员要及时添加水、料,保证舍内温度和湿度正常,出现异常及时调整。空闲时间要赶起嗜

121

睡鸡只起来采食。不能睡岗、空岗。

3.3 日龄

(1)光照 23 小时(管理同上)30～31℃。

(2)喂料:原则及方法同上。

(3)扩栏:用手感挑出小鸡。

(4)免疫:球虫(拌料)。

①球虫拌料的方法。

②球虫免疫的注意事项:

a.控制好料量,按 7 克/只来确定料量,确保能一次性吃完。喷洒疫苗时注意均匀,来回翻动。加料后使鸡群分布均匀,尽可能使每只鸡吃到适合自己的料量。

b.免疫后垫料湿度,与育雏所需湿度相同,根据地区、季节不同,采取适宜的保湿方法,有球虫反应不见得非得加湿,根据情况,如果是有增多趋势得防控,如果空气干燥需要加湿。根据空气等因素制定是否需要加湿。

c.扩栏及转群要转移 1/8 带卵囊旧垫料到新栏。出现血便后要尽快使用抗球虫药物控制。球虫免疫反应后肠黏膜常受损,易发大肠杆菌、沙门氏菌等。

③球虫卵囊检测:

a.化验室检测:球虫免疫后第 5、6 天对粪便进行检测,发现超标当天投用氨丙啉,第一循环结束后每隔 3 天对粪便检测一次,及时掌握卵囊数量,有助于球虫卵囊的控制及投药时机的把握,防止死鸡。

b.从球虫免疫后第 5 天每天开灯前管理人员逐栏观察鸡只粪便情况,发现西红柿样粪便,立即投放氨丙啉,药效浓度为 125 毫克/千克。

④投药原则:

第一反应期(免疫后 5～7 天):一般反应比较轻微,不会造成死鸡,无需投药。

第二反应期(免疫后 11～12 天):选择对卵囊有抑制作用的药物,使用预防量(氨丙啉 125 毫克/千克饮水),投药不超过 2 天。

第三反应期(免疫后 16～17 天):因鸡群进入第三周开始限料,鸡只采食垫料杂物较多,从而食入卵囊较多,而此时球虫免疫系统还未建立,会导致鸡只反应较重或直接暴发球虫造成伤亡。所以第三阶段又称"危险期",需密切关注粪便、死鸡解剖及卵囊数量的控制,发现血便或因球虫造成死鸡应立即投药。药物使用治疗量投用 3～4 天,同时投用抗生素(阿莫西林,氨苄西林等),防止肠道感染,添加维生素 K_3 防止出血,增加维生素 A 的用量有助于肠道黏膜的修复。

第四反应期(免疫后 22～24 天):如第三反应期控制好,一般不会造成死鸡,药物的投用可根据情况。

经 3～4 个反应期刺激后,雏鸡逐渐建立起免疫应答,如免疫反应均匀一般不会造成鸡只死亡情况。

4.4 日龄

(1)光照:母鸡:21 小时(0—3 点关灯),公鸡 22 小时(0—2 点关灯),关灯后注意通风、温度、湿度、刷洗开食盘,饮水器。

(2)喂料:刷洗料桶,准备使用。在全天计划的饲料吃完前开食盘内不能缺少饲料。

(3)饮水:下午将饮水器放置水线两侧,多余的全部撤出,让雏鸡尽早学会使用水线(冬季继续使用饮水器),可以利用 3 天时间过渡过去,每天撤 1/3,可以先加料进行适当控水,时间不宜超过 0.5 小时。

(4)按 5% 抽测体重,对鸡群进行评估,便于下一步控料。

(5)断喙前的准备:

①前中后各一天饮水中加多维,维生素 K_3 拌料,料盘料量适当增加防止伤口出血。

②调试断喙器,把断喙器接上电源,判断是否正常运转,如果刀片,温度不够(不够红热),需将螺丝、垫片及刀片卸下后用砂纸打光,安装后再次调试,直到正常。准备凳子、电源线、鸡笼等,做好第二天断喙的人员等工作安排,提高断喙时的工作效率。

③培训:安排人员利用孵化残鸡现场训练。

5.5 日龄

(1)光照:母鸡 19 小时(23—4 点关灯),公鸡 21 小时(0—3 点关灯)。

(2)喂料:每栏放下 30% 的料桶并加料,撤出 10% 的开食盘,料桶放在靠水线的两边,料桶间加开食盘。

(3)免疫:REO(S1133),挑小鸡。

(4)断喙:断喙正确握鸡姿势为大拇指轻压头背后,食指于劲下部抵近下颌(不允许舌头伸出),使鸡喙紧闭,头颈伸直,喙于刀片垂直。上喙断 1/2,下喙断 1/3,切割 1~2 秒,灼烧 2~3 秒。灼烧时间过短,留血,再生点没完全破坏,15% 鸡还能再生锋利的喙,灼烧时间长,应激大,喙变黑,易变形,影响采食。与免疫同时进行,扩栏。

①要在断喙时间之前给鸡群加一遍水和料,水和料可以适当多加一些,避免在断喙时鸡群缺水、缺料现象,断喙前后 3 天在引水中加入维生素 K_3,防止出血严重。

②在决定断哪栏鸡时,要在抓鸡之前将料盘内加上半盘的饲料,不能加得太多,太多会造成浪费,太少容易造成断喙后喙部损伤出血。

③断完喙栏内的料盘要每隔 1 小时匀一次料,把露出的料盘底部盖住,防止鸡喙伤喙出血。

④断喙时人员分工明确,工作有序,抓鸡、送鸡、点数、挑鸡、加料、加水、加湿人员固定。

⑤在断喙过程中把大、中、小、糊肛鸡只分别挑出单独饲养,利于后期均匀度的提高。同时将各栏中漏断喙的鸡只挑出补烫一次

6.6 日龄

(1)光照:母鸡 17 小时(22—5 点关灯),公鸡 20 小时(0—4 点关灯)。

(2)喂料:每栏放下 50% 的料桶并加料,撤出 40% 的开食盘。

7.7 日龄

(1)光照:母鸡 15 小时(21—6 点关灯)、公鸡 19 小时(23—4 点关灯)。

(2)喂料:每栏放下 80% 的料桶并加料,撤出 60% 的开食盘。

(3)饮水:利用 3 天时间过渡,每天撤出 1/3 的水杯,直至完全使用水线。

(3)称重:按 5% 抽测。

(4)扩栏:向后再扩两栏小鸡,鸡舍内只剩下前后 4 个栏。

七、第2周的饲养管理要点

（1）喂料：根据1周末的体重及标准料量，从第2周开始定料量实施每日限饲法，将标准料量按递增的方式分配到每天，鸡舍人员采取刺激性喂料法及驱赶鸡群，想尽一切办法让鸡把规定的料量在给光时间内吃完。一定要有足够的料位，使每只鸡都有均等机会采食，饮水。饲料分配均匀，最多3分钟内鸡群都能吃上料。

（2）光照：2周末公鸡减到16小时；母鸡根据吃料快慢，每天可减2小时，到周末减到12小时（如1周末体重不达标，须推迟减光）。要随时观察鸡只是否有硬嗉囊现象，无论什么状况下，熄灯应该是嗉囊里无料或者稀糊状。减光标准是应该嗉囊里没有料或者稀糊状为止。

（3）换料：由开口料换为331。换料常会导致肠道正常微生态菌群失衡，加之球虫免疫对肠道造成一定程度的损伤，因此要循序渐进的换料，防止换料不当菌群失调引发大肠杆等，一般采用4天过渡过去，更换比例：20％、40％、60％、80％。

（4）饮水：直接使用水线。2周4公鸡开始饮硫酸锰（雏鸡200千克水加6克、育成鸡200千克水加3克）。

（5）2周是免疫球虫的第7～10天。球虫卵囊的第一个繁殖期，注意观察粪便，出现红便血便及时用药。球虫免疫7天后扩栏分群必须同时更换1/8带球虫卵囊的垫料。

八、第3周的饲养管理要点

（1）通风：本周随着限料及小鸡吃料速度的加快，熄灯前小鸡开始刨稻壳找料，加之鸡绒毛开始更换，导致空气质量下降，要严防呼吸道及大肠杆菌感染，适当加大通风，也可以减少光照强度。

（2）要提前计划好，免疫、扩栏，全群称重等，尽可能减少应激因素发生，本周龄小鸡母源抗体已消耗殆尽，免疫抗体尚未产生，因此转群，换料，降温等应激因素很容易发病。呼吸道黏膜受损常会导致很多细菌病毒性疾病,肠道黏膜受损也会导致细菌乘虚而入,引起肠道及全身感染,加之球虫免疫破坏部分肠道黏膜,大肠杆菌极易入侵肝脏形成包心包肝等。

(3)第一次全群称重、分群、扩群。根据变异系数分五个档次或者三个档次。分栏必须遵行下列程序:

①鸡群在分栏前,所有栏的鸡必须抽样称重。

②所有体重相近的种鸡,应该合养在同一栏内。

③如果鸡群变异系数小于12%,可以分3个档次,如果变异系数大于12%,需要分成5个档次,同时对0～4周龄的管理细节进行全面检查,以便改进日后鸡群的变异系数。通过计算鸡的变异系数来决定每一栏的大小,但要使各栏的混养密度一致。

④为了精确的分栏,对每个鸡都要单独称重,使鸡只正确进入适宜的栏内。对体重刚好处于两组分界点上的鸡,应放入变异系数较低的栏。

⑤分栏后必须确保每个栏鸡只数的准确,这关系着以后育成期的均匀度,同时对每一栏重新称重,确定平均体重和均与度,以确定体重标准和喂料量。分栏后各栏鸡群饲养密度应该一致,应保证各栏鸡只充足的料位水位。具体公式如下:

$$平均体重(X)=累计所称个体的体重(\textstyle\sum X)\div称重的鸡数(n)$$

$$体重的范围=最重的鸡只体重-最轻鸡只得体重$$

$$平均体重10\%范围(X\pm10\%)=X(1+10\%)\sim X(1-10\%)$$

$$整齐度=平均体重\pm10\%范围内的鸡只数\div称重鸡只的总数$$

$$变异系数(CV)=(标准差\div平均体重)\times100\%$$

(4)喂料:母鸡改1/6限,分群后定下每栏料量,公鸡继续实行每日限,分群后小鸡、中鸡、大鸡料量不同,定料量时,小鸡可以多一些,大鸡少一些,但是平均料要与预期或者手册一致,比如定料量平均31克,若均匀度100%,小鸡、中鸡,大鸡比例各占1/3,小鸡与大鸡体重差100克左右,小鸡可加1克料为32.6克,大鸡少1克料为29.4克,中鸡为

31克；一般情况下均匀度达不到100％,而且小鸡大鸡比例也不能恰好各占1/3。因此需要按实际情况算好各栏实际料量:如某栋鸡全群鸡只数为9 500只,分为大中小3个级别,小鸡2 100只,大鸡1 500只,中鸡5 900。设中鸡料量为 x,小鸡料量为 $x+1$,大鸡料量为 $x-1$。(如果有特大和特小鸡,根据体重可设为 $x-0.5$ 和 $x+0.5$)。

　　列方程式 $9\,500 \times 31 = 2\,100 \times (x+1) + 1\,500 \times (x-1) + 5\,900 \times x$

　　　　　　 $9\,500x + 1\,200 = 361\,000$

　　求方程式,得 $x=30.94$ 克,小鸡料量为 31.94 克,大鸡料量为 29.94 克。根据每栏大小鸡,小鸡栏多加些料,多加料根据体重进行评估。加减料本周龄原则上体重50克以内加减1克料,50～100克加减2克。

　　(5)光照:3周末公鸡降到12小时,母鸡降到8小时。

　　(6)3周是球虫卵囊的第二个繁殖期,也是机体反应最剧烈的时期,15～16日龄要特别敏感地注意观察粪便,17～18日龄极易造成死亡,早发现早用药。

九、第4周的饲养管理要点

　　(1)喂料:母鸡改2/5限,公鸡继续每日限,注意4周1按新限饲方法所计算的料量饲喂。

　　(2)光照:4周末公鸡降到10小时,母鸡4周1减到8小时以后维持。

　　(3)换料:4周3开始更换332,到4周末将换完,小鸡可推迟1周更换(更换比例:20％、40％、60％、80％)。拌料时添加亚硒酸钠维生素E粉、维生素A、维生素 D_3、维生素E粉(添加剂量依说明)。

　　(4)注意球虫反应对公鸡的影响。

127

十、第 5 周的饲养管理要点

(1)喂料:公鸡改 1/6 限。

(2)光照:公鸡 10 小时。

十一、第 6 周的饲养管理要点

(1)喂料:公鸡改 2/5 限。

(2)光照:公鸡减到 8 小时。

(3)第二次全群称重,分五个档次。

十二、育雏育成期限饲方法

育雏育成期限饲方法见表 6-1。

表 6-1 罗斯 308 育成期限饲方法

周龄	ROOS-308	
	♂	♀
1	自由采食	自由采食
2	每日限饲	每日限饲
3	每日限饲	1/6
4	每日限饲	2/5
5	1/6	2/5
6~16	2/5	2/5
17	1/6	1/6
18	每日限饲	每日限饲

十三、育雏期的温度、湿度及光照的控制

见表6-2。

表6-2　育雏期的温度、湿度及光照的控制

日龄	温度/℃	湿度/%	光照♀/小时	光照♂/小时
1	30～31	65～75	24	24
2	30～31	65～75	23	23
3	29～30	65～75	23	23
4	29～30	65～70	22	22
5	28～29	65～70	21	22
6			20	21
7			19	21
8			18	20
9			17	20
10	以后每3天降低1℃直至达到18～21℃	育成期湿度不低于50%	16	19
11			15	19
12			14	18
13			13	18
14			12	17
3周末			8	15
4周末			8	12
5周末			8	10
6周末			8	8

十四、雏鸡采食位置

见表 6-3。

表 6-3

种母鸡日龄	雏鸡料盘/个	采食位置（盘式/槽式）/（厘米/只）
0～35 日龄（0～5 周）	80～100	5
35～70 日龄（5～10 周）		10
70 日龄（10 周）至淘汰		15
种公鸡日龄	雏鸡料盘（个）	采食位置（厘米/只）
0～35 日龄（0～5 周）	80～100	5
35～70 日龄（5～10 周）		10
70～140 日龄（10～20 周）		15
140～140 日龄（20～66 周）		18

第二节　健康养殖肉种鸡育成期的饲养管理

一、育成期工作要点

1.温度

育成期适宜的温度 15～20℃。若舍内温度高于 27℃ 或低于 15℃ 时，应人工进行温度调节。舍内温度超过 32℃ 时，启用湿帘降温，并于饮水中加多维素（含电解质）或维生素 C 以减缓热应激。

2.湿度

空气湿度要求标准为 55%～65%，垫料以 25%～40% 为最好。常见的问题是空气湿度不足而垫料过湿。可用空气清水喷雾等方法加湿。要加强通风，加强对饮水器具的管理防止饮水器漏水。

3.光照

严格执行光照程序，育成期间不得随意改变光照时间及强度。遮黑鸡舍在育成过程中至加光前执行 8 小时光照，母鸡光照强度以不影响采食为宜，防止啄羽，公鸡光照强度必须达到 5 勒克斯，增加活动量，防止腿病的发生。影响光照因素一是光照时间，二是光照强度，前者是主因，后者是次要原因，但原则是产蛋期必须是育雏期的光照强度 10 倍以上。还有一个原则是育成期恒定光照时间必须是 8 小时（或者别的时间），而且连续 8 小时光照时间要维持 10 周以上，如果这两方面光照控制不好会导致产蛋期加光不明显，高峰不高。育成期光照强度一般是 0.5～1 勒克斯，到产蛋期 30 以上勒克斯。

4.通风换气

鸡舍内垫料湿度适宜，微潮松散不起尘，无明显的氨气味。通风换气是养鸡十分关键的一点，有效的通风能减少疾病的发生，提高家禽抗病能力及免疫力，又能降低舍内粉尘和有害气体，并能稀释病毒、细菌数量，排出舍内多余的水分，减轻对呼吸道黏膜的刺激。

5.垫料管理

要求干净、无结块、无尖锐物、杂物、石块、松散、不潮湿，垫料厚度保持 7～10 厘米。除正常通风外，每天至少翻动一次。重点部位随时翻动，垫料过于干燥易起灰尘，要给垫料加湿。垫料上鸡毛从 8 周后每日清扫鸡毛一次。在产蛋期，垫料潮湿结块还会导致公鸡脚垫现象，间接影响了种蛋的受精率。

6.免疫

育成期免疫疫苗频繁，严谨按照免疫计划进行，育成期免疫次数较多，育成期免疫质量的好坏直接决定着产蛋期乃至种鸡一生的健康，因此保证每一次的免疫质量是根本。疫苗大致分为活疫苗与灭活疫苗，活疫苗要现配现用,室温下最长时间不超过1小时;灭活苗用之前一定要提前预温,使之恢复至常温。特别需要注意的是细菌性油苗如传染性鼻炎疫苗最好胸肌注射,油苗颈部皮下注射切记手法准确,在颈部下1/3处注射,如果靠近头部免疫有时会导致肿头现象发生。

7.育成期的限制饲喂

限制饲养可以使鸡采食到按营业要求来设计的合理水平的饲料,以维持营养的平衡;还可降低腹部脂肪的沉积,防止因过肥而在开产时导致难产、脱肛,产蛋中后期可以预防脂肪肝综合征的发生。由于限制饲养,鸡只有饥饿感,当投料时鸡群相互抢食,对骨骼发育也起到一定作用。需要特别注意的是由于育成期大小鸡通过分栏饲养,加之经常对大小鸡的进行挑选,常会导致报表上各栏鸡只数与实际鸡只数存在误差,这对鸡群的伤害是非常巨大的,因此要想进办法确保各栏鸡只数的准确。育成期免疫次数较多,可以利用免疫时抓鸡查数可以很好了解各栏鸡群准确数量,为加料控制体重提供准确数据,也避免因不确定鸡只数额外抓鸡查数带来应激。

8.体重控制

控制均衡的周增重,育成期均衡的周增重为产蛋期以后各项指标的基础,严防出现锯齿状周增重。控制增重的调料原则:每周必须有增重,每周都应上调料;体重偏低时不能过分加大料量;体重偏高时绝对不能减料;14周后原则上每周增重也不应低于100克,以满足性腺的发育需要;控制料量——每周调料;每周调料前就要了解种鸡群的前两周体重与本周周增重,种鸡群的前两周耗料与上周调料量,管理手册上体重与周增重。

二、饮食管理要点

(1)料桶及饮水器的使用。料桶及饮水器要随时进行调整,使料桶的槽沿高度不超过鸡嗉囊的高度,乳头饮水器乳头高度应比正常情况下鸡头高度略高,使鸡伸脖子但不需要踮起脚跟即能饮到水,钟式(普拉松式)饮水器槽沿高度与鸡头相平,槽内水位以 1 厘米深为好。随时观察鸡群饮食及料桶、饮水器的运行情况,如有损坏立即维修。保证料桶的数量育成期每个限饲料桶供 12.5 只鸡使用,乳头按每个乳头供 10～12 只鸡使用。料桶应分别呈锯齿样挂置,料桶距棚架边缘或墙边至少一个鸡身长,桶边距离最少以 1.5 倍鸡身长为准。限饲料桶采食完毕后须将料桶挂起。

(2)称料要准确,分料要均匀快速,保证 3 分钟内能使所有鸡只能采上料,减少饲料浪费,尽量使每个料桶分配的料量相同。应牢记,料量准确的基础是鸡数准确。

(3)从第七周开始加喂洁净沙砾,以促进鸡只消化。每周给沙砾一次,每次每百只 500 克,沙砾直径 3～5 毫米,投喂前需用季铵盐类消毒剂浸泡后用清水洗净晾干。使用时可直接投放到料桶中供鸡只自由采食。

(4)每天检查、维修饮水线,定期冲洗,保证饮水畅通和水质卫生,每次停水又恢复供水时,应逐个检查乳头是否有水,防止气阻现象。水线及过滤器应定期每周用消毒剂浸泡一次。要养成触摸鸡只嗉囊的习惯,经过触摸可以正确了解鸡群饮水量是否充足。

(5)在某种情况下,会发生"饲喂休克",6～10 周为高发周龄,通常鸡只嗉囊中饲料过多或水分过少才发生,嗉囊中过多的饲料对颈动脉施加压力过大,使鸡只大脑供血不足导致鸡只麻痹。某种情况下鸡只气管也会被压扁,导致窒息。这种情况发生时,可把鸡只放到通风较好的位置,轻轻按摩使气管偏离嗉囊防止死亡,如果饲料休克鸡只过多,还可将鸡双腿倒挂起来,一般 5 分钟既能缓解,同时为防止休克尽量清晨喂料前饮水 1 小时,并减少干扰,考虑限饲程序是否合理,若强制灌水会使死亡增多。

三、均匀度控制

(1)该项工作是育成期的主要工作目标,是否均匀生长,体重合格率高低决定着产蛋期的生产水平。因此这是育成期工作的重中之重。雏鸡第一次分群是在3日龄断喙时,第一次全群称重是在3周龄。以后每次抽测体重。各围栏(群)要分别称重记录,每栏的称重数不少于10%或不少于50只。一般是在每个栏内两对角处用铁网网住一群鸡,不论多少,一律称完填写体重表,以标准体重的合格率进行衡量。在正常情况下,育成期3周、6周、12周、全群称重分群。其称重结果可作为育成期考核指标。在3~12周前任何一周的体重均匀度不得低于85%,13~16周任何一周的体重均匀度不得低于80%。周末各鸡舍称重时应做到"四同",即同一位置、同一时间、同一衡器、同一人员读数记录。

(2)每周的体重抽测结果,由生产负责人负责填写体重表并计算均匀度和体重合格率,进行复核、分析,以检查本周饲喂效果,指导下周喂料。

(3)影响均匀度的因素:

a. 串栏、调群、死淘未减等造成鸡数不准。

b. 料量不准,计算失误、栏与栏放混、磅秤有误。

c. 加料不均匀。

d. 限饲方法不合理。

e. 光线不均匀,鸡舍漏光。

f. 鸡偷吃料导致发育不均匀。g. 料位过多、过高,或料位水位不够。

h. 放料速度慢,不均匀。

i. 饲料浪费,如加料、称料、放料,饲喂器损坏。

j. 饲养面积不够。

k. 水线损坏水量低。

l. 称重比例太少,取样不准确,称重计算失误或弄虚作假、投机取巧、误导主管。

m. 没有及时调群分大、中、小、特小。

(4)育成期要求的体重合格率标准:3周80%;6周85%;16周

83％。在制定每周的"饲喂程序"时,必须使预定的一周喂料总量满足种鸡对维持和生长所需要的最基本的能量要求。最理想的饲喂方法是每天喂料。然而,有时喂料量太少以至饲料不能在饲喂器中均匀分配。为了维持增重和鸡群均匀度,饲料必须均匀分配。

最常用的饲喂模式如表 6-4。

表 6-4 最常用的限饲程序

程序	星期一	星期二	星期三	星期四	星期五	星期六	星期日
每日	√	√	√	√	√	√	√
喂 6 限 1	√	√	√	√	√	√	×
喂 5 限 2	√	√	√	×	√	√	×
喂 4 限 3	√	√	×	√	×	√	×

注:√喂料日;×限料日。

从每天喂料转变成其他限饲方式,或从其他限饲方式转变成每天喂料时,都要逐步进行。

换算:例如每日料量 50 克,4/3 限料:50×7÷4＝87.5×存栏只数。

四、垫料管理

垫料要求干净、无结块、无尖锐物、杂物、石块、松散、不潮湿,垫料厚度保持 7～10 厘米。除正常通风外,每天至少翻动一次。重点部位随时翻动,垫料过于干燥易起灰尘,要给垫料加湿。垫料上鸡毛从 8 周后每日清扫鸡毛一次。

五、公鸡选种

一般要求 6 周末选留下母鸡数的 12％的公鸡,18 周末选留下母鸡数 10％的公鸡。

辨别不能留种的种公鸡：

(1)腿短、背宽、体型小，像母鸡。

(2)断喙不良、喙歪、不齐。

(3)驼背、弓背，背部羽毛呈规则的鳞片状。

(4)脚趾弯曲。

(5)杂毛、花毛。

(6)鸡冠苍白、歪头、扭头。

(7)腿翅损伤、飞机翅、无尾。

(8)不活泼、闭目无神、病态鸡只。

(9)瘦弱小、体型肥大（超标或底标）。

六、预防疾病

(1)严格执行卫生防疫制度、树立"预防为主"养防结合"防重于治"的思想。

(2)努力做好免疫接种工作。

(3)加强饲养管理，减少应激。时刻牢记疾病本身就是最大的应激。

第三节　产蛋期饲养管理

肉种鸡的产蛋期是实现繁殖价值，生产效益的关键时期，这一时期的饲养管理对整批鸡的饲养成功起着重要的作用。目前肉种鸡一般在23或25周龄开产（肉种鸡全群产蛋率达到5％即为开产），29周龄达到产蛋高峰，一般高峰产蛋率在85％左右，63～65周龄淘汰，整个产蛋周期约产种蛋170枚，提供合格鸡雏约130只。下面就目前我国最为常见的"两高一低"的鸡舍结构，来介绍肉种鸡产蛋期饲养管理要点。

1.产蛋率5%之前肉种鸡的饲养管理

产蛋期产蛋率5%之前的管理确切地说就是种鸡周龄15～23周或25周的管理,此阶段的重点先利用料量刺激,然后用光照刺激,是种母鸡开始产蛋。此阶段种母鸡原则上应该按照正常体重曲线的饲养程序进行饲喂,体重,体况适当的时候按照所推荐的光照程序进行加光,这样种鸡群才能实施开产(见育成期光照控制部分)

(1)15～19周龄为育成料。种鸡周龄大于15周之后性腺开始快速发育,每周的料量增幅也远大于15周之前。此阶段的关注重点为加料之后,要密切关注每周的周增重情况,一般会出现按照标准料量添加,罗斯308可能在此阶段超重。具体饲养过程中要根据本场实际及往批次经验,对料量的使用进行微调,以保证良好的周增重。

(2)19～23或25周龄喂产前料,见蛋后逐渐过渡为产蛋料。过渡方法为按比例过渡:20%、40%、60%、80%、100%。种鸡在此阶段往往容易超重,原因经过8周左右的大幅度加料,以及种鸡开产的具体日期的不明朗化,很可能出现料量加得过高或基础料量过低。解决办法为此阶段定位每周两次称重。每周加料要依据周增重多少,同时参考前3周的周增重以及增重曲线的下一步的发展趋势。

(3)21～25周龄是卵巢发育成熟期,此阶段周增重相对快一些是应该的,但是要掌握每周追打周增重不要超过150克。

(4)根据母鸡体成熟和性成熟度(耻骨间距达到4厘米,约2指宽;耻骨顶端触摸有钝圆感,此种比例的母鸡数在90%以上时才可以选择加光),具体的加光程序如下:第一次加光不低于4小时,即加到12小时(12小时的光照时间是母鸡性腺快速启动的生理阈值)把光照强度提高到35勒克斯以上,并保证光照在整个鸡舍的均匀性,给种母鸡足够的光照刺激,促进其开产;22～23周龄加光到13小时,产蛋率5%是加光到14小时,产蛋率55%至高峰时加光到15～16小时,见表6-5。

表 6-5　肉种鸡加光计划

周龄	加光时间/小时	光照强度
21.2 周	12	5 瓦节能灯
22.2 周	12（母鸡）	18 瓦节能灯
23.5 周	13	18 瓦节能灯
产蛋率 5%	14	18 瓦节能灯
产蛋率 40%	15	18 瓦节能灯

（5）不同周龄种母鸡的耻骨间距。84～91 日龄时耻骨间距为闭合,119 日龄时 1 指宽,见蛋前 21 天为 1.5 指宽,见蛋前 10 天 2～2.5指宽,产蛋视为 3 指宽。

（6）公鸡的混群。产前公鸡的混群工作至关重要。挑选什么样的公鸡,怎么做好公母鸡的分饲,混群后的观察及调理等各项工作都至关重要。

①挑选什么样的公鸡:混进大群的公鸡必须是发育良好的公鸡即公鸡的鸡冠,肉髯要红,第二性征发育良好,脸色发育不行的公鸡不能混群。

②挑选什么样的公鸡:背平,脚趾良好,昂头挺胸。断喙良好。

③公鸡体重必须良好,不要比母鸡大很多,最好能做到大公鸡配大母鸡,小公鸡配小母鸡。

④公鸡成熟的一定数量之后,尽量多的一次性混入大群,有利于公鸡次序的建立,防止公鸡的先欺后。

⑤第 1 次混群一般在见蛋前,为 7% 左右,第 2 次混群一般在产蛋率 5% 左右,在混入 3% 左右,合计 9%～10%。

⑥公母分饲的方法一般有两种,其一:公鸡扎鼻签,其二:处理母鸡隔饲栅。两种方法各有优缺点。

（7）开产鸡的训练。公母鸡必须严格分开饲喂,即母鸡吃母鸡料,公鸡吃公鸡料;混群之后的公鸡,采食料筒高度为 50 厘米,目的让公鸡养成抬头吃料的习惯;母鸡料线不要太高,让母鸡养成低头吃料的习惯。开产鸡的训练还有比较重要的方面,即让母鸡养成在产蛋箱内下单的习惯,操作方法,母鸡加光之后,当母鸡碰触有性反应(腹部蹲地,翅膀下垂),注意防止母鸡在鸡舍的墙角,蛋箱下,垫料上做窝,饲养人员在鸡舍尽量来回走动,驱赶此种母鸡,甚至抱鸡认蛋窝。此工作要持续到产蛋率高峰左右,这样能够有效地减少地面蛋,脏蛋,破蛋等的形成,减少处理蛋时间,增加效益。

(8)种鸡的净化:一般在 20 周左右进行驱虫,沙门氏菌的净化,以及产蛋前期鸡群呼吸道的预防,产蛋之前种鸡群的健康良好,是产蛋期顺利的基础。

2.5% 产蛋率到产蛋高峰期间中期的管理

该阶段是产蛋的快速增长期,产蛋率每天的平均增幅在 4% 左右,一般在产蛋率 70% 之前,每天有平均 5% 的增幅。此阶段生产管理的合理性、稳定性、光照强度、光照时间、料量变化等诸多因素都会影响到产蛋率的增长幅度,本阶段是产蛋期管理的关键时期。

(1)饲养密度:根据鸡舍的条件及饲养的类型决定饲养密度。密度太大,鸡群过于拥挤,将不利于鸡群的采食,饮水,交配,进而影响到种鸡群的产蛋率和受精率。

(2)温度、湿度与通风的管理。

①温度:产蛋期适宜的温度为 16～21℃,若舍内温度高于 28℃ 或低于 16℃,应进行人工进行调节。

②湿度:产蛋期湿度的要求标准为 55%～60%,湿度偏高是要加强通风,一般出现在夏秋季节;湿度偏低是加强带鸡消毒次数或进垫料洒水加湿的办法增加舍内湿度,防止灰尘过多,给鸡造成呼吸道疾病。

③通风:目的为鸡舍更换新鲜空气,提高空气质量,调节舍内温度。春秋季节通风,因为春秋季节外界环境温度比较适宜,因此,仅通过调节风机数量和进风口的多少大小,就足以保证鸡舍内有比较良好的环境。夏季采用纵向通风,当舍温超过 28℃,湿度小于 85%,必须启动湿帘降温系统,降温效果与湿度关系较大,防止急剧降温。当湿度大于 90% 时,开启湿帘往往起反作用。冬季通风与保温是一对难以调和的

矛盾,因此,冬季通风通常称为换气,采取最小通风量,有纵向通风改为横向通风。当温度低于15℃时,通常要启动供暖系统。同时调节昼夜温差,鸡舍前后温差在2℃以内。

通风模式和具体操作参考育成期。

(3)喂料管理:

①喂料时间:种鸡一般采用早晨喂料方法,具体讲就是早晨5点开灯,开灯前5分钟开启料线先给母鸡供料一圈,这样做的好处是鸡只分布均匀,摄入营养均衡,较少饲喂应激。

②高峰料的设定:在正常温度(21℃)下高峰料应为193千焦/(只·天)。在其他温度下一般每上升或下降3℃,能量的需求会增加或减少63千焦(即舍温每升降1℃,料量加减1.8克)如果饲料的能量水平为11 550千焦,那么夏季的高峰料量为165~167克/(只·天),冬季为168~175克。高峰料量的高低取决于当地的饲料营养高低。高峰料量的高低设定还应该考虑整个鸡群的生长状况,均匀度不高,发育不理想的鸡群,高峰料不要舍得太高。

3.加高峰料的方法

产蛋率5%前的换料,应根据体重和品种情况把育成料过度为预产料,当见第一枚蛋后再由预产料过渡为产蛋料,争取在产蛋率5%之前换完,这样可减轻高钙引起的拉稀现象。过渡方法为两种料的混合比例从20%~40%~60%~80%~100%。

(1)一般情况,当产蛋率达到5%时开始使用高峰喂料程序,采用每日加料或隔日加料方法,一般色丁在产蛋率大65%~70%时加至高峰(表6-6)。首先确定加料方案,主要参照种鸡产前种鸡的体重均匀度,体况均匀度,这些特征决定着第一次加料的时机。如果鸡群的变异系数<10%,应在产蛋率达到5%时第一次加料;如果鸡群的变异系数>10%,则第一次加料的时间应推迟到产蛋率达到10%。以后按照产蛋率和蛋重情况来加料。

按产蛋率加料,采取"前慢,中缓,后快"的原则。加料的核心是高峰料量得确定:因为定得低,导致整个加料过程母鸡采食减少,30周左右体重周增重不足;定得高,会出现 30 周之后母鸡周增重超标。

表 6-6 高峰料的添加实例

产蛋率/%	料量/克	加料幅度/(克/点)
5	125	
15	3	0.3 克/点
25	3	0.30
35	5	0.50
45	5	0.50
55	7	0.70
65	7	0.70
75	9	0.90

(2)饲养管理要求:应密切注意鸡群的各项指标,至少每周称一次体重,保证每周体重增长 10~20 克;每日统计产蛋率上升幅度;每日抽测一次蛋重,关注每日蛋重变化;每日统计采食时间;鸡只状况(丰满度、颜色)至少每周统计一次;鸡舍温度(最高和最低温度)每日统计一次。每日听鸡,注意呼吸道变化。

确定增加料量时,应首先考虑每周增重、蛋重和增长的状况。如果鸡群的蛋重或体重已偏离所期望的标准,应该提前或推迟增加料量。高产鸡群增加的料量可超过实际规定的高峰料量(如鸡群产蛋超过标准时)。

环境温度也是影响鸡只能量需要的主要因素。我们要求的基准温度是 20℃,当温度产生变化时,就要调整产蛋种鸡的能量需求。如果从 20℃下降到 15℃,每天每只鸡应增加大约 126 千焦的能量。如果从 20℃上升到 25℃,每天每只鸡应减少大约 105 千焦的能量。25℃ 以上温度对能量的需求并非同温度变冷那样呈线性关系。超过 25℃,饲料成分、饲料量和环境温度的管理都应考虑避免热应激。温度对能量需要的影响,也随着鸡群年龄产生变化。

(3)饲料消耗的时间:鸡群吃完料的时间是一项观察鸡群获得足够能量水平的重要指标,许多因素都会影响吃料时间,一般2～4小时,冬季采食较快,夏季较慢。包括鸡群年龄、温度、料量、饲料特性、饲料营养水平和质量等。当所提供的饲料量超过需求,鸡只吃料的时间就会较长。吃料时间的突然变化,还应考虑其他因素的影响,如疾病、温度等。

(4)蛋重和饲料控制:利用蛋重来确定营养摄入是否能满足最佳产蛋性能的需求。根据每日蛋重的变化趋势判断总营养摄入量是否平衡,从而调整料量。

每天在收集第二遍种蛋时随机抽取120～150枚,不包括双黄、特小蛋、畸形蛋。算出平均蛋重,将每日蛋重绘在蛋重标准曲线图上。如果鸡群的料量不足,蛋重同常规相比会停止增长4～5天,校正这种现象的方法是将原计划下一次增料时间提前。如果这时料量已达到目前设定料量,可在原定设定料量上在增加3～5克饲料。平均蛋重会由于抽样的偏差和环境影响而产生波动。为此,可将曲线图上的连续几天的蛋重中心连接起来,标出实际的蛋重趋势和预测蛋重曲线。

注意日产蛋率超过75%以后会发生蛋重不足现象,建议不要盲目采取任何加料措施,否则极易产生鸡群体重超重问题。加光之后到见蛋以及产蛋高峰间隔时间的一般规律描述:

①时间规律:加光—17天—见蛋—9天—5%—22天—80%—10天—高峰产蛋率。

②产蛋规律:产蛋率5%～60%,产蛋率每天平均升5个点左右,共需13天。

产蛋率60%～70%,产蛋率每天平均升2～3个点,共需3～5天。

产蛋率70%～80%,产蛋率每天平均升1.5～2.5个点,共需5～7天。

产蛋率80%—高峰,无论产蛋率高低,一般10天左右到高峰。

(5)种蛋的管理:加强对产蛋箱的管理,训练鸡只到产蛋箱内产蛋,减少地面蛋、破碎蛋、脏蛋的比例。要经常收集窝外蛋,至少每次捡蛋前后各捡一次窝外蛋。收集种蛋前应清洗和消毒双手(0.1%~0.3%新洁尔灭)。鸡只根据开灯时间、饲喂时间、周龄有不同的产蛋模式,因此收集种蛋的时间应符合鸡群产蛋的模式,一般每天捡5次蛋(表6-7)。

表 6-7　每天 6 次捡蛋

次数	时间	占种蛋的比例/%
第 1 次	7:00~8:00	20
第 2 次	8:30~9:00	30
第 3 次	10:00~11:00	25
第 4 次	13:00~14:00	20
第 5 次	16:30~17:30	5
第 6 次	20:00~20:30	1

　　种蛋的挑选:母鸡并非总是生产合格蛋,因此,饲养员应挑选出不合格的种蛋淘汰。种蛋的码放应大头朝上,小头朝下,要码放整齐,不可歪倒。种蛋应按类型分为地面蛋、窝外蛋、小蛋、双黄蛋、破蛋,便于当日记录,并有利于孵化厂安排生产。种蛋分级,42~47克为小蛋,48克以上为大蛋。蛋重上的赃物应轻轻刮掉,切记不要用水擦洗,防止伤害种蛋表面保护膜(蛋衣)。将干净的合格种蛋与处理过的脏蛋分开储存,并在分别的孵化器中入孵。饲养员根据种蛋外壳质量、形状、大小、颜色和洁净程度,挑选出合格种蛋。

　　种蛋的消毒:在鸡舍收集挑选完毕,立即进行熏蒸消毒,每立方米空间使用21克高锰酸钾和42毫升甲醛密闭熏蒸20分钟。调节温度在18分钟左右,熏蒸完毕用风机把所有气体排除干净。

　　(6)产蛋箱的管理:16周左右进行产蛋箱的维修、组装,确保29周能把产蛋箱安装到鸡舍内,最好在晚上抬入,每个24穴产蛋箱以96只鸡计算。

在18～22周龄时打开产蛋箱上一层产蛋窝,见到第一枚种蛋时打开下一层产蛋窝。将5～7天内所有产的蛋都放入产蛋箱,吸引母鸡进入产蛋窝,以减少窝外蛋。及时捡走窝外蛋。把灯泡避开产蛋箱,给鸡只提供一个昏暗舒适的产蛋环境。

每天早晨擦洗一遍产蛋箱顶部,防止舍内粉尘过多;及时维修损坏的产蛋箱;及时将产蛋箱顶上的鸡只赶走,保持清洁卫生;最后一次捡蛋之后,移出所有母鸡并关闭产蛋箱,防止鸡只趴窝,也可减少粪便污染窝内垫料;开灯之后及时打开产蛋箱;蛋窝内垫料必须保持清洁卫生、无结块和足够的量,一般占窝内体积的1/2～2/3,并每周添加1次。

(7)垫料的管理:选用较好的垫料,来源必须干净可靠。进舍前垫料必须通过熏蒸消毒。垫料必须达到10厘米的厚度,并保持一定的湿度(30%)。当垫料过湿时,可增加通风、加强翻动、弃掉过湿的垫料,或把部分湿垫料晒干后再放回;当垫料过干时必然引起粉尘过多,因此要每天带鸡消毒。及时清理掉垫料中的杂物(如碎砖、铁丝、板条等),以防损伤鸡只。每天要清扫一遍鸡毛、翻动一次垫料,保持鸡舍内垫料平整。必须定期更换垫料,当垫料较脏是需用新稻壳更换一次,以利改善环境。

(8)棚架的管理:棚架的板条必须笔直且表面光滑无棱角。板条的走向应与鸡舍的长轴平行。整栋鸡舍的棚架必须平整,且与地面平行。定期维修更换损坏的板条。

(9)产蛋期饮水管理:产蛋期间,喂料前连续供水30分钟,直至吃完料后1～2小时。下午供水30分钟,熄灯前供水30分钟。如果环境温度≥30℃,每小时供水20分钟;环境温度≥32℃,禁止限水。种鸡饮水后,鸡只嗉囊应该柔软圆滑。如果鸡只饮水不够,嗉囊会很硬,还可能阻塞。

(10)产蛋期的光照管理:此阶段主要是给以适当的光照,使母鸡适时开产和充分发挥其产蛋潜力。光照时间宜长,中途不可缩短,一般

14～16 小时为宜。光照强度一段时间内可渐强,但不能渐弱。

光照程序:在生长期光照要合理,产蛋期光照渐增或不变,光照不少于 14～15 小时的鸡群产蛋效果良好。从生长期转向产蛋期,一般在 21～23 周龄增加光照。产蛋期的光照必须在产蛋光照临界值 11 小时以上,最少 13 小时。然后逐渐增加到正常产蛋的光照时间(14～16 小时),保持恒定。光照最长的时间(16 小时)应在产蛋高峰(30 周龄)前一周达到为好。

生长期和产蛋期都采用开放式鸡舍饲养的,生长期利用自然光照,产蛋期需要人工光照补充自然光照的不足。但生长期向产蛋期光照时间转变时,要根据当地情况逐步过渡。3～8 月份出生的雏鸡,生长后期的自然光照较短,可逐周递增,在 21～22 周期间增加光照 0.5～1 小时,至产蛋高峰前一周达 16 小时。对于生长期恒定光照在 14～15 小时的鸡群,到产蛋期再增加到 16 小时为止。在生长期采用逐减光照法和恒定光照时间(如 8 小时)的鸡群,产蛋期应用渐增光照法,一般 21 周开始增加光照,到产蛋高峰前一周加到 16 小时。光照递增的光照时数÷增加光照开始到产蛋高峰前一周的周龄数=每周递增的光照时数。具体光照程序应参照育雏育成期光照制度。

(11)高峰期的净化用药:高峰期鸡群生理负担很大,鸡群比较敏感,容易容易的病。一般产蛋高峰之前针对大肠杆菌,肠道问题,间断性抗生素,中药,维生素等有计划地使用,班级群度过危险期。

3. 产蛋高峰后种母鸡的限饲管理

(1)种母鸡体重的控制:为了最大限度的提高每只种母鸡受精种蛋的数量,保证种母鸡 30 周龄以后的健康身体和旺盛精力,种母鸡必须按照体重标准进行增重。如果增重不足,某些母鸡得不到足够的营养,整个产量就会有所下降。如果增重过快,生产后期的产蛋率和受精率都会降低。

肉种鸡在产蛋高峰都会达到体成熟,鸡只骨架停止生长。此时,种母鸡的体重增长是因为体脂肪积蓄造成的。通过调整饲喂料量、限制脂肪积累,来提高产蛋率、种蛋质量和孵化率。

产蛋高峰过后,也是鸡群的营养需求量最多的时候,这是由于总的产蛋量仍在继续增长。

总产蛋量＝平均蛋重×日产蛋率(％)

产蛋高峰过后,减料的时机和幅度主要取决于:开产后的体重变化;每日的产蛋率和增长趋势;每日蛋重和增长趋势;鸡群的健康状况;环境温度;饲料的结构和质量;高峰料量(能量摄入量);鸡群生长发育过程;吃料时间的变化。

吃料时间是指饲喂系统开始运转,至料槽或料盘中仅剩余粉末的时间。粉料一般 4～5 小时吃完,颗粒破碎料 2～4 小时吃完,颗粒料 2～3 小时吃完。

每次减料后,如果产蛋率下降的速度比预期的要快,应将料量立即恢复到原来的水平,5～7 天后再尝试减料。

(2)产蛋高峰后减料的原则:产蛋高峰≤79％时,周产蛋率呈下降趋势时,按50.4 千焦/(只·天)减料;1 周后再按 50.4 千焦/(只·天)减料;再过 1 周后,每周按 4.2～12.6 千焦/(只·天)开始减少料量,直至减料量达到高峰料量 10％为止。如果料量减少,产蛋率下降较快,应将料量立即恢复到原来的水平,5～7 天后再尝试减料。确保料量的变化适合环境温度的变化并观察吃料时间,确定料量是否合适。

产蛋高峰 80％～83％时,周产蛋率呈下降趋势,按 67.2 千焦/(只·天)减料;1 周后再按 25.2 千焦/(只·天)减少料量;1 周后,每周按 4.2～12.6 千焦/(只·天)开始减少料量,直至减料到高峰料量 10％为止。

产蛋高峰≥84％时,鸡群常常会体重不足,过量的减料会损害潜在的高产蛋量,且易造成抱窝和换羽的问题。应密切注意吃料时间,按需要调整料量。维持高峰料量直到产蛋率下降到 83％时,然后以周为基础,按照 10.5 千焦/(只·天)标准减料,直到减料达到高峰量的 10％为止。

(3)减料参考的生产因素:包括体重、蛋重、产蛋率、采食时间等,

31~55 周减去总高峰料的 15%,31~40 周减去 15% 的 50%,31~35 周减去 50% 的 60%。产蛋高峰过后的减料工作的总的原则为:

高峰过后保证母鸡的平均周增重在 15~30 克。要连续开 3~4 周,并且看周增重发展的趋势。

蛋重的增长趋势,前期稍多后期渐少,偏差过大,增长趋势加大,就很可能说明料量不太合适。但是蛋重作为料量的监测依据,应该说不是非常合理,因为蛋重的异常往往是长期的饲养结果。我们应该考虑的是蛋重的平稳有序的增长。

高峰过后,40 周之前,如果料量不出现太大的偏差,产蛋率在此阶段应该非常稳定,即产蛋率下降 0.5 左右/周。所以此阶段的减料工作,主要考虑的是 40 周之后产蛋率,受精率的稳定性,兼顾 40 周之前产蛋率的良好性。

减料是否合适的依据,还要减料之后产蛋率的稳定性,如果产蛋率出现异常,因为减料的原因就应该适当补充,适当减缓减料速度。

减料是否合适还要看母鸡的体况,解剖看腹部脂肪沉积状况,以及卵泡的数量。

减料总原则:产蛋量呈下降趋势是考虑减料;减料速度要适当快点;产蛋期最终喂料量约为高峰期的 90%,40 周之前的减料量月为整个减料量的 50%。

(4)减料注意事项:

①鸡群产蛋高峰正直炎热天气时,减料的幅度和速度应大些。然而环境温度下降时则需要增加料量。当遇到温度变化比较复杂的情形时,应密切观察鸡群吃料时间。减料要看吃料时间有没有变化,没有变化说明种母鸡的料量足够。如果料量减少,吃料时间也随之下降,则要等两周后再进行下一次减料。

②如果产蛋率出现非正常下降,应立即恢复到原先的料量。如果产蛋率没有恢复,则说明不是减料造成的产蛋率下降。如果产蛋率没有达到正常的水平,料量增加不应超过特定的高峰料量。

③产蛋高峰后有计划地减少喂料量,使鸡群周增重稳定在15～20克,这样可以维持较好的产蛋率、体重和蛋重。在产蛋高峰后5周内开始第一次减料,具体时间取决于鸡群的状况、体重、饲料质量和鸡舍的环境温度等。从产蛋高峰到淘汰期间总代谢能减少量应量多不超过294千焦/(只·天)。

④分季节增减饲料营养。产蛋期特别是产蛋后期,日粮营养应根据季节的不同而变化。夏季气温高时,应当减少能量饲料,同时补充维生素C;冬季气温低于10℃时则要适当增加能量饲料、减少蛋白饲料,并加喂粒料。

⑤适当增加饲料中钙和维生素 D_3 的含量。产蛋高峰过后,蛋壳品质往往很差,破蛋率增加。在每日下午3～4点钟,在饲料中额外添加贝壳砂或粗粒石灰石,可以加强夜间形成蛋壳的强度,有效地改变蛋壳品质。添加维生素 D_3 能促进钙磷的吸收。

⑥适当添加应激缓解剂。年龄较大的鸡,对应激因素往往变得特别敏感。当鸡群受应激因素影响时,可在饲料中添加 $60×10^{-6}$ 毫克/千克的琥珀酸盐,连喂3周;或按每千克饲料加入维生素 C_1 毫克,以及加倍剂量的维生素 K_3,可以有效地缓解应激。

⑦适当添加氯化胆碱。在饲料中添加0.1%～0.15%的氯化胆碱,可以有效地防止蛋鸡肥胖和产生脂肪肝,因为胆碱有助于血液内脂肪的运转。

⑧保持充足的光照。每日光照时间应保持16～17小时,光照强度15～20勒克斯,可延长产蛋期,提高产蛋率5%～8%。

⑨适当淘汰低产鸡。为提高产蛋率,降低饲料消耗,应及时淘汰经常休产的体重过大过肥或过小过瘦的鸡、病残鸡及过早停产换羽的鸡。

(5)产蛋中后期病毒病的预防:种鸡周龄30～40周,尤其是冬春季开产的鸡群,往往新城疫等病毒性疾病易发,此阶段应该加强生物安全,减少对鸡群的应激,加大抗体检测力度,发现异常及时处理。

产蛋中后期产蛋率保持:产蛋中后期产蛋率往往下降的较快,尤其是在冬季。母鸡产蛋进入40周之后,随着产蛋机能的下降,产蛋率会下降加快,但是从现在的普遍情况来看,肉种鸡产蛋后期产蛋率,受精率普遍存在下降过快的情况,与手册标准持平的几乎少见,超标准的几乎没有。但从整个产蛋期的鸡只供蛋来看,与标准相差不是很大。(排除疾病,冬季饲养难度极大的影响)产蛋后期下降较快的原因还是较为复杂:因为此现象不但涉及后期的管理好坏问题,还涉及前期的,甚至整个育雏,育成,产蛋初期等各阶段的管理是否妥当。后期生产性能的表现很可能是所有问题的集中体现期。

(6)高峰期及后期的公鸡管理:30周之后,公鸡体重的增加也会慢慢减少,最终维持在周增重在30~40克。此阶段公鸡很容易出现问题,因为虽然公鸡增重不多,但是交配活动旺盛,对于公鸡体况的下降信号如果不能准确及时的捕捉,就会导致公鸡体况下降,进而受精率不利下,导致后期的受精率都会受到影响。因为公鸡一旦出现过于偏瘦,再养胖也是不理想的操作方法。公鸡饲养的总原则:周增重合适;胸肌硬,并呈"U"形;鸣叫精神状态良好,肛门颜色湿润,鲜红(很好的标准,部分鸡只能达到)。建立每周评估制度。定期对公鸡进行解剖。公鸡饲养的连续性至关重要,因为进入到一定周龄,本身睾丸机能就面临着下降,营养状况的不好,会加剧这种下降,并且可逆性较小。所以40周之前的公鸡稳定性务必做好。公鸡管理的基础在于三点:其一,适量的料量,合理的料量增幅是基础。其二,一定的营养补给是辅助,如营养药,微量元素,维生素E的添加等。其三,关注公鸡的体况,保证有效的公母比例。

(7)40周龄驱虫工作:种鸡一般到40周龄左右,解剖死鸡会发现蛔虫存在,根据是否严重情况,选择合适的时间进行驱虫。

总结整个产蛋期的饲养管理,每个阶段均有管理侧重点,但这些侧重点有前后呼应,承前启后,同时说明养鸡是个系统工程。一时一事,一朝一夕的热情和功夫决不能养好鸡。养鸡需要在大的正确框架下的持续的执行力下才会有相对较好的结果。

第四节　笼养肉种鸡饲养管理

一、选用标准的鸡笼

肉种鸡的体型、体重均大于蛋用型种鸡,它对笼具的要求条件也较高一些。有的厂家使用蛋鸡笼饲养肉种鸡,有的为节约成本而使用规格达不到标准的鸡笼,这将限制肉种鸡遗传潜力的发挥,进而影响它的健康和生产性能。

一般来说,肉种鸡笼的长、高、深及坚固性均大于蛋种鸡笼,生产性能较好的是二阶梯笼架,每层规格为:200厘米×40厘米×39厘米,分五格,每格养两只,便于管理和观察,且利于人工授精。种公鸡笼要求高大,使其有充分的活动自由,不要让其头部高出笼面,以免损伤其冠和肉髯,影响精液质量。0～6周龄采用五层叠式育雏笼饲养,该笼特点是,采用上下左右双向式调节空格上下,每架容养100只,每层饲养20只。7～22周龄采用三阶梯育成笼,特点是底网采用双丝并列焊接,有效控制了脚趾病的发生,每架笼容养90只。23～68周龄的鸡采用产蛋笼,该笼具有人工授精操作方便、种蛋破蛋率低的特点,每架笼容养32～40只。

二、喂料快、准、匀

笼养肉种鸡喂料时一定要做到:快、准、匀。只有熟练且责任心较强的工人才能出色地完成这项工作。刚换的新工人很难做到,这就要求在每次喂料前,先计算好单层笼两架鸡所需的料量,用料铲反复装料进行练习,喂料时应进行两次匀料,鸡群喂完时最好留余料,再根据情况重点的进行补料,这样才能保证每只鸡面前的料量均等合理。否则将严重影响鸡群均匀度或产蛋率。因此,饲养管理者应充分调动工人的积极性,培养一批责任心强且技术熟练的工人队伍,以保证生产性能的正常发挥。

三、合理限制饲养

1. 提前限饲

提前到 3 周龄开始限饲比较理想。

2. 估重

借助肉眼和手的感觉判断体重大、中、小,即超标准、符合标准、低于标准,将鸡分为三群饲养。体重轻的鸡放在笼位的上层,超标准体重的鸡放在下层,符合标准体重的放在中间层。

3. 抽测体重,调整喂料量

在估重基础上,每周定期抽测体重 1 次,抽测样本 10%,逐只称重,统计鸡群的整齐度和平均体重,根据体重确定全群的喂料量。在确定本周喂料量后,各层食槽的喂料量不要差别太大,体重超标或欠重不要突然增加或减少饲料,料量的增减或体重增长速度应缓慢,做到体重稳步增长。

4. 等量的采食位置

要使同群鸡同时吃到基本相等的饲料,采食位置必须相等。首先做到笼内密度一致,即每笼鸡数相等。当出现死亡淘汰时,要进行并笼或合笼,否则难以掌握喂料的均匀性。鸡的采食位置,育雏期为 10 厘米,育成期为 12.5 厘米,产蛋期为 20 厘米。

5. 提高喂料速度和均匀度

每天喂料时,要实行快速上料,快速把料均匀,使料槽内饲料厚度均匀一致。

四、合理的营养供给

目前饲养手册推荐的营养标准均根据平养肉种鸡的生理需要,还没有统一的笼养标准。笼养鸡活动少,能量需要也相对减少,每日采食量比平养标准要少 3～5 克,维生素和矿物质需要增加。因此,设计配方时能量可采用下限标准,粗蛋白可采用上限标准,维生素和微量元素均为平养标准的 1.5 倍。高峰日粮中钙保持在 3.75％,磷不低于0.8％～0.9％。总之,合理的营养供给,才能保证笼养肉种鸡在采食量减少的情况下健康、高产、稳产。

五、光照方案的制订

笼养肉种鸡的人工补光的时间和强度,均可采用种鸡饲养管理手册推荐的数据,只是光源分配上一定要均衡。两阶梯笼养光照易解决,一般采用 2 米斜下方照射地面,灯泡要加光角反应罩,保证上下层鸡都能接受足够的强度。光照强度要以照度仪测试数据为准,以瓦数换算得到的光照强度误差较大,易造成光照不足或浪费。

六、适时开产

要使鸡群体成熟和性成熟同步进行,适时开产,必须做到以下几点:①育雏期、育成期、产蛋期三阶段全程笼养,减少育雏、育成期不同饲养方式引起性成熟的差异;②促进体成熟与性成熟同步进行要求各周龄体重达到标准范围内,制订科学合理的光照方案。顺季鸡群,在开放或有窗鸡舍育成,并在自然日照时间递增期间达到性成熟。应于 20周龄开始光刺激,光照时间应于 139 日龄时增加 2～2.5 小时/天。逆季鸡群,在开放或有窗鸡舍育成,在自然日照时数递减期达到性成熟,应在 18 周龄时开始补加光照时间,光照总时数每天达到 14 小时,最好在 13 周龄以后每天的光照时间不少于 11 小时,每天缺多少补多少。鸡群在 18～20 周龄补加光照时间 14～14.5 小时直至 22～24 周龄,然后每天补加光照时间达到 15 小时。有条件的鸡场,最好采用遮黑式鸡舍,光照方案:1～3 日龄每天给予 23 小时光照,4～7 日龄 16 小时光照,2～18 周龄 8 小时光照,19～20 周龄 9 小时光照,以后每周递增 1 小时,直到每天 15 小时光照。光照强度,育成期为 12 勒克斯,产蛋期不应低于 30 勒克斯。开产时间一般在 24 周龄,25 周龄产蛋率 5％以上。试验证明,对多种维生素和微量元素的使用,必须给予量的增加和比例上的调整,满足育雏、育成期各阶段笼养的营养需要。

七、产蛋期调整营养

(1)高峰前及高峰期的喂料量:鸡群 25～30 周龄的喂料量,由每天每只 140～145 克逐步递增到 160～170 克,当产蛋率 35％～40％时,喂给最高喂料量。笼养肉种鸡的产蛋量高峰期出现在 31～32 周龄,80％以上产蛋率可维持 6～8 周。

(2)高峰后期的喂料量:当产蛋率下降到 79％左右,不要急于减少喂料量,可以维持 2 周左右。当产蛋率 78％时,可试探性减料,平均每只鸡减少 2 克。减料后,统计减料后 7 天的平均产蛋率,然后对比减料前的产蛋率。若产蛋率不下降或下降幅度正常时,说明减料正确,否则应查明原因,或恢复原来喂料量。

(3)产蛋后期增加钙的水平:产蛋后期,虽然产蛋率下降,但蛋重大,钙的吸收利用率降低。因此,在日粮中应提高钙的水平,由原来的钙含量 3.2％提高到 3.4％～3.5％。

(4)要保持饲料配方及原料的稳定性。

八、创造适宜产蛋环境条件

(1)冬天舍内安装热风炉是防寒保温的重要措施,改善了舍内气候,使空气新鲜。500 米² 鸡舍面积或近 1 500 米³ 舍内空间,饲养 3 000 只肉种鸡,采用 10 万～15 万千瓦的热风炉,舍内温度保持在 15～17℃以上。

(2)夏天安装湿帘,采用纵向通风系统,是防暑降温的最有效方法。

九、种公鸡的培养

优良的种公鸡是人工授精技术实施的基础。因此,培养种公鸡尤为重要。我们在育雏育成期除了加强管理并进行科学的剪冠、断喙外,更应注意的是开产前的培养。因公鸡性成熟较母鸡晚 2～3 周,要使公母鸡性成熟一致,开产前公鸡的体重要超出母鸡体重的 30%。同时,最好提前 3 周给以 15 小时光照刺激,并在每日下午进行按摩采精,训练时动作不可粗暴,最后按 1∶30 的公母比例选择反映较强的公鸡留做种用。加强种公鸡饲养管理,确保较高受精率的措施。

(1)加强种公鸡的选育,提高后代雏鸡质量,种公鸡一般进行三次较严格的选择,第 1 次在 6 周龄时进行,选择体重大、第二性征明显的公雏留;第 2 次在 18 周龄时进行,选择体重符合标准体重,体型结构匀称,无凸腰背,第二性征冠大、鲜红、色满,头方宽大,腿脚强壮,羽毛完整的留;第 3 次在 24～25 周龄时进行,选择性反射良好,后躯发达,乳状突大而鲜红、色满,精液量多,颜色乳白色,显微镜下观察,精子活力 0.85 以上,密度大的留用。

(2)完善的人工授精技术:①采精与输精时间,每天下午 4～5 点后进行;②输精深度,浅阴道 2～3 厘米输精;③输精量,每天每只 0.025～0.035 毫升;④输精间隔时间,平均每 4～5 天轮输 1 次;⑤精液在体外存放时间,一般在采出精液 20 分钟左右输进母体。

十、认真观察鸡群

笼养鸡由于密度较大,不利于观察鸡群,尤其在育雏期更为明显,所以要认真仔细地围着笼子进行细心观察,防止鸡群出现异常情况后不能及时发现和处理。当雏鸡刚转入育成笼时,由于刚换新环境,鸡群会出现短时不安,对于跑出笼的鸡要及时抓进笼,要仔细检查有无挂伤的鸡只和所有鸡是否能及时饮上水。除此之外,在日常管理中,我们每次都应认真观察鸡群,对鸡群的采食、饮水、粪便、精神状态等情况做到心中有数,及时预防疾病,加强管理,减少经济损失。

十一、定期取样称重

笼养鸡称重可以做好记号固定称重,在每周末限饲日的下午抽取5%～10%的鸡进行称重。当发现体重不合适需要调整时,要把体重大的鸡放在下层笼,体重小的放在上层笼,单独分开给料,以控制或加快体重的增长幅度。当鸡群有死淘时,应及时用同样体重的鸡补上空出的笼位,这样便于给料和管理。

十二、执行严格卫生消毒和免疫程序

(1)执行严格的免疫程序,并要定时测定抗体效价,及时掌握接种时间。

(2)饮水消毒:常用药有 1210、杀菌灵、威岛、百毒杀等,每周饮 1次,每次饮 1 天。

十三、搞好日常管理

(1)定时喂料。

(2)饮水:当舍温高于 30 ℃时增加饮水时间。

(3)平均每 2 小时捡蛋 1 次。

(4)保持卫生,每天要做 1 次清粪、清扫食槽、打扫地面等工作,每周擦 1 次灯泡。

（5）每次喂料、饮水时要观察1次鸡群的精神状况、吃料、饮水、粪便是否正常。

（6）做好每天的记录，定期分析，不断总结经验和教训。

第五节 健康养殖肉种鸡强制换羽技术

一、换羽前的准备

1.鸡群的选种

选种的标准：耻骨间距宽，耻、胸骨间距长，腹部柔软，肛门括约肌松弛，体型发育匀称，冠、眼、腿、脚无异常，体格适中、产蛋性能高的鸡群。

若使用老公鸡应选择雄健有力，体重适中，嘴、眼、腿、爪无异常，胸面呈45°角的鸡群，单独挑出分栋隔离饲养。

鸡群以体重抽测后按大中小进行分群，原则大、小鸡各占25%，中鸡占50%。

提前准备好换羽期所需的饲料、药品、器具、报表、记录本等。

2.免疫

换羽前事先采血样做ND、AI（H_9、H_5）的效价检测，要求抗体水平达到如下标准：

ND：在8～12，平均在10左右。

H_9：在7～11，平均在9左右。

H_5：在6～9，平均在7.5左右。

3.换羽前的保健

（1）驱虫：强制换羽前1～2周可对鸡群进行驱虫，更换掉旧垫料，可用左旋咪唑（25毫克/千克体重）饮水。

（2）投服抗生素：换羽前一周可在饮水中添加乳酸环丙沙星；或强力霉素；或增效氨苄西林等。

（3）抗应激：可在饮水中添加电解多维或维生素 C。

4. 鸡舍遮黑

遮黑效果以人进舍后 5 分钟之内伸手不见五指，无漏光、透光现象为准。

5. 温度

环境温度维持 20℃ 左右，前后左右温差不能超过 2℃。

二、强制换羽阶段的实施

1. 强制换羽实施程序

详见表 6-8。

表 6-8 强制换羽实施程序

分期管理	处理时间	喂料日常工作	饮水	光照
换羽前7天	−7	挑选高产鸡只，剔除肥、瘦、残病鸡，正常喂料。驱虫、检测抗体，按产蛋操作正常捡蛋。	正常	15 小时
前2天	−2	减料一半、正常捡蛋、观察鸡群	正常	10 小时
前1天	−1	喂料 70 克/（天/只）、鸡群迁入换羽舍，封窗、遮黑喂贝壳粒 2 千克/100 只。	2 次/天，30 分钟/次	8 小时
换羽第一天	1	停食、称重，10% 鸡只标记	停水	全黑
2～3 天	2	停食、处理卫生、鸡毛及死亡鸡只。	停水	全黑
4 天	1	停食、观察鸡群、处理卫生、鸡毛等。	2 次/天，30 分钟/次	2 小时

续表 6-8

分期管理	处理时间	喂料日常工作	饮水	光照
5～14 天	10	停食、观察鸡群、处理卫生、标记鸡只称重 1 次/周。	2 次/天、30 分钟/次	2 小时
15～20 天	6	停食、处理卫生、鸡毛。每天测重一次,观察鸡群、腹脂、胸肌、体型、测失重率在 28%～30% 间决定是否开食。	供水	2 小时
21～28 天	7	第一次采食 50 克/只/天用 332 料,每日递增 10 克。前三次采食,用湿料撒在袋子上饲喂,增加采食面积,以免采食不匀死亡过多。80 克后改用料线。	供水	4 小时开始每天加 1 小时,直至 8 小时
29～36 天	7	料量递增至 120 克。换预产料,鸡只采食均匀。	供水	8 小时
37～44 天	7	换 333 料、料量 135 克,每周称重,换节能灯。	供水	12 小时
45～51 天	7	每周称重,公母合群。	供水	13 小时
52～58 天	7	更换 334H 料,每周称重。	供水	见第一枚蛋加到 14 小时
59 天		按产蛋期管理程序进行。	供水	产蛋大 5% 加到 15 小时

2. 强制换羽期的操作注意事项

(1)换羽期失重的抽测:定期及时准确地称重,掌握鸡只失重情况,要求种鸡在 18～20 天失重率在 28%～30% 为宜。另外还需参考换羽鸡的死亡率及腹脂的情况等。

(2)称重的时间:一般首次称重在强制换羽的第一天进行,以后在 7 日龄、10 日龄、13 日龄、15 日龄的称重,15 日龄后每日称重,直至失重达标为止。注意称重要"四统一"为了保证称重所得结果的可靠性，称重前必须是空腹，不可事先饮水。

（3）换羽期间涂抹标识10%，每周称重从涂抹的鸡群中抽测80%，必须使用电子砰称量。

3. 开始恢复喂料的标准

（1）失重率在28%～30%。开始喂料的时间以失重率为基础，达到标准的鸡群可以供料，体重轻的鸡较体重大的鸡可提前2～3天喂料。

（2）死亡率<3%（强制换羽期自开始至恢复喂料一段时间一般死淘在2%左右，大于3%说明鸡群有异常或限饲过度）。

（3）输卵管、卵巢等生殖系统周围脂肪几乎没有为宜。

4. 种鸡换羽情况

种鸡限料至18天应有大部分主翼羽脱落，部分主翼羽虽然未脱掉，但手拉动时可发现羽根部松动。

5. 换羽后的管理

（1）强制换羽后，要加强鸡舍内的管理，温、湿度要适宜，加强通风换气，勤捡脱落的羽毛，以防鸡群啄食。

（2）在饮水中添加一些水溶性电解多维或抗生素。

（3）混群时间：待母鸡喂料量至120克时开始混群。

（4）光照8小时，强度5～10勒克斯，保持至混群，公母鸡同期加光。

（5）恢复喂料第一天加料50克，以后每天加料10克递增，达到110克换成产蛋料120克。以后每周增料5克，加至130～135克停止加料。等鸡群开产后，根据产蛋率上升的情况加料。高峰料控制在160～165克。

（6）喂料的注意事项：①前3天使用湿拌料，每天分两次饲喂，将饲料均匀撒在饲料袋子上；②料量达到80克时直接使用料线；③防止在鸡群换羽期间员工由于同情心理而偷喂饲料，这将导致换羽半途而废。

(7)换羽后的称重:恢复喂料后继续每周进行称重一次,监控好体重恢复的情况,结合产蛋情况来确定加料的幅度。

当产蛋率达到50％时,体重恢复到换羽前体重的90％左右。

根据鸡群的免疫状况,设计强制换羽免疫程序。

三、生产指标

1.全期淘汰的比例

换羽前的挑选:淘汰20％～25％。

换羽至产蛋高峰:淘汰5％。

产蛋期:淘汰10％。

2.第二个生产周期的生产性能指标

(1)高峰产蛋率:为第一个产蛋周期的80％～90％。

(2)受精率:①更换新公鸡,全期受精率可达88％左右;②使用老公鸡,全期受精率可达86％左右,且下降较快;③人工授精,全期受精率可达到91％。

思考题

1.健康养殖肉种鸡育雏前主要准备哪些工作?

2.健康养殖肉种鸡限制饲养目的是什么?

3.健康养殖肉种鸡育成期各阶段怎样限饲?

4.健康养殖如何掌握肉种鸡育成期体型发育?

5.健康养殖怎样制订肉种鸡光照制度?

6.健康养殖肉种鸡产蛋高峰前期的加光、加料技术要点有哪些?

7.健康养殖肉种鸡产蛋高峰后如何减料?

8.健康养殖肉种鸡笼养饲养管理要点有哪些?

9.健康养殖肉种鸡强制换羽的实施方案是怎样的?

第七章

健康养殖商品肉鸡的饲养管理

提要 本章共分六节,介绍了饲养肉鸡进雏前的准备工作、肉鸡的生理特点、肉鸡的饲养管理、肉鸡的催肥措施、肉鸡饲养管理操作规程和肉鸡常见病的预防投药。特别是目前肉鸡采取的规模化养殖,详细介绍了供暖、料线、水线、通风等系统的管理和防重于治的原则,定期对鸡群健康和抗体检测和预防投药;在催肥措施一节中,根据不同饲养规模,介绍了各种催肥方法。

第一节 健康养殖商品肉鸡进雏前的准备工作

垫料平养肉鸡饲养日龄 40~45 天,空舍期 15 天,年饲养 5~6 批,网养、笼养空舍 11 天,年饲养 6~7 批。饲养到 35 日龄时,各场制定相应的出鸡计划,尽量跟屠宰场协调压缩出鸡时间,根据实际情况一般 2~3 天内出完鸡。在出鸡前 2~3 天各场需要结合本场实际情况,列出工作计划,对全场及各个鸡舍的时间安排都要具体,并按照计划有条不紊的执行。空舍期工作计划：

1. 杀虫（根据本场情况制定，没有甲壳虫的可省略），收拾鸡舍，整理设备，清理料塔

（1）把鸡粪先堆成一个狭长的堆。堆好后，沿着堆的每边施用化学杀虫剂，施用杀虫剂的宽度大约一脚宽，然后在堆的顶部喷杀虫剂，这样，会把企图从堆上逃跑的昆虫暴露并杀死。每两批鸡更换一次杀虫剂，在商家建议的浓度下使用，以防产生耐药性。

（2）把能拆的设备都拆下来拿到舍外，在规定的地点进行冲洗。把探头、电机等需要保护的设备用适当的方法清洁后进行包扎，准备用高压清洗机进行冲洗。

（3）每批鸡结束后，把料塔中的剩料打包挪走。袋料转移到其他场。彻底清洁料塔。

2. 清理鸡粪

清扫鸡舍装鸡粪的车要密封，不能在场内及沿途洒落，不能对任何地带造成污染。清理完鸡粪以后彻底清扫鸡舍，要求鸡舍内不能有鸡毛、鸡粪、垫料。把水线用冰醋酸（1%浓度）浸泡 12 小时。

3. 冲洗鸡舍，冲洗水线

（1）用高压清洗机将鸡舍顶棚、墙壁、地面等由上而下彻底冲洗干净，特别要注意进风口、风扇轴和风扇叶、地面等不能有死角、注意用电安全。

（2）冲洗水线，最好拆开水线冲洗干净后装好，也可浸泡后冲洗。

注意：

①在上批发生烈性传染病或水线乳头堵塞严重的，空舍期要把乳头拆下来，先用威岛等氯制剂浸泡，再用酸制剂浸泡，然后拆开乳头冲洗干净。

②排净鸡舍的进水系统的水，彻底冲洗 3 遍把可能堵塞管子的残留物冲走。

③将水线冲洗干净后，用消毒药或酸化剂浸泡水线。

4.清扫舍外环境

鸡舍周围无污物,排水沟、道路及两旁干净,彻底打扫,场内无鸡粪、羽毛、垫料,把生产垃圾和生活垃圾彻底清理,这些垃圾该拉走的拉走,该深埋的深埋,该焚烧的焚烧。鸡舍周围的杂草每批鸡要清理一次。

5.鸡舍地面消毒

一般为威岛、安灭杀或火碱。按照推荐的比例对鸡舍进行消毒。

6.鸡舍杀虫

根据本场情况使用合适的杀虫药对墙体、地面等进行杀虫。

7.全面消毒

使用碘伏,按1:50配制成消毒液以喷雾形式对鸡舍进行全面消毒,用水量按0.5升/米²(鸡舍全部面积)计算,要全面均匀喷雾。

8.进垫料

按照要求的用量把垫料均匀的分布到鸡舍。

9.检修、准备设备

检修所有设备,包括供电设备、供水设备、供料设备、通风设备、供暖设备、照明设备、水帘、自动控制系统、测量设备、报警设备等,并做好保养及试运行工作,保证这些设备在饲养期内都能正常运行。

10.鸡舍杀虫

根据本场情况使用合适的杀虫药对墙体、地面等进行杀虫。

11.垫料消毒

12.设备准备、制作隔栏网、熏蒸及通风

(1)当鸡舍内部干燥以后,平整垫料,检查所有设备是否安装完好。将干净的额外的料盘和饮水器,隔栏网等移进鸡舍,并按照要求摆放,75~100只/开食盘,50只/饮水器,尽量把开食盘摆放到水线的两侧。按照要求做好隔栏网。然后,关闭鸡舍升温至21℃,用福尔马林熏蒸。

(2)每25米²用1升福尔马林(3份福尔马林,2份高锰酸钾)。由于反应强烈,任何一个容器内绝不超过1.2升的福尔马林。

(3)24小时后,气体无效,打开鸡舍的进风口。

13. 鸡舍升温

进鸡前2~4天进行预温,根据当地气候条件及季节变换安排预温时间。

14. 封闭鸡舍,准备好饲料、报表、疫苗,准备接鸡

跟孵化场联系好接鸡时间,在接鸡前备好开食的水和料。水线用酸制剂浸泡6小时,然后用清水高压冲洗,1小时后,检查是否有堵塞的乳头,若有则单独处理。一切就绪,放足水,在水线里预温。料塔或操作间内备好饲料,准备好报表,鸡秤,备好相应疫苗,准备接鸡。

为了保证在进鸡前能使鸡舍环境达到进鸡要求,在进鸡前1天对鸡舍环境进行检查,确认符合进鸡要求后方能进鸡,对达不到要求的鸡舍要进行整改,坚决不能进鸡!

进鸡检查的项目包括:

(1)鸡舍淘鸡门是否密封好;

(2)不用的排风扇是否密封好;

(3)水帘进风口是否密封好;

(4)鸡舍消毒盆内有无消毒液;

(5)辅助饮水器是否准备好;

(6)乳头距垫料约8厘米;

(7)水流量10~20毫升/分钟;

(8)给料设备是否准备齐全;

(9)料线高度是否合理;

(10)地面垫料是否均匀、平整;

(11)垫料厚度是否5厘米以上;

(12)垫料(网床)温度是否28℃以上;

(13)温度探头位置距垫料(网床)10厘米左右;

(14)湿度是否达到50%~65%;

(15)湿度探头位置距垫料10厘米左右;

(16)负压设定是否合理;

(17)负压探头位置是否合理;

(18)风门风速是否合理；

(19)风门提升机工作是否正常；

(20)光照强度是否 20～40 勒克斯；

(21)育雏隔栏是否做好；

(22)风机效率是否测定；

(23)排风扇工作是否正常；

(24)水帘泵是否工作正常；

(25)水帘是否清洗干净；

(26)水帘工作是否正常；

(27)616 设定是否正常；

(28)报表是否准备齐全；

(29)近期使用药品、疫苗是否准备齐全；

(30)发电机是否正常；

(31)消防器材是否到位；

(32)水井水塔是否正常；

(33)供电线路是否正常；

(34)人员是否培训。

第二节　健康养殖商品肉鸡的生理特点

(1)雏鸡体温调节机能不完善,初生雏鸡的体温较成年鸡体温低,约为 37℃,4 日龄开始慢慢地均衡上升,到 10 日龄时才达成年鸡体温 41℃,到 3 周龄左右,体温调节机能逐渐趋于完善。28 日龄体温调节正常。

(2)生长迅速,代谢旺盛,心跳每分钟可达 250～350 次,安静时耗氧量与排出二氧化碳量是家畜的两倍,所以肉鸡的心肺功能负担较其他畜禽重,要注重安静让鸡休息和不断地供给新鲜空气。

（3）胃容积小，消化能力弱，喂料多采用自由采食的方法。

（4）敏感性强，抗病力差，胆小、喜欢群居，遇外界刺激或单只离群便鸣叫不止。

第三节　健康养殖商品肉鸡的饲养管理

一、前期饲养管理

前 14 天是鸡的生命中最重要的阶段。小鸡前 14 天的情况预示着未来良好的生产性能。在育雏一开始的时候付出的努力就会在最终的生产成绩上得到回报。要记住 5 个关键因素：通风和空气质量、温度、湿度、饲料和水。

1. 放鸡

（1）鸡苗车到场后，到达指定鸡舍，迅速将鸡筐转移至鸡舍，不要把带鸡的鸡盒堆放在鸡舍内或把鸡盒堆放在育雏区内。

（2）按照鸡盒内小鸡的数量尽快把鸡苗均匀的分布在靠近水和饲料的区域，放鸡的时候动作要尽可能的轻。

（3）放鸡后引导小鸡喝水、吃料，尽量保证小鸡在出雏后 6 小时之内开食，有试验表明开食时间延误可降低日增重，开食越晚对日增重的影响越大。

（4）从雏鸡到达前一天就要保证最小通风。决不要因为保温而牺牲通风。

（5）事先确定好每栋每栏放鸡数量，保证水位和料位充足。

（6）清点途中死亡鸡的数量并分析死亡原因。

（7）查看入舍鸡苗，个别有明显缺陷或异常的雏鸡应当即时淘汰，特别是鸡苗不好的情况下，要严格挑鸡，尽可能多地把弱雏淘掉，严格记录进鸡时死亡和淘汰的鸡苗数量。

（8）准确记录进鸡数，每栋可随机抽查5盒。

（9）事先安排好专人对雏鸡称重，每栋抽取1％的鸡雏称重，计算鸡雏的平均体重。

进鸡时评估鸡雏质量：进鸡次日，根据鸡雏的路途死亡情况、体重情况、精神状态、开食开水情况对鸡雏质量进行初步评估，如有鸡雏质量问题请反馈到种鸡场。鸡雏质量鉴定见表7-1。

表7-1　鸡雏质量鉴定

项目	合格鸡雏	不合格鸡雏
精神状况	眼神明亮、活泼好动	精神沉郁、闭目呆立
绒毛情况	整洁有光泽	蓬乱、污秽、无光、短缺
脐部情况	愈合良好，干燥毛覆盖	愈合不良有浊液、血或卵黄囊外突，脐部裸露
腹部情况	大小适中、柔软	特别大，稍硬
肛门情况	无粪便粘着	有粪便粘着
鸣声情况	响亮	嘶哑或鸣叫不止
伤残情况	无伤残	有伤残：如眼瞎、腿跛、喙歪等
手感情况	饱满、挣扎有力	瘦弱、松软、无挣扎力
体重情况	34克以上	小于34克
均匀度情况	85％以上	小于80％

可能影响均匀度的因素：①进鸡时甲醛气体的影响；②在进鸡时将来源于不同年龄双亲的鸡雏混杂；③极端温度；④给料不均；⑤饲料颗粒差异；⑥饲养密度过高；⑦供水不足；⑧饲料能量过低或过高；⑨喂料时光照不足；⑩料线提得太高；⑪疾病或细菌感染。

2.查鸡

进鸡后2小时由指定的生产主管进舍查鸡，不能因为忙于进鸡而忽视已经入舍的鸡，观察鸡群确保它们温度舒适。此时观察鸡群要领如下：

①鸡太热时就会远离热源,喘气,表现得十分安静,翅膀可能下垂；

②鸡太冷的话会聚集在热源周围,扎堆而且表现得不安,比较吵；

③温度合适的话鸡会均匀得分布,表现出各式各样的行为(吃料、喝水、休息和嬉戏),轻轻地叫。通过观察小鸡来调解温度,尽量让小鸡舒服,但是要注意不能过热。

进鸡舍要检查的项目：

①鸡的行为动作(均匀的分布、活跃、叫声清脆没有非常大的叫声)；

②空气质量(重点检查氨气浓度和二氧化碳浓度,标准:氨气浓度<10 毫克/千克；二氧化碳<0.3%)；

③鸡舍应该没有贼风；

④水流速度；

⑤饲料准备情况及饲料质量；

⑥光照-最黑的地方光照保证在 20 勒克斯；

⑦检查鸡爪的温度和嗉囊的饱食程度。

方法:贴着脸或脖子检查鸡爪的温度,看鸡爪温度是否发凉；②检查嗉囊饱食程度。

嗉囊饱食度检查:嗉囊检查是判断小鸡是否发现了饲料和饮水的有效方法。在放鸡后 6～8 小时随机抽取 100 只鸡,(如果是运雏车来的比较晚,可以在次日早晨进行)。嗉囊应该是柔软的、有弹性的。如果嗉囊是硬的,这就表明小鸡饮水量不足。检查时,最少有 95% 的小鸡嗉囊应该是饱满的、柔软的。见表 7-2。

表 7-2　鸡爪的温度和嗉囊饱食度检查

状态	饱满	饱满但发硬	饱满但发软	空的	鸡爪发凉
结果	有水有料	有料没水	有水没料	没水没料	垫料温度低

3.喂料

从进鸡开始,料线和开食盘联合应用,开食盘要加到大约差一指满,每天至少填料 3 次,注意开食盘内的清洁卫生,没料的要及时补充,杜绝开食盘内断料的情况发生。从第 4 日龄开始向完全使用料线过渡,先撤出 1/3 的开食盘;6 日龄时,再撤出 1/3 的开食盘;7 日龄时,开食盘全部撤出。考虑在水线的两侧铺垫纸以增加采食面积。注意:严禁铺塑料,以防产生腿病。

4. 称重

7 日龄体重是对育雏管理成功与否最好的体现。早期应激的影响可能暂时不易察觉,但是以后和对鸡群生产性能产生负影响的时候就能发现。研究表明,7 日龄的体重每增加 1 克,出栏体重大约会增加 6 克以上。7 日龄的体重目标应该是 1 日龄体重的 4～5 倍。如果没能达到该目标,应该重新检讨进鸡前的准备工作和育雏方法。早期体重不足的主要原因是采食量低。

5. 称重要求

要求每栋鸡舍 7 日龄称重时间固定在下午 4 点(以后各周称重时间都要统一在这段时间)。要求配备方便、易携带、准确的鸡秤,并注意维护和校对。称鸡的时候要在每栏随机称取 2%,每栏的四个角及中间区域都要包括样本中。准确记录鸡数和体重,计算平均体重。

6. 密度及扩群计划

冬季进鸡密度 11 只/米,夏季密度 12 只/米。网养密度暂定 14～16 只/米,可根据实际情况及季节适当调节。扩群视鸡舍温度和免疫要求而定,原则是密度宜小不宜大,夏天 3～5 日龄扩满鸡舍,冬季尽量不超过 1 周。

进鸡后饲养员工作安排,主要事项如下:

(1)例会,对前一天的工作进行简短总结,对没有完成前一天工作任务的饲养员进行通报或了解实际困难,为饲养员布置当天的工作,规定完成时限;

(2)卫生及消毒防疫,包括开食盘、饮水器的清洁、消毒和存放;

(3)温度、湿度、风速、体感温度、热应激指数等的检查或计算;

(4)死淘鸡的处理;

(5)水、料线的高度及水、料量的检查；

(6)光照时间及强度；

(7)给药、免疫；

(8)报表,上交报表时间统一。

二、饲养管理及环境要求

1.饲料的管理

(1)料位:不管用什么类型的喂料系统,料位要绝对充足。如果料位不足,生长速度将会下降,影响到均匀度。料线料盘按照 55～60 只鸡/料盘配备,开食盘:75～100 只/盘。铺纸:应铺在料线下 1 米宽,或水线两侧,长度连续到鸡栏两端,鸡栏到哪垫纸到哪,有垫料的鸡舍应该适当地把纸两侧的垫料铺高,中间撒料,以防浪费饲料。

(2)料量:采食量受多种因素的影响,在生产过程中要保证最大限度的提高肉鸡的采食量,尽量避免人为因素造成限饲。

(3)饲料计划:见表 7-3。

表 7-3　饲料计划

日龄	料号		
	510	511	513
1～17	√		
18～20	√	√	
21～29		√	
30～32		√	√
33～出栏			√

(4)饲料卫生及喂料的管理:

①饲料存放过程中要防止霉变、潮湿及其他脏物的污染,尤其是夏季,要做好进料计划,保证供给新鲜饲料;

②盖好料塔盖子,防止雨、雪、灰尘或其他脏物进入;

③鸡舍内的料箱有盖子的要盖严,防止脏物进入;

④每批鸡饲养结束后都要彻底清除剩料,冲洗并消毒供料设备;

⑤每周定时检查供料设备是否运行正常,有无漏料现象;

⑥要控制上料量,料盘不能打得太满,尽可能的少打,自动上料,让饲料保持新鲜但不能人为造成断料。

2.温度管理

获得最佳生产性能的关键是为鸡提供协调一致的环境,任何温度的波动和垫料温度的变化都会引起鸡的应激。初生雏鸡体温为 39℃,前 5 日龄是关键时期,体温要升高到 39.4~41.1℃,而且,0~20 日龄,雏鸡体表多为绒毛,羽毛还没有长齐,保温能力差,体温调节系统尚未发育完成,对外界温度的变化也非常敏感。因此,无论在鸡的体温调节机制还没有发育完全的时候,还是羽毛发育完全的时候,都要为鸡提供适宜的温度环境,保证鸡在适温范围内生长。这就要求整栋鸡舍的温度趋于稳定,温差不能太大,不能只关注平均温度,冬季要保证鸡舍的温差在时间和空间上都控制在±1℃范围内,夏季保证体感温差不超过 4℃。

(1)对适温区的理解:温度低或高对鸡的生长都会产生不利影响,当温度下降的时候,饲料能量要用来产热进行保温,所以鸡的代谢需要增加,饲料转化率升高,同时,需氧量增加,这也是我们为什么强调不能牺牲通风进行保温的原因所在。当温度达到设定温度时,小鸡就要通过喘息从机体散热,需氧量也会增加。当温度超过适温范围后,随着温度的增加耗料量减少。在鸡不耗费额外的能量来给自己产热或降温时,鸡的适温区就是体感温度。当温度超过适温区时,温度每升高 1℃(2℉)耗料量下降 1%,这就意味着当温度从 25℃ 升高到 35℃(77~95℉)时,耗料量下降大约 10%。表 7-4 为育雏温度和恰当的通风对 42 日龄肉鸡生产性能的影响。

表 7-4　育雏温度和恰当的通风对 42 日龄肉鸡生产性能的影响

育雏温度/℃	体重/克	FCR	死淘/%
29.4～32.2	2 267	1.71	2.08
23.9～26.7	2 219	1.77	4.17
21.1～23.9	2 149	1.82	7.08

需要引起注意的是鸡的适宜温度范围受体重、通风量(风速)、采食量、相对湿度和环境温度的影响。尤其要强调体感温度,体感温度是温度、相对湿度和风速的函数,鸡舍内湿度不同,鸡的感觉温度也不同,因此设定目标温度一定要根据实际湿度定温度。

专家推荐了各日龄适宜的温度和风速标准,但是出现极端天气情况的时候要根据现场鸡群情况进行适当的调整。如:前两周的小鸡要求没有风速,但是由于外界气温升高导致鸡舍内温度超过目标温度很多,应该采取适当措施,想办法降温,此时就可以适当的增加运行风扇的数量靠风速降温,或者鸡舍湿度低的情况下洒水,靠蒸发降温,无论采取什么措施都一定要谨慎。

(2)温度探头/温度计的悬挂标准:

①预温的时候温度探头或温度计要挂低点,兼顾环境温度和垫料(或网床)温度,要求探头高度大约距垫料(或网床)10 厘米左右。

②温度探头应该均匀分布于鸡舍,即一个探头挂在中央,两个分别挂在前 1/3 和后 1/3 处。注意温度探头和温度计的悬挂不能靠近暖风带、暖风机等热源,不能靠近风门,不能挂在墙上,随着鸡日龄的不断增加,及时调节温度探头的高度。

建议:用红外测温仪测定鸡舍内垫料温度。

3. 相对湿度

相对湿度是空气中测定的湿气或水蒸气的多少与空气中能容纳的湿气的比值。换句话说,相对湿度是特定温度下饱和空气含有的水蒸气的百分比。一定量的空气受热会膨胀,容纳潮气的能力会提高。在水平面以上,温度增加 20℉(10℃),空气容纳水汽的能力增加 2 倍。

一定的温度和负压下,当空气携带的水蒸气越来越多,达到饱和状态时就形成露点。当干湿温度计的温度一样时(空气达到饱和时,干球温度就是露点温度)就形成露点。一般气候条件下,露点每天出现两次,一次是在清晨相对湿度增加达到露点,一次是在傍晚的时候还会出现一次露点。达到露点温度时,任何更进一步的湿度增加都会引起热应激,因此造成体感温度远远高于实际温度。因为把干球温度计(静止空气)的华氏温度数和相对湿度的百分数相加,计算得出的数值就是热应激指数。相对湿度(确切说是热应激指数)与鸡的生产性能的关系:

150 或更低:应该不会出现热应激和中暑问题;

155:开始降低生产性能的临界值;

160:鸡开始减少采食量,增加饮水量和损失生产性能;

165:开始死亡,对肺和心血管系统造成永久性损伤;

170:出现大量死亡。

从露点形成规律来看,从午夜到清晨干球温度不够高,不会引起问题。从傍晚到清晨干球温度和湿度之间有足够的伸缩性,也不会出现问题。一旦温度开始下降,湿度开始增加(低温高湿),通常就是问题出现以及死鸡开始增加的时候。高温高湿(如 32℃,90％相对湿度)情况下也特别容易出现问题。随着鸡群的不断生长,问题会变得越来越严重。所以,要得到良好的生产成绩就要为鸡创造新陈代谢发生的最佳条件(育雏期除外):相对湿度在 45％～65％,温度 68～70℉(20～21.1℃)。

在生产中一定要注意温度和相对湿度,特别是在炎热季节,一定要防止热应激产生。

鸡舍内相对湿度的标准:鸡舍内的相对湿度应该控制在 45％～65％。低于 45％会使鸡的呼吸系统受到刺激和不适。超过 65％会引起呼吸困难和削弱心血管系统传递氧气的能力,结果造成呼吸系统超负荷。表 7-5 是各个日龄下的相对湿度的标准。

表7-5　各日龄适宜相对湿度标准

日龄/天	1	7	14	21	28	35	42
湿度/%	50～65	60	60	60	55	55	50

湿度探头悬挂标准:相对湿度探头应该挂在鸡舍前端的1/4处,离地1.2米。

4.空气质量和通风

通风换气是指排除舍内有害气体(如氨气、硫化氢、一氧化碳和粉尘等),换进外界新鲜空气的过程。通风是鸡舍环境控制中最具挑战性的工作,需要经常性的关注。通风会影响空气质量、温度和湿度。没有合适的通风,饲料转化率、体重增长和鸡群健康都会受到负面影响,同时鸡群的淘汰率也会增加。而且,通风不良可能需要对饲养密度做出调整。

(1)通风换气的作用:

①通过换气排除舍内废气,排除臭味及有害气体,换来新鲜空气,满足鸡群对氧气的需求;

②均匀分布新鲜空气,而又不会对鸡群造成风寒的影响;

③调节舍内的温度;

④辅助控制相对湿度;

⑤维持良好的垫料环境。

(2)不同日龄下通风要求:

①14日龄前,经过鸡背的风速应该尽可能低,<0.20米/秒。应该考虑静止的空气温度。

②15～21日龄,风速应该不超过0.51米/秒的水平。用过渡通风系统。应该考虑体感温度。

③22～28日龄,要限制风速不超过1.02米/秒。用过渡通风系统。应该考虑体感温度。

④29日龄以后,风速不受限制,可以考虑用水帘蒸发降温系统。要考虑体感温度和相对湿度。

⑤为了获得最好的生产成绩,14日龄以后就要考虑体感温度而不是实际温度。决不能以人的感觉进行通风。28日龄以后,流过鸡背的风速在1.78~2.5米/秒,风速超过2.5米/秒就是不经济的,也不会对生产性能提高有好处。

(3)通风方式:

①自然通风:用于全部机械通风不能用的时候,当然也包括早期的最小通风排风扇和进风口出问题的时候。

②最小通风(横向通风):最小通风最好的方式是横向通风。用在寒冷季节和育雏期间。鸡位的风速较低(<0.20米/秒),气体交换的时间频率较长。这个系统是为了保证空气质量和稍微的控制温度变化。

许多生产者犯的错误就是他们太强调夏季通风或纵向通风而忽视最小通风。通常,从理论上讲最小通风在温暖气候条件下不是必需的,或在夏季通风中可以适当的应用。而普遍运用于冬季通风。最小通风的主要目的是提供良好的空气质量和过鸡位的较低风速。没有最小通风,鸡舍内的空气质量就会恶化,引起垫料潮湿,氨气浓度增加。通常用鸡背高度的氨气浓度来评价。氨气会带来一些负面影响:刺激脚部、刺激眼部,胸部起水疱/刺激皮肤,降低体重,均匀度差,易感染疾病以及饲养员不适。空气中高浓度的氨气会引起毛细血管收缩,增加心脏和呼吸频率。这将导致血压升高和肺水肿(充血)。

运用最小通风需要考虑的条件:

①把鸡舍漏风的地方堵好(鸡舍尽可能密闭);

②以鸡舍的容积(长×宽×平均高度)来计算气体交换时间;

③进风口处的负压(进入鸡舍的风速);

④从侧墙进风口进入鸡舍的风能达到鸡舍的最高处;

⑤最小通风要用循环定时钟控制(最小运行时间要使含氧量>19.6%);

⑥相对湿度的控制(45%~65%);

⑦加热器的类型(空间加热和辐射式加热器);

⑧温度控制(根据鸡的年龄大小进行控制);

⑨控制系统的设置。

(4)负压:进风口的负压应该是可调节的,能保证进来的气体到达热气聚集的鸡舍最高点。负压的选择靠鸡舍宽度或者说是空气进入鸡舍后在鸡舍移动走过的距离来决定。当进来的冷空气与较热的空气混合后,增加了空气中湿气的含量,从而降低了相对湿度。因为较冷的空气比较重,所以它会强迫暖空气下降到地板,增加鸡位的温度,有助于保持垫料干燥。

负压探头位置:放在鸡舍中前部,不被进风口的进风和暖风机的出风吹到的位置。

(5)计算最小通风需要处理的气体体积以及确定最小通风需要的风扇数量的方法:

①计算最小通风需要处理的气体的总体积:总体积＝鸡舍长×宽×平均高度。

②最小通风系统的设计:最小通风系统的设计要满足每5～8分钟换气一次。用总的气体体积除以8,得到最少通风风扇的排风量。

③计算最小通风系统的最大排风量:最小通风系统的最大排风量,用总的气体体积除以5。

④计算风机数量:风机数量＝总的气体体积÷实际工作压下的排风量。当排风量增加和下降时,不管排风量是多大,进风口的最小开量必须随排风量的大小来改变,维持相同的进风口的负压。

⑤计算风速:风速＝总的排风量÷鸡舍横截面积。

注意:最小通风系统风门开口不能小于2厘米,同时考虑不同的屋面结构,以风门气流不受阻挡,扩散至鸡舍中部最高点为原则。

最低通风量:最低通风量是鸡群的维持需要,也就是说通风量低于最低通风量会对鸡群的生命造成威胁,鸡群健康难以得到保证。在饲养前期,同时要求最低通风量不能小于8分钟一次换气量的20%。即一次换气时间不能超过40分钟。在饲养后期,鸡舍温度达不到目标温度的情况下,一定要处理好通风量、温差和温度三者的关系。

一定要在首先保证最低通风量的基础上控制温差不超过±1℃，然后考虑目标温度，在供暖能力不足的情况下可以适当降低目标温度。而且还要注意在后期提前平稳降温，不能出现随着最低通风量的增加，目标温度大幅度降低的现象。

最小通风系统的几个风扇（按鸡舍体积除以8计算所得的风扇数）受时间控制器控制，可以循环定时开启，绝对不能温控，也就是说最低通风量的控制独立于温度控制之外，并且先于温控风扇运行。最低通风量在肉鸡饲养中要按设置自动运行，按每批的饲养方案计算出每一日龄的最低通风量及对应的定时风扇开启数量和时间，在进鸡前一次设定完成，饲养过程中可以按照实际情况进行微调。

进风口负压低的解决办法：①尽可能的密封鸡舍内所有的窟窿和缝隙；②确保风扇的传动皮带是张紧的；③确保所有的百叶窗干净；④确保所有的夏季风扇的百叶窗处于良好的状态，风机关闭的时候要密闭；⑤增加排风量直到进风口的负压合适；⑥在遮黑式鸡舍，确保遮光罩足够大来与风机的排量相匹配，排风扇和遮光罩之间的距离要足够；⑦确保所用的排风扇能在一定的负压下工作。

风门负压高的解决办法：①增加鸡舍风门的数量；②在满足最小通风量的时候，减少风扇的排风量；③降低控制系统中负压的设定值；④确保在温控程序启动前风扇开的不能太多；⑤检查进风口是否有异物，比如说野鸟巢；⑥检查遮光罩别被尘土堵塞。

过渡通风（混合通风）：最小通风的通风量不能满足鸡的需要，而温度又在慢慢升高时，为了保证28天前鸡舍最大的换气频率，而风速又不是太高的情况下使用。侧墙风门进的风能直接打到鸡舍的房顶处，以预防在地面产生风冷效应。必须要有至少与纵向风机一半数量的风扇相匹配的侧墙进风口。混合通风时，侧墙两边的风门都要打开，只要夏季（纵向）通风系统开始运行，侧墙风门就应该关闭，夏季进风口开启并保持适当的进风口负压。

夏季通风（纵向通风）：根据鸡的年龄和舍内温度，用来控制温度和产生较高的过鸡背风速，为了降低体感温度和减少热中暑所用。要一直保持合适的进风口负压。

夏季通风需要考虑的条件:①鸡舍纵向风速:2~2.5米/秒;②换气时间:低于1.0分钟 换一遍气;③控制相对湿度:45%~65%;④进风口的负压:进入鸡舍的风速要根据鸡舍宽度来定;⑤温度控制:要看体感温度而不是干球温度;⑥所有的风机都开启后才能开水帘水泵;⑦只有符合下列条件时才能开水帘水泵:温度高于82℉/27.8℃ 或相对湿度低于70%;⑧不要为了尽量降低干球温度而使相对湿度升的太高。

纵向通风风扇数量的确定方法:

鸡舍横截面积×期望的风速=总的通风量,然后除以工作负压下的每台风机的额定排风量。当用这种方法计算的时候,要检查一下换气时间,鸡舍的容积(长×宽×平均高)÷排风扇的总排风量=换气时间,要符合低于1.0分钟换一遍气的换气时间要求。

夏季通风可能存在的问题:①经过鸡舍的风速很低,需要检查有没有漏风的地方、检查风扇的皮带是否松了,确信开启的进风口没有太多的障碍、检查所有风扇的百叶窗、检查蒸发降温用的水帘是不是脏了或堵塞了、安装的挡风帘或风机数量是否合适。②如果朝着风扇的方向风速越来越快,那么要从头到尾检查鸡舍有没有漏风的地方。③如果朝着风扇方向的风速越来越慢,那就是进风口的进风量超过风扇的排风能力。④挡风帘装的太低时,负压太大会降低所有排风扇的排风量,使纵向风速降低。⑤当进风口负压(风速)太低时,要缩小进风口的开度直到获取适当的负压,并且把此时的负压设定为控制系统的负压。设定负压比进风口负压略高。

水帘蒸发冷却系统的误解和误用:①水帘安装方向错误、损坏、脏;②湿度高时还开启水泵加水;③要有净化系统,把常见的进入循环回水系统的一些物质清除;④降温设备中水帘的类型和组装;⑤水帘面积一定要与风机在工作负压下的排风量相匹配;⑥水帘用水的水温及其对蒸发的影响。

水帘蒸发降温系统的应用条件:经过15厘米厚度水帘的风速最小

1.78 米/秒,理想速度是 2.03 米/秒,最大 2.29 米/秒,此时的蒸发效率是最好的。

①气温最低 80℉（26.6℃）才能开启水泵;②相对湿度低于 70%时才启动水泵;③水泵的启动要同时受温度和相对湿度这两个因素控制;④水帘水泵关闭的时间比开启的时间更重要,因为主要是看水蒸气从水帘纸表面蒸发的能力;⑤一旦达到露点,水就不再蒸发,因此,温度不会再下降,相对湿度也会增加。

水帘蒸发的降温效果:这个数值是理论的。实际应用的时候大约只有这种降温数值的 80%。例如,当干球温度是 100℉ 而相对湿度是 30%的时候,表上显示温度下降 25℉,实际上,也就能达到这个数的 80%,或 20℉。

垫料变湿或湿度变的太高时蒸发降温系统可能出现的问题:①通过水帘的风速太快。那就是水帘面积不够,不能与排风量相匹配,或水帘太脏和/或水帘被堵塞。②通过水帘的风速太低。全部风机运行之前水帘泵就开启或总排风量不够。③温度太低的时候开启水泵。④相对湿度太高时开启水泵。⑤水帘装反了。水帘的进风管角度必须朝向鸡舍外的地面。⑥水泵运转时间太长,以致水帘纸已经饱和。⑦夏季水帘进风口内的卷帘一直落到地面,进风口的风速太低。⑧风扇安装不正确。⑨百叶窗损伤和坏掉。⑩电压不足。

5. 光照的管理

光照程序是肉鸡管理的关键因素和取得最佳生产成绩的基础。研究表明连续黑暗 6 小时以上有助于改善免疫系统的发育。光照程序的设定可预防 7～21 日龄体重超标,减少死淘、猝死、腿病和尖峰死亡。限光的目的是为了控制鸡的生长速度,防止鸡因过速增长而发生腿病、腹水症、猝死症等。一般在 14～21 日龄降低照度到 5 勒克斯。

光照要求:①鸡舍最黑的地方最小照度 20 勒克斯;②较高的照度（>60 勒克斯)比较好;③光线应该均匀的分布在育雏区;④热源上方光照强度应该较高;⑤体重达到 160 克 以后开始限光,将光照强度调整到 5～10 勒克斯,一定要根据体重来限制光照,不能根据日龄限光;

⑥控制光照程序的时候一定要固定关灯时间,通过调整开灯时间来调节光照时间。鸡舍内各处的光照强度应该均匀一致;⑦公母分养时,母鸡的光照时间比公鸡延长 2 小时 为宜,因为母鸡需要更长的采食时间。

光照强度的计算公式:1 勒克斯＝0.9W/H^2(勒克斯:光照强度;W:灯泡功率;H^2:高度的平方)。

一个标准的光照程序不是在全世界哪里使用都会合适,因此,以下推荐的光照程序可根据实际情况进行调整,但是一定要按照上面的光照要求给鸡提供光照。

肉鸡的光照时间见表 7-6。

表 7-6　肉鸡光照时间

项目	光照时间/小时	黑暗时间/小时	光照强度/勒克斯
0 日龄	24	0	20～60
1 日龄	23	1	20～60
160 克体重	18	6	5～10
宰前 7 天	19	5	5～10
6 天	20	4	5～10
5 天	21	3	5～10
4 天	22	2	5～10
3 天	23	1	5～10
2 天	23	1	5～10

6. 水的管理

为鸡提供新鲜、干净的饮水对保持饲料采食和生长来讲是非常重要的。

要求:①10～12 只鸡每个乳头,与水线的流量有关。鸡在寻找水源时走的路不应该超过 3 米。

②在 1～7 日龄的时候,每 100 只鸡额外补加 2 个饮水器,确保小

鸡从 1 日龄就能喝到水。

③乳头饮水器应该按照推荐的标准及时地人工调整。

④水箱必须加盖,避免来自空气传播的细菌等的污染。

(1)日饮水量:日水量可早期预警,反应营养、疾病或鸡舍温度问题。21℃ 时,小鸡一般喝水是它们一天内采食饲料的 1.6～2.0 倍。如果饮水量超过采食饲料量的 2 倍可能发生在温度非常高的天气(超过 30℃ 或 86℉)。饮水量高也可能表明饲料配方问题或饮水系统漏水。

饮水量计算举例:每只鸡每天的料量是 60 克,饮水量大约是 1.8×60＝108 克,1 千克水是 1 升,也就是每只鸡 0.108 升。

(2)水线选择:乳头式饮水器有两种流量,一种是 80～90 毫升/分钟,水线下边有一个水杯,可接收任何从乳头流下来的多余的水。一种是 50～60 毫升/分钟。这种类型的饮水器下边没有水杯,靠水压调节来保持水的流量来满足鸡的需要。乳头式饮水器必须通过调节来达到与鸡的高度和水压相匹配的状态。通常建议鸡稍微抬头就能达到而不是弯腰、扭头才能够到水的流量销。鸡喝水的时候,它们的爪子在任何时候都是平稳地站立在垫料上,不能跷脚。低流量的饮水器每个乳头不超过 10 只鸡,高流量的每乳头不超过 12 只鸡。乳头间距一般 25 厘米,不应该超过 35 厘米。要保证小鸡走动不超过 3 米就能找到水源。

(3)水压及水量:压力大不一定就意味着饮水量多。压力太低饮水量会下降 20％,也就是说压力低就意味着鸡需要花费更多的时间来喝水,但是无论水量是高是低,鸡通常都是花相同的时间饮水——少于 1 分钟。因此,水压低就意味着减少饲料采食量和增重。

(4)水温:能维持目标饮水量的理想的水温在 10 ～ 14℃ (50～57℉)。

(5)饮水卫生:由于水线是密闭的,我们看不到饮水的清洁程度,因此,我们必须用消毒剂或酸化剂对水进行定期消毒,建议水线每周处理一次,每次加药后或免疫后都要冲洗水线,防止水线堵塞。冲水线时要先打开放水阀,然后打开减压阀上的直通阀,使水线处于直通状态,根据具体情况,每次冲水 10～20 分钟。

一般用醋酸、氯制剂、无机酸、二氧化氯、高氧处理、紫外线照射和碘酒浸泡。浸泡后冲洗水线(清洗压力 1.5～3.0 大气压),水流速度 30 米/分钟,氯制剂浓度:水线乳头末端 4～6 毫克/千克,用氯制剂消毒时,水的 pH 6～7 最好。饮水免疫当天及其前、后 3 天不能加消毒剂。

(6)饮水的管理:

①杜绝"跑、冒、滴、漏"现象:垫料的情况是饮水系统最好的反映。水线下边垫料湿就表明饮水器太低或水压太高。如果垫料太干,可能是水压太低。

②水表:通过监测水的消耗量能很好地反映饮水量与采食量之间的关系。每天定时查看饮水量,这样能很好地测定生产趋势,鸡的生长比较好。水量的急剧变化可能表示漏水、健康出问题或饲料出问题了。饮水量的下降通常是鸡群出现问题的第一个表现。

③滤芯清洗:水线前端的过滤器里面的滤芯每周清洗 3 次,保证不堵,不长绿锈,过滤器前后水压差不能过大。

④水线高度:要根据上边水线高度标准调整水线高度,保证水线高度一致,要调平,可以按照要求标准刻一个便携的尺子。

⑤乳头检查及保护:每天都要检查乳头出水量,并用衡器进行测量,测定乳头的流速。漏水的乳头要及时维修或更换,尽量通过冲洗的方法解决乳头堵塞问题,减少乳头拆装次数,以延长乳头使用寿命,坏掉的乳头尽量修复,不能用软塑料布等鸡容易采食的东西绑乳头。

7.免疫

进行免疫的主要目的是防止鸡群受到某种疾病的入侵而造成经济损失。常用的方法是用少量的致病性病原体刺激机体产生免疫性。免疫计划应该在鸡群的一生都产生影响,把经济损失降到最低。进行免疫时,一定会对鸡造成应激,因此,一定要倍加小心,这样有助于降低鸡群的应激程度。最好是培养专业的免疫队伍。

要求：

①只对健康鸡进行免疫。

②通过小心的管理鸡群使应激降到最低程度。

③阅读说明书，按照疫苗生产商的指导进行保存、稀释和管理。把疫苗保存在厂家推荐的温度下，避免受热或暴露在阳光直射的地方。

④保存疫苗的冰箱应该位于清洁、安全的地方。

⑤不要用过期的疫苗。

⑥要用足量的疫苗，不要对疫苗进行稀释。

⑦不要把开启的疫苗留着以后用。

⑧每次接种后，所有用过的或盛装疫苗的容器应该用正确的方法进行及时的处理，以免意外传播病毒。

⑨疫苗使用前摇匀，使用过程中有规律地进行操作。

⑩每500只鸡换一次针头，确保针的锋利性。

⑪免疫时有一位成员负责监督疫苗接种情况，检查疫苗是否正确接种。不允许已经接种的鸡重复接种。

⑫每天免疫结束后，根据带到场的疫苗数量核对所用疫苗数量。

⑬每次工作结束后要有专人进行清洁和消毒免疫设备。

⑭为了测定免疫质量，应该在10～14天监测管理点出现脖子疼、头扭曲和死淘或是腿损伤的情况。

⑮定期监测鸡群的健康和抗体水平。

(1)免疫程序：没有一种实用的适用于世界各地的鸡群的特效免疫程序。应根据当地的疫病情况制定有效的免疫程序。在进鸡前制定好免疫程序并备好响应得疫苗。更改免疫程序前一定要与动保中心联系，由生物工程委员会推荐合理的免疫程序，总经理签字后方可实施，任何人不得私自更改免疫程序。表7-7是某肉鸡公司免疫程序，仅供参考。

表 7-7　某肉鸡免疫程序

日龄	疫苗	途径	剂量	疫苗厂家
0	ND(K)	Sc	1/2	Mr
	ND(Avinew)＋IB(H$_{120}$)	Spray	1	Mr
7	ND(Clone30)＋IB(H$_{120}$＋49/1)	DW	3	生物一厂
14	IBD(G603)	DW	1	先灵葆雅
21	ND(L)	DW	2	天津瑞普

（2）饮水免疫操作规程：为规范各场饮水免疫的操作，确保免疫效果，定自养场饮水免疫操作规程：

①根据前一天的饮水情况，确定免疫用水的数量［前一天的用水量/光照时间×（控水时间＋计划免疫用时）＋冲水数量］。

②根据免疫程序确定所用疫苗类型和数量。

③根据免疫用水数量确定免疫保的使用数量。

④控水 1～2 小时。将水线开关关闭，摇高水线，确保鸡喝不到水。

⑤免疫保提前 30 分钟加入水中。

⑥加入疫苗，混合均匀。

⑦用冲洗的方式将水线管内注入疫苗，疫苗到达有鸡处的末端，关闭。

⑧放下水线至适宜高度，检查水线减压阀是否好用及乳头是否有蓝颜色的带疫苗的水。

⑨饲养员慢慢赶动鸡群，使所有的鸡喝到足量疫苗，不定时不定位置的检查乳头是否流出带疫苗的水。

⑩免疫开始 2 小时候抓鸡检查舌头是否变蓝，到免疫结束必须保证 100％的鸡喝到疫苗。

⑪待饮完桶内疫苗，关闭水阀半小时，让鸡将水线管内的疫苗喝完。

⑫填写免疫操作单。

注意事项：

①新城疫疫苗免疫时间 3 小时。

②法氏囊疫苗免疫时间 4 小时。

③免疫用的疫苗必须来自公司指定的厂家，包装、容器、批号、有效期及外观应当齐备合格；接近有效期的疫苗不要使用；凡存在无标签、瓶破裂、生霉有异物、凝块、变色、冻结等问题的疫苗不能使用。

④疫苗的保管、运输要符合说明书要求。

⑤在免疫的前 1 天、当天、后 1 天给鸡饲喂多种维生素，以减少应激。

⑥免疫用的器具事先要清洗干净。

⑦在饮水免疫过程中，水线不能跑水。

⑧免疫前后 3 天内，禁止做饮水消毒或带鸡消毒。

⑨免疫当天不降温，保证舍温平稳、通风良好，避免呼吸道病的发作，影响免疫效果。

⑩鸡饮完疫苗水后 30 分钟再给鸡饮清水。

⑪免疫结完成 3 小时后要用清水冲洗水线。

⑫免疫结束后要将疫苗瓶放在消毒液中浸泡 30 分钟，然后将疫苗瓶返给疫苗库管理员，核查后烧毁。

⑬免疫结束后，操作人员要进行消毒（手、防疫服、防疫靴等），而且要对免疫所用器具进行消毒。

第四节　健康养殖商品肉鸡的催肥措施

中药催肥法：夏季用甘草、姜粉、五加皮各 23 克，干辣椒 12 克，八角 7 克及硫酸亚铁 12 克；冬季用姜粉 24 克、肉桂 50 克、胆草 9 克、八角 8 克和硫酸亚铁 9 克。以上均研为细末。在肉鸡催肥阶段，拌匀在日粮中，平均每只鸡每天添加量为 0.5～1 克，2 天投喂一次。

添喂中药和微量元素配方为：穿心莲、昆布（海带）各 2 克，蒲公英、麦芽、苍术各 1 克，黄柏 5 克，绿豆 3 克，硫酸锰 12 克，硫酸锌 8.8 克，硫酸亚铁 13.5 克，硫酸铜 1 克，碘化钾 0.09 克，氯化钴 0.05 克，亚硒酸钠 0.0 225 克，硫酸钠 0.25 克，硼酸 0.25 克，石粉 209 克，麦麸 15 克，鱼粉 25 克。以上混合共研为末拌匀，每天喂 0.5 克，可提高雏鸡成活率。

添喂硫酸钠：从 10 日龄起，在日粮中添加配合饲料总重 0.3％的硫酸钠，长期饲喂，有促长效果。

添喂盐酸氯丙嗪：此剂对肉鸡有镇静、促进增重作用。每只鸡每日添喂 3～5 毫克，连喂 15 天，可提高增重 15％～20％。

添喂肥鸡粉配方：肉桂 50％、干姜粉 20％、甘草粉 9％、茴香粉 7％、熟黄豆粉 6％、硫酸亚铁 8％，每只鸡每次喂此剂 0.5～1 克，拌料喂给，两天投喂一次。半个月后每只鸡日平均增重可达 25～50 克。

添喂多酶片：雏鸡开食后第 3 天，在饲粮中加入 0.04％的多酶片（研细、拌匀），连喂 2 周，可使雏鸡日增重提高 8％～10％，饲料转化率提高 4％以上。

添喂蛋氨酸：据测定，每 5 千克饲粮中加入蛋氨酸 4 克和少量多种维生素，连喂 6 周，可使肉鸡体重达 1.5 千克。

添喂肉末：将猪头切碎煮熟，晒凉后拌入饲粮喂鸡。每 100 只鸡用肉量 15 千克，可供投喂 3 天。开始先用肉汤拌料，以后逐渐增加肉末。

添喂豆油：肉鸡出栏前 1 周，在饲粮中添加少许豆油，并按饲料总量的 0.02％加入升华硫磺粉，可使肉鸡膘满肉嫩。

添喂油脂：饲料以玉米、小麦为主的饲粮中，加入 2％～8％的动物油脂，肉鸡增重显著。

填喂熟玉米：每只鸡每天喂煮熟的玉米 200 克，分三餐人工填喂，适当补饲青菜，可使出栏前的肉鸡迅速增重。

添喂无菌蝇蛆：以酒糟为诱饵生产无菌蝇蛆，每添喂 500 克鲜蛆，可使肉鸡多产肉 0.9～1 千克。

添喂蚯蚓：蚯蚓干品含粗蛋白质 70％，加工成粉末或鲜喂，按

7.5%拌入日粮即可。

添喂蛇粉：将各种蛇的苦胆取出后，其余部分经干燥加工为蛇粉。在育肥期间，每只肉鸡每天添喂蛇粉 12 克，效果最佳，可比用蚕蛹粉喂的鸡提高增重 16%，比添喂豆粉的鸡提高增重 60%。

添喂艾粉：艾叶富含粗蛋白质、维生素、必需氨基酸、矿物质及生长素，在鸡日粮中添喂 2%的艾粉，可使日增重提高 10%～20%，饲料消耗下降 7%～12%。

第五节　健康养殖商品肉鸡的饲养管理操作规程

饲养管理工作要流程化，注重细节管理和现场管理。

一、1～3 日龄

（1）在进雏前 2 小时将水杯及水线内装满水，水中加入多维和抗菌素。开食盘、垫纸和料线内已经打好料。

（2）注意温度和湿度变化，育雏期环境温度稳定，要根据育雏时鸡舍的湿度进行温度设定，垫料温度 32℃以上。湿度大的时候要降低目标温度，湿度低于 50%要进行加湿。从进鸡前一天开始通风，不能为了保温而牺牲通风。

（3）进雏的时候随机抽取 1%称重。

（4）雏鸡入舍后，清点雏鸡数量并将雏鸡按进鸡前计算好的数量均匀的分到育雏围栏内。检查鸡苗质量。

（5）放鸡的时候靠近水源，待雏鸡开始活动后，供应饮水，并耐心细致的诱导雏禽饮水，直到大部分鸡只开始喝水。

（6）每天至少加料 3 次，开始盘内加料适量，不能太满，保证饲料新鲜,绝对不能断料。

(7)进鸡当天光照 24 小时。从第 1 日龄开始 23 小时,第一周光照强度 20 勒克斯以上。

(8)注意观察雏鸡的活动,密切注意鸡群分散情况,关注鸡舍内的温度变化、通风状况和湿度。

(9)进鸡次日早晨查鸡,检查嗉囊饱食程度。

(10)喂料时,注意将不能正常进行饮水采食的雏鸡捡出,放在适宜的环境中单独饲养,并及时淘汰残雏。

(11)水线高度以乳头距地面 8 厘米为宜。水压不能太高,否则雏鸡叼不动乳头。第 1 天水流量 10～20 毫升/分钟。第一周水流量 20 毫升/分钟,从第 7 天按照(周龄×7＋35 毫升/分钟)即可。每天至少三次检查水线及乳头出水量。

(12)在 1、2、3 日龄饮水中添加抗生素、复合维生素。

(13)注意观察粪便状况,粪便过于稀软或腹泻是惊吓或饮水过多的表现,发现雏鸡有腹泻时,应该立即对禽舍的温、湿度进行调节,并从卫生管理和用药上采取相应的措施。

(14)杜绝水杯周围过于潮湿,经常检查水线乳头,达到 100％不漏水。如果有漏水的及时换上干垫料。

(15)每天早中晚三次巡视鸡群,及时捡出死淘鸡。

(16)防止冷风吹到鸡身上。

(17)实事求是填写饲养记录,报表上报时间固定。

二、4～6 日龄

(1)观察鸡群的采食、饮水、呼吸及粪便状况。

(2)保持鸡舍内环境的稳定。

(3)控制好鸡舍湿度及垫料情况。

(4)清扫舍外环境并用 2％火碱消毒,注意更换舍门口消毒池内的消毒液。

(5)注意室温和通风换气。

(6)每日喂料至少 3 次,绝对不允许断料。从第 4 天开始撤 1/3 开食盘,第 6 日龄撤 1/3 开食盘。

(7)每天至少三次检查水线及实际检查每条水线的出水量。

(8)送检弱雏,做病毒分离和细菌培养。若死亡仍然高,根据动保中心药敏投药。

(9)AC-2000 自动控制降温,注意观察鸡群,检查温度、湿度是否合适。

(10)注意观察雏鸡有无接种疫苗后的副作用,如有副作用或其他不良反应时,应该将舍温升高 1℃左右,并在饮水中加入抗菌素。

(11)5 日龄扩栏,冷季向前扩 1/6;暖季前后各扩 1/8。

(12)光照 23 小时,强度 40～60 勒克斯,不低于 20 勒克斯。

(13)及时清理水杯内垫料、料线料盘内的饲料倒入开食盘,及时清出稻壳。

(14)控制好饲料的撒漏,把撒落的料及时收好。

(15)巡视鸡群,及时捡出死鸡。

三、7～9 日龄

(1)观察鸡群的采食、饮水、呼吸及粪便状况。

(2)周末称重。要求每栋鸡舍 7 日龄称重时间固定时间(以后各周称重时间都要统一在这段时间)。称鸡的时候要在每栏随机称取 2%,每栏的四个角及中间区域都要包括样本中。准确记录鸡数和体重,计算平均体重。

(3)检查总结一周的管理工作,若达不到四倍初生重,认真分析查找原因。

(4)7 日龄下午天黑前撤出全部开食盘,冲洗水线。

(5)因围栏没有扩满,注意人工打料,不能出现断料情况。

(6)在鸡只体重达到 4 倍后,降低光照强度至 5～10 勒克斯,光照时间由 23 小时改为 18 小时。如果没有达到 160 克延迟限光。

(7)在控制好温度的同时,逐步增加通风换气量,注意维持环境的稳定。

(8)按照上述标准调节好料线和水线的高度,及时调整水压。每天至少三次检查水线及乳头出水量。

(9)按照免疫程序和免疫操作规程做好免疫。

(10)及时翻动垫料,注意靠墙处、隔栏处、水线下、减压阀下的湿垫料。

(11)巡视鸡群,及时捡出死淘鸡。

四、10～13 日龄

(1)做好日常管理,注意温度和通风换气。

(2)注意观察鸡群有无呼吸异常症状、有无神经症状、有无粪便异常。

(3)注意垫料管理,用优质垫料更换潮湿的垫料。

(4)按要求做好免疫工作。

(5)每天至少三次检查水线及乳头出水量,并检查料线,保证不断水不断料,高度适宜。

(6)及时扩群,根据温度情况,尽量早扩满。

(7)巡视鸡群,及时捡出死淘鸡。

五、14 日龄

(1)使用法氏囊中等毒力苗饮水免疫,注意每只都能够均匀的喝到足够的饮水,要求在 3～4 小时内饮用完毕。

(2)在饮水中添加水溶性多维。

(3)观察鸡群的采食、饮水、呼吸及粪便状况。

(4)每天 2～3 次检查水线、料线,保证不断水不断料,按标准调整水料线高度,检查水流量。冲洗水线。

(5)鸡群称重,方法同第一次,根据平均体重分析鸡群管理状况。

(6)清扫舍外环境,环境消毒。

(7)巡视鸡群,及时捡出死淘鸡。

六、15～20 日龄

(1)鸡群日常管理。

(2)注意观察鸡群,夜间熄灯听鸡群有无异常呼吸情况,是否有免疫反应。

(3)考虑体感温度和风速。

(4)通风换气和垫料管理,尽可能降低鸡舍氨气浓度。

(5)每只鸡吃料到 850～900 克时换 511 号料,换料时经过 5 天过渡。

(6)每天 2～3 次检查水线、料线,保证不断水不断料。

(7)按要求调整水压、水线高度、料线高度。

(8)巡视鸡群,及时捡出死淘鸡。

七、21 日龄

(1)新城疫疫苗 2 倍量饮水免疫,方法如前,免疫用水量为雏鸡当天采食量的 30%～40%,保证免疫 3 小时。填写免疫记录。

(2)周末称重,方法同前,认真分析管理情况。

(3)在控制温度的同时加强通风换气。

(4)按要求调整水压、水线高度、料线高度。

(5)每天 2～3 次检查水线、料线,保证不断水不断料。冲洗水线。

(6)巡视鸡群,及时捡出死淘鸡。

八、22～27 日龄

(1)工作重心为维持正常温度的基础上加强通风换气。

(2.)舍温控制在 26～24℃。

(3)观察鸡群的采食、饮水、呼吸及粪便状况。

(4)免疫 3～5 天后预防投控制呼吸道的药；必要时投免疫增强剂。

(5)加强垫料管理,控制好舍内湿度;根据垫料情况及时翻垫料。

(6)做好日常管理工作。

(7)每天解剖鸡只,关注球虫、新城疫和肠道问题。

(8)每天 2～3 次检查水线、料线,保证不断水不断料。

(9)按要求调整水压、水线高度、料线高度。

(10)根据出栏时间推算混料时间。

(11)巡视鸡群,及时捡出死淘鸡。

九、28 日龄

(1)关注免疫反应情况。

(2)在水中添加多种维生素 3 天。

(3)称重,方法同前,认真分析管理情况。

(4)对舍外环境清理消毒。

(5)光照时间调整为 20 小时。每天 2～3 次检查水线、料线,保证不断水不断料。

(6)按要求调整水压、水线高度、料线高度。冲洗、消毒水线。

(7)巡视鸡群,及时捡出死淘鸡。

十、29～34 日龄

(1)日常管理侧重于通风换气。根据季节及舍内环境适当加大通风,灵活调节通风设置。

(2)针对呼吸道病及大肠杆菌病用药。

(3)每天解剖鸡只,关注球虫、新城疫和肠道问题。

(4)注意垫料管理。可根据情况适当撒备用垫料。

(5)本周是鸡群容易发生疾病的阶段,要注意鸡群有无神经症状、呼吸道症状或粪便异常,注意鸡群的整体情况。

(6)关注鸡只吃料喝水情况。注意混料、换料情况。

(7)夜间关注呼吸道情况,如果有增多趋势可用中药控制。

(8)每天 2～3 次检查水线、料线,保证不断水不断料。

(9)按要求调整水压、水线高度、料线高度。

(10)34 日龄增加光照,调整为 19 小时。

(11)巡视鸡群,及时捡出死淘鸡。

(12)因为在 40 天左右出栏,因此提前计算换料时间,换 3 号料。

十一、35 日龄

(1)加强通风换气,加强垫料管理。

(2)使舍温维持在 22℃左右。

(3)对舍外环境清理消毒。

(4)称重,方法如前,比较与标准体重的差距。

(5)每天 2～3 次检查水线、料线,保证不断水不断料,冲洗水线。

(6)按要求调整水压、水线高度、料线高度。

(7)调整光照为 20 小时。

(8)巡视鸡群,及时捡出死淘鸡。

十二、36～38 日龄

(1)加强通风换气、维持舍内安静舒适的环境为工作重心。

(2)注意昼夜温差,注意鸡舍内的温度变化。

(3)36 天光照改为 21 小时,37 天光照 22 小时,38 天光照 23 小时。

(4)30 天后如果肠道有问题,用酸制剂控制。

(5)夜间关注呼吸道情况,如果有增多趋势可用中药控制。

(6)每天 2～3 次检查水线、料线,保证不断水不断料。

(7)按要求调整水压、水线高度、料线高度。

(8)巡视鸡群,及时捡出死淘鸡。

(9)每天解剖鸡只,关注球虫、新城疫和肠道问题。

(10)关注鸡只吃料喝水情况,若有异常检查管理是否有问题,关注鸡群健康问题。

(11)做好出栏计划及出栏后冲洗、消毒计划。

十三、39 至出栏

(1)以加强通风换气、维持舍内安静舒适的环境为工作重心。

(2)侧重于通风,温度保持 21～22℃。如冬季,通风和保温发生矛盾时,先考虑通风。

(3)39 日龄至出栏 23 小时。

(4)每天 2～3 次检查水线、料线,保证不断水不断料。

(5)按要求调整水压、水线高度、料线高度。

(6)巡视鸡群,及时捡出死淘鸡。

(7)出栏。给工人做出栏前动员和培训。

(8)出栏前根据屠宰时间停料,一般 6～8 小时停止饲喂。

(9)出栏时抓鸡方法要得当,动作要轻,尽可能减少肉鸡的机械损伤。

（10）抽样称重的方法同前，计算出平均体重。

（11）做好记录，认真总结。准备下一批的生产工作。

第六节　健康养殖商品肉鸡常见疾病的预防投药

预防是到目前为止最经济也是最好的疾病控制的手段。预防可以通过执行生物安全计划，包括适当的接种疫苗来很好的实现。但是药物和抗生素不但价格昂贵还会干扰疾病特性，妨碍对疾病做出正确的诊断。正确用药和适时用药可以很好地解决疾病问题。各场根据药物残留要求及实际生产存在问题制定用药计划（表 7-8），避免盲目用药用药计划。

表 7-8　用药计划

序号	日龄	用药名称	主要有效成分	规格	用药目的	稀释比例	停药期
1	1～3	纳维宝	多种维生素	1升/瓶	补充多维	1∶6 000	无
2	1～4	芙劳安	阿莫西林	1千克/袋	防治 E.coli	1∶1 000	15
3	6～8	纳维宝	多种维生素	1升/瓶	补充多维	1∶6 000	无
4	13～15	纳维宝	多种维生素	1升/瓶	补充多维	1∶6 000	无
5	15～18	舒宁	强力＋泰乐	1千克/袋	防治 CRD	1∶1 500	14
6	20～23	球迪沙	葵氧喹酯	1升/瓶	防治球虫病	1∶2 000	3
		克可拉	氟苯尼考	1升/瓶	防治 E.coli	1∶1 000	5
7	24～27	肠呼安	阿莫西林	1千克/袋	防治 E.coli	1∶2 000	7
		佰疾泰	头孢曲松钠	1千克/袋	防治 E.coli	1∶4 000	7

健康监测：辅助做好疫病的诊断及治疗工作。监测包括血清学及细菌学监测，表 7-9 是某公司血清学及细菌学监测的时间及项目，

供参考。

表 7-9　某公司血清学及细菌学监测的时间及项目

检测日龄	样品	样品数量	检测项目		合格标准
0	鸡雏	20 只/批	ND、IBD、AI、大肠杆菌	ND、AI	母源抗体滴度为7 左右，无大肠杆菌感染
7	血样	20 份/栋	ND、IBD、AI	ND、AI	母源抗体滴度为 3 以上
14	血样	20 份/栋	ND、IBD、AI	ND、AI	母源抗体滴度为 3 以上
21	血样	20 份/栋	ND、IBD、AI	ND、AI	母源抗体滴度为 3 以上
28	血样	20 份/栋	ND、IBD、AI	ND、AI	母源抗体滴度为 4 以上
35	血样、棉拭子	20 份/栋	ND、IBD、AI	ND、AI	母源抗体滴度为 4 以上
40	血样、棉拭子	20 份/栋	ND、IBD、AI	ND、AI	母源抗体滴度为 3 以上

空舍期消毒后水样 4 份/栋，细菌总菌数≤100 个/毫升水，每 100 毫升水大肠杆菌、沙门氏菌数为 0 个；空舍期消毒后垫料样 1 份/栋，每克垫料细菌数：总菌数≤$1×10^6$ 个，霉菌数≤100 个。

注：饲养场出现疫病时，要送样品到相应部门，进行微生物学诊断。

思考题

1. 肉鸡的生理特点是什么？

2. 健康养殖肉鸡进雏前的准备工作有哪些？

3. 健康养殖肉鸡饲养技术要点有哪些？

4. 健康养殖肉鸡管理要点有哪些？

5. 健康养殖怎样进行保健用药？

6. 健康养殖肉鸡通风细节管理有哪些？

7. 健康养殖肉鸡饲养管理各阶段操作规程是什么？

8. 健康养殖怎样制订肉鸡免疫程序？

第八章

健康养殖肉鸡场的建筑设计

提要　本章共分五节,详细介绍了健康养殖改变肉鸡场的建筑设计的建设投资理念和环境规划理念、健康养殖肉鸡场址的选择原则和科学选址、建筑设计,肉种鸡场、舍和商品肉鸡鸡场、舍设计实例;同时也介绍了肉种鸡舍和商品肉鸡舍设施设备,该设计理论科学,使用和可操作性强。

　　肉鸡舍是肉鸡生活的场所,其场址选择、场区的布局和鸡舍设计等是否科学合理,直接影响肉鸡生产性能的发挥、产品的质量安全、卫生防疫和污染的控制等。因此,健康养殖肉鸡舍建设必须严格按照肉鸡健康养殖标准有关规定,根据肉鸡生产工艺流程、环境控制、卫生防疫等要求,进行全面考虑。

第一节　健康养殖改变肉鸡场建筑设计的理念

　　我国规模化肉鸡饲养业是从 20 世纪 80 年代起步,90 年代发展起来的。近30年来,我国肉鸡饲养业得到了飞速的发展,肉鸡的饲养量和产品产量已连续多年居于世界首位,成为肉鸡养殖大国。优良品种、饲料工业、疫苗兽药、规模化饲养技术和设施、屠宰加工生产线等日趋成熟,产业链初步形成,暴利时代终将过去,养殖业要回归基本层面——肉鸡的安全和质量。推广规模化的健康养殖,是解决当前肉鸡安全和质量问题,推动该产业稳定发展的重要途径。

由于肉鸡养殖分散、饲养规模小,从业人员文化素质偏低,因此,先进技术采用率低,饲养工艺、饲料配方落后,违禁饲料添加剂和抗生素滥用,整个生产环境恶化,致使品种退化、产品肉质差,国内消费者对肉鸡产品丧失了消费信心。农户散养和小规模化的饲养,对环境造成了很大污染。我国加入WTO之后,肉鸡产业面临着严峻的国际竞争局面,近年来我国肉鸡出口屡次遭遇国外的"规定疫病"、"农药残留"、"动物福利"等贸易壁垒,尤其是日本、欧盟等提高肉鸡产品质量标准,限制了我国肉鸡产品的出口,出口量急剧下降。面对国际贸易中的绿色壁垒,面对消费者越来越强烈的食品安全、优质的要求,面对食品安全、疫病控制、养殖污染方面越来越严厉的政府管制,亟须建立一种安全可行的健康养殖新模式。

肉鸡产业是现代农业的重要组成部分,根据肉鸡产业的特点和国际肉鸡产业的发展经验,结合我国肉鸡产业的现状,进一步发展肉鸡产业应该确立总的发展方向是生产优质健康无公害肉鸡产品。肉鸡是一种适宜工业化养殖的现代动物,且其在封闭的设施内进行大规模的技术较为成熟,因此我国的肉鸡行业正逐步向规模化、产业链一体化、养殖标准化、品牌化以及食品安全化等方向发展。健康养殖的最终目的,就是要在养殖过程中保障饲养动物的健康,生产出安全、优质畜产品,有利于人类健康。培养肉鸡健康养殖新观念,就是要树立"人禽和谐,生态优先"的规划理念,以构建人禽协调的生存、发展空间为目的,更好地促进肉鸡产业与自然机体健康、和谐地发展,探讨符合中国畜牧产业体系实际的理想生态格局和经济可持续发展模式,体现肉鸡健康养殖体系与时俱进的内在活力,要以专业化、合作化、规模化、标准化为方向,采用先进的养殖工艺、设施设备和环境控制技术,建立科学的现代化管理体系,形成融生态资源、气象、气候、环境和劳动力为一体的健康养殖新理念,以消费需求为导向,以保持地方鸡风味的企业化绿色加工、销售为一体的农牧业合作经营新模式。

运用健康养殖新理念,掌握环境对肉鸡的作用及其影响规律,为鸡群提供适宜的鸡场建筑设计,才能保证鸡群的健康和生产性能的发挥,获得较好的经济效益。

一、健康养殖新观念改变肉鸡场建设投资理念

规模化、集约化养殖需要大量的基建、设备设施、原材料及人力等投入。如果养殖投入能力弱、养殖数量增幅快、缺乏长远考虑,不舍得投入,往往会使场址选择不当、场地面积过小、规划布局不合理、各建筑物间隔小、鸡舍设计建筑简陋、设备缺乏或不配套、设施不完善等。健康养殖是先进肉鸡饲养技术应用的基础、效益来源,整个养鸡场建设要围绕安全防疫、高效便捷、性能可靠的目标,注意节约降耗、减少污染、场房和设备的标准化配套、选址与产业链的衔接等,应该有 5 年以上的发展空间。

(1)按照中央关于做强做大一批农业产业化龙头企业的要求,肉鸡场建设投资理念向规模化、集约化趋势发展。当前社会养殖发展缓慢,鸡源严重不足,致使多数加工厂产量不足产能的 1/3,导致产品成本偏高,毛利率偏低,达不到规模效益。为了解决鸡源问题,进一步优化产业结构,扩大规模效益,利用企业饲料加工、商品雏鸡生产的优势,集父母代种鸡繁育、养殖、屠宰加工、饲料加工一体的农业产业化一条龙企业成为产业的主体。

(2)肉鸡场建设与市场需求预测接轨,投资理念向提高产品附加值,增收增利趋势发展。规模化养殖场始终处于可控状态,注重配套项

目建设,使养殖规模和加工规模相匹配,尽快提高产能利用率,产品可满足冰鲜、超市、快餐店的产品质量要求和量的保证,这些销售渠道产品价格均高于冻产品批发市场300~500元/吨。

(3)肉鸡场建设与产业链接轨,投资理念向产业协同趋势发展。龙头企业建立一条养殖户认可的、操作易行的标准化养殖推广模式,担保公司为养殖户提供资金,养殖户帮助企业建立养殖基地,龙头企业庞大的产业链和优质的服务能够确保农户的效益,为担保公司资金安全提供保障的互利共赢关系。协同发展既解决了农户采用标准化养殖模式但资金不足的问题,又为龙头企业的饲料厂、冷藏厂、种禽场、兽药厂发展提供了新的契机,产业协同发展的结果为养殖户提供厂房基建、保姆式技术服务、质优价廉的种畜禽和兽药以及合同回收等整体解决方案。

二、健康养殖新观念改变肉鸡场环境规划理念

肉鸡场的环境规划是鸡场环境工程设计的总体规划和布置,合理的总平面布置可以节省土地面积,节省建场投资,给管理工作造成方便的条件。否则,生产流程混乱,道路迂回逆转,不仅浪费了土地和资金,也会给日后工作造成很多不便。过去,人们较多地重视优良品种的引进而忽视优良品种对饲养环境的高要求,忽视对环境的改善和控制,也就不可能提供优良的环境条件。其实,品种越优良,对环境要求就越高。如果不能提供优良品种所需的环境条件,其生产性能就难以发挥。

外界环境是鸡的生存条件,肉鸡场场区的水源、温度、空气、土壤等因素构成的一个较大的开放的场区环境,容易受到工业废水、废气、废渣和农药、化肥等污染,也容易受到周围养殖场和鸡场自身产生的污染源,如粪便、病死畜禽等的污染。健康养殖注重鸡与环境的关系,按照环境对鸡的作用及其影响规律,以保证鸡群的健康和生产性能发挥为目的,尽量为鸡群提供适宜的环境条件,发挥优良鸡种的高产潜力,获得较好的经济效益。因此,健康养殖肉鸡场的环境规划要综合研究各

种因素给以科学的安排布置,切勿只注意鸡舍建筑的单体设计而忽视总体环境规划的设计。

肉鸡场环境规划主要是着眼于两方面内容:一是控制肉鸡场环境免受外界的影响和污染,二是防止肉鸡场对自身及周围环境造成不良影响和污染。新建肉鸡场必须进行环境评估,确保鸡场不污染周围环境,周围环境也不污染鸡场环境。采用污染物减量化、无害化、资源化处理的生产工艺和设备。鸡场锅炉应选用高效低阻、节能、消烟、除尘的配套设备。现代中小型规模肉鸡养殖场成功的保障在于环境控制和先进设备的自动化,如供暖系统、通风降温系统、加湿系统、供料系统、供水系统、供料系统、供电系统、网上养殖等;附属设施如卫生间、淋浴间、宿舍、餐厅、仓库、办公室、兽医室、化验室、车库、污水处理池、粪便发酵处理池、病死鸡焚烧炉、鱼塘等,都要严格按照区位划分要求进行合理布局。

三、健康养殖新观念改变肉鸡场鸡舍设计和建筑理念

科学的肉鸡场鸡舍设计和建筑理念是尽最大可能利用自然资源,如阳光、空气、气流、风向等免费自然元素,尽可能少地使用如水、电、煤等现代能源或物质;尽可能大地利用生物性、物理性转化,尽可能少地使用化学性转化。鸡舍设计和施工情况直接影响到鸡舍的保温隔热性能,如果设计不合理或施工不精细,达不到要求标准,会直接影响鸡舍的环境及控制。健康养殖新观念注重鸡舍调节小气候设施设计和使用情况,包括供暖、降温、通风、光照、消毒、清粪等设施设备的设计、安装、运行情况,不断改变传统观念,全方位地为鸡群提供适宜的环境条件,满足鸡生理、行为需要,使鸡的生产潜力充分发挥,生产出更多更好的产品,获得更好的经济效益。

第二节　健康养殖肉鸡场址的选择

一、场址选择的原则

肉鸡场场址选择适当与否,直接关系到养鸡业的成败,正确地选择场址,是高产高效养鸡的前提条件。新建鸡场一定要高度重视选址的合理性,切忌随意。选择场址,要考虑能充分利用自然规律,以最低的能耗换回最大的产出,并且符合防病规则,避免交叉感染,远离居民医、屠宰厂,特别是鸡产品加工厂,交通、水电便利,地势背风向阳,通风良好,利用排污河污水净化。

1.健康养殖原则

所选场址应符合"GB/T 18407.3—2001 农产品安全质量无公害畜禽肉产地环境要求"和"NY/T 388—1999 畜禽场环境质量标准"的规定。一方面,所选场址的环境是无公害的,所选场址的土壤土质、水源水质、空气等环境应该符合无公害养殖标准,避开公害污染源,如重工业、化工业等工厂和工业区;另一方面,肉鸡场的生产不能对周围环境造成污染,选择场址时必须考虑粪便、污水和其他废弃物的处理条件和消纳能力,对当地排水排污系统应调查清楚,如排水方式、纳污能力、污水去向、纳污地点、距居民区水源距离、能否与农田灌溉系统结合等。所以,鸡场的地址选择既要考虑鸡场生产对周围环境的要求,也要尽量避免鸡场产生的气味、污物对周围环境的影响。

2.卫生防疫原则

所选场址周边的环境和兽医防疫条件是影响鸡场经营成败的关键因素之一,因此,在选址时,应该遵循"NY 5036—2001 无公害食品肉鸡饲养兽医防疫准则"的有关规定,对当地历史疫情和周边环境做周密详细的调查研究,避开有历史疫情的地段,远离交通干线、居民区,特别要远离兽医站、畜牧场、集贸市场、屠宰场等,选择有自然隔离条件的场所更好。

3.经济便利原则

在选址时,必须考虑供水、供电是否有保障,交通是否便利;场地尽量不需做处理。

二、科学选择场址

场址选择必须考虑建场地点的自然条件和社会条件,并考虑以后发展的可能性。在选址前,应进行全面调查,收集有关资料,分析研究,按照上述原则,从自然和社会两个方面选择肉鸡场的场址。

1.地形地貌

鸡场的选址应考虑以下因素:地形、地势、朝向、面积大小、周围建筑情况等。

(1)地势。地势指场地的高低起伏状况。作为鸡场场地,要求地势高燥,平坦或稍有坡度(1‰~3‰)。如果坡地建场,要求向阳背风,坡度最大不超过25%。场地高燥,远离沼泽湖洼,避开山坳谷底,这样排水良好,地面干燥,阳光充足,有利于鸡场内、外环境的控制。

(2)地形。地形指场地形状、大小和地物(场地上的房屋、树木、河流、沟坎)情况。作为肉鸡场场地,要求地形整齐,开阔,有足够的面积。地形整齐,便于合理布置鸡场建筑和各种设施,并能提高场地面积利用率。

(3)朝向。场址向阳,光线充足,如系山坡,宜选择南坡或东南坡,要特别避开西北方向的山口或长形谷地,否则,冬季风速过大严重影响场区鸡舍温热环境的维持。

(4)面积。场地面积要大小适宜,符合生产规模,并考虑今后的发展需要,周围不能有高大的建筑物。

2.地质土壤

(1)地质。应避开断层、滑坡、塌陷和地下泥沼地段,要求土壤有一定的抗压性,适宜建筑。对于采用机械化装备的鸡场还要求土壤压缩性小而均匀,以承担建筑物和将来使用机械的重量。

(2)土壤。土壤的物理、化学和生物学特性不仅影响场区的空气,还影响土地的净化,必须具备一定的条件。要求土质透气透水性强、毛细管作用弱、吸湿性和导热性小、质地均匀、洁净未被污染。以沙壤土类最为理想,这样的土壤排水性能良好,隔热,不利于病原菌的繁殖,符合鸡场的卫生要求。

3.气候和环境

肉鸡场建设之前,要详细了解掌握场址所在地5~10年内的气象资料,如年平均气温、绝对最高气温、最低气温、土层冻结深度、积雪深度、夏季平均降雨量、最大风力、常年主要风向、各月份的日照时数等,以便开展设计和组织生产时参考。环境应安静,具备绿化、美化条件,无噪声干扰或干扰轻,无污染。

4.水源水质

水对鸡十分重要,在其体内占有很高的比例,且是重要的营养素,鸡的消化吸收、废弃物的排泄、体温调节等都需要水。鸡场用具的清洁洗刷、防火和饲养管理人员生活等也需要水。水质非常重要,水质不良或污染,会直接影响鸡群健康,造成生产力下降等,必须加强鸡场水源选择。

水源包括地面水、地下水和降水等。资源量和供水能力应能满足鸡场的总需求,且取用方便、省力,处理简便。大型鸡场最好能自辟深井,以保证用水的质量。因为在地面以下8~10米深处,有机物与细菌已大为减少。一个规模有10万只的鸡场,每日饮水需要30~40吨,其他如洗涤、降温等用水不少于100吨。所以在考察鸡场的水源时,先要了解供水量是否充足,其次是水源有无污染,并检查水质是否适于养鸡用。水质好坏是依据水中含有的无机盐、酸碱度、硝酸盐和亚硝酸盐类以及大肠杆菌的数量而判定的。污染或无机盐过量的水对鸡的生长不利。

5.地理和交通

要求交通便利,能保证货物的正常运输,但应远离铁路、交通要道、车辆来往频繁的地方,一般要求距主要公路 400 米,次要公路 100～200 米以上,一般公路 50 米以上,自修公路能直达场内,且场地最好靠近消费地和饲料来源地。

6.电源

鸡场中除孵化室要求电力 24 小时供应外,鸡群的光照也必须有电力供应。因此对于较大型的鸡场,必须具备备用电源,如双线路供电或发电机等。

7.卫生防疫要求

养鸡场应远离居民区,其距离视鸡场规模、粪污处理方式、居民区密度及常年主风向等因素而定,以最大限度地减少和降低污染危害为最终目的,能远离的尽量远离。

鸡场不能建在禽类屠宰场、禽产品加工厂及化工厂等容易造成环境污染的下风向、污水流经处、货物运输道路必经处或附近,以减少感染机会。一般来说,鸡场宜建在城郊,离大城市 20～50 千米,离居民点和其他家禽场 15 千米。种鸡场应距离商品鸡场 2 千米以上,且附近无水泥厂、钢铁厂、化工厂等产生噪声和化学气味的工厂。

鸡场场址的选择应遵守社会公共卫生准则,其污物、污水等不应成为周围社会环境的污染源。

三、合理规划布局

场址选定之后,接着就要根据地形、地势和当地主风向等,计划和安排鸡场内不同建筑功能区、道路、排水、绿化等地段的位置;然后根据养鸡场分区方案和工艺设计对各种建筑物的要求,合理安排每幢建筑物和每种设施的位置和朝向。肉鸡场的建筑布局应严格执行生产区和生活区相隔离的原则。不管饲养什么类型、什么品种、什么代次鸡的鸡场,在考虑规划布局问题时,均要以有利于防疫、排污和生活为原则。尤其应考虑风向和地势,通过鸡场内各建筑物的合理布局来减少疫病的发生和有效控制疫病。

1.区位划分

养鸡场主要分场前区、生产区及隔离区等。场地规划时,主要考虑人、畜卫生防疫和工作方便,根据场地地势和当地全年主风向,顺序安排以上各区。

对肉鸡场进行总平面布置时,主要考虑卫生防疫和工艺流程两大因素。场前区中的职工生活区应设在全场的上风向和地势较高地段,依次为生产技术管理区。生产区设在这些区的下风和较低处,但应高于隔离区,并在其上风向。

(1)场前区:包括行政和技术办公室、饲料加工及料库、车库、杂品库、更衣消毒和洗澡间、配电房、水塔、职工宿舍、食堂等,是担负养鸡场经营管理和对外联系的场区,应设在与外界联系方便的位置。大门前设车辆消毒池,两侧设门卫和消毒更衣室。

养鸡场的供销运输与外界联系频繁,容易传播疾病,故场外运输应严格与场内运输分开。负责场外运输的车辆严禁进入生产区,其车棚、车库也应设在场前区。场前区、生产区应加以隔离。外来人员最好限于在此区活动,不得随意进入生产区。

(2)生产区:包括各种鸡舍,是养鸡场的核心。因此其规划、布局应给予全面、细致的研究。

综合性肉鸡场最好将各种年龄或各种用途的鸡各自设立分场,分场之间留有一定的防疫距离,还可用树林形成隔离带,各个分场实行全进全出制。专业性肉鸡场的鸡群单一,鸡舍功能只有一种,管理比较简单、技术要求比较一致、生产过程也易于实现机械化。

为保证防疫安全,鸡舍的布局应根据主风方向与地势,按下列顺序设置:孵化室、幼雏舍、后备鸡舍、商品肉鸡舍。也即孵化室在上风向,商品肉鸡舍在下风向。

孵化室与场外联系较多,宜建在靠近场前区的入口处,大型养鸡场可单设孵化场,设在整个养鸡场专用道路的入口处,小型养鸡场也应在孵化室周围设围墙或隔离绿化带。

种鸡群和商品鸡群应分区饲养,种鸡区应放在防疫上的最优位置。

各小区内的饲养管理人员、运输车辆、设备和使用工具要严格控制,防止互串。各小区间既要求联系方便,又要求有防疫隔离。

(3)隔离区:包括病、死鸡隔离、剖检、化验、处理等房舍和设施、粪便污水处理及贮存设施等,是肉鸡场病鸡、粪便等污物集中之处,是卫生防疫和环境保护工作的重点,该区应设在全场的下风向和地势最低处,且与其他两区的卫生间距不小于50米。

贮粪场的设置既应考虑鸡粪便于由鸡舍运出,又便于运到田间施用。粪污贮放设施与处理场所的地面必须进行水泥硬化处理,以防粪污渗漏、散落和溢流;并在上面建设亭棚,以防雨水淋湿径流。污水处理能力以建场规模计算和设计,污水经处理后的排放标准应符合GB 8978或GB 14554的要求。污水沉淀池要设在远离生产区、背风、隐蔽的地方、防止对场区内造成不必要的污染。鸡粪应在隔离区集中处理。采用脱水干燥或堆积发酵设施。处理的堆肥和粪便符合GB 7959的要求后方可运出场外。死鸡处理区要设有焚尸炉,用来焚烧病死鸡只和疫苗包装垃圾。

病鸡隔离舍应尽可能与外界隔绝,且其四周应有天然的或人工的隔离屏障,设单独的通路与出入口。病鸡隔离舍及处理病死鸡的尸坑或焚尸炉等设施,应距鸡舍300~500米,且后者的隔离更应严密。

(4)肉鸡场的道路:生产区的道路应净道和污道分开,以利卫生防疫。净道用于生产联系和运送饲料、产品,污道用于运送粪便污物、病畜和死鸡。场外的道路不能与生产区的道路直接相通。场前区与隔离区应分别设与场外相通的道路。

场内道路应不透水,材料可视具体条件选择柏油、混凝土、砖、石或焦渣等,路面断面的坡度为1%~3%。道路宽度根据用途和车宽决定,通行载重汽车并与场外相连的道路需3.5~7米,通行电瓶车、小型车、手推车等场内用车辆需1.5~5米,只考虑单向行驶时可取其较小值,但需考虑回车道、回车半径及转弯半径。生产区的道路一般不行驶载重车,但应考虑消防状况下对路宽、回车和转弯半径的需要。道路两侧应留绿化和排水明沟位置。

(5)肉鸡场的排水:排水设施是为排出场区雨、雪水,保持场地干燥、卫生。一般可在道路一侧或两侧设明沟,沟壁、沟底可砌砖、石,也可将土夯实做成梯形或三角形断面,再结合绿化护坡,以防塌陷。如果养鸡场场地本身坡度较大,也可以采取地面自由排水,但不宜与舍内排水系统的管沟通用。隔离区要有单独的下水道将污水排至场外的污水处理设施。

(6)场区绿化:养鸡场植树、种草绿化,对改善场区小气候、净化空气和水质、降低噪声等有重要意义。在进行养鸡场规划时,必须规划出绿化地,其中包括防风林、隔离林、行道绿化、遮阳绿化、绿地等。

防风林应设在冬季主风的上风向,沿围墙内外设置,最好是落叶树和常绿树搭配,高矮树种搭配,植树密度可稍大些;隔离林设在各场区之间及围墙内外,应选择树干高、树冠大的乔木;行道绿化是指道路两旁和排水沟边的绿化,起到路面遮阳和排水沟护坡的作用;遮阳绿化一般设于鸡舍南侧和西侧,起到为鸡舍墙、屋顶、门窗遮阳的作用;绿地绿化是指养鸡场内裸露地面的绿化,可植树、种花、种草,也可种植有饲用价值或经济价值的植物,如果树、苜蓿、草坪、草皮等,将绿化与肉养鸡场的经济效益结合起来。

国内外一些集约化的养殖场尤其是种畜种禽场为了确保卫生防疫安全有效,场区内不种一棵树,其目的是不给鸟儿有栖息之处,以防病原微生物通过鸟粪等杂物在场内传播,继而引起传染病。场区内除道路及建筑物之外全部铺种草坪,仍可起到调节场区内小气候、净化环境的作用。

2.鸡舍布局

(1)鸡舍的排列:鸡舍排列的合理性关系到场区小气候、鸡舍的采光、通风、建筑物之间的联系、道路和管线铺设的长短、场地的利用率等。鸡舍群一般采取横向成排(东西)、纵向呈列(南北)的行列式,即各鸡舍应平行整齐呈梳状排列,不能相交。鸡舍群的排列要根据场地形状、鸡舍的数量和每幢鸡舍的长度,酌情布置为单列、双列或多列式。生产区最好按方形或近似方形布置,应尽量避免狭长形布置,以避免饲料、粪污运输距离加大,饲养管理工作联系不便,道路、管线加长,建场投资增加。

鸡舍群按标准的行列式排列与地形地势、气候条件、鸡舍朝向选择等发生矛盾时,也可将鸡舍左右错开、上下错开排列,但要注意平行的原则,避免各鸡舍相互交错。当鸡舍长轴必须与夏季主风向垂直时,上风行鸡舍与下风行鸡舍应左右错开呈"品"字形排列,这就等于加大了鸡舍间距,有利于鸡舍的通风;若鸡舍长轴与夏季主风方向所成角度较小时,左右列应前后错开,即顺气流方向逐列后错一定距离,也有利于通风。

(2)鸡舍的朝向:确定鸡舍的朝向时,主要考虑日照和通风效果,应根据当地气候条件、地理位置、鸡舍的采光及温度、通风排污等情况确定。舍内的自然光照依赖阳光,舍内的温度在一定程度上受太阳辐射的影响;自然通风时,舍内通风换气受主导风向的影响。

因此,必须了解当地的主导风向和太阳的高度角。我国各地太阳高度角因纬度和季节的不同而不同。鸡舍朝南,冬季日光斜射,可以充分利用太阳辐射的温热效应和射入舍内的阳光,利于鸡舍的保温取暖;夏季日光直射,太阳高度角大,阳光直射舍内很少,利于防暑降温。所以,在我国大部分地区选择鸡舍朝南是有科学依据的。

在我国,鸡舍应采取南向或稍偏西南或偏东南为宜,冬季利于防寒保温,而夏季利于防暑。北京市夏季太阳辐射也以西墙最大,冬季以南墙最大,北京地区鸡舍的朝向选择以南向为主,可向东或西偏45°,以南向偏东45°的朝向最佳。这种朝向需要人工光照进行补充,需要注意遮光,如加长出檐、窗面涂暗等减少光照强度。如同时考虑地形、主风以及其他条件,可以作一些朝向上的调整,向东或向西偏转15°配置,南方地区从防暑考虑,以向东偏转为好;北方地区朝向偏转的自由度可稍大些。

（3）鸡舍的间距：鸡舍间距是指两栋鸡舍间的距离。鸡舍间距的确定应从通风、采光、防疫、防火和节约用地等多方面综合考虑。根据日照确定鸡舍间距（日照间距）时，应使南排鸡舍在冬季不遮挡北排鸡舍的日照，具体计算时一般以保证在冬至日上午 9 时至下午 15 时这 6 个小时内，北排鸡舍南墙有满日照，这就要求南北两排鸡舍的间距不小于南排鸡舍的投影长度，我国大部分地区该间距为檐高的 1.5～2 倍，开放式鸡舍应为 5 倍，密闭式鸡舍应为 3 倍。另外，还要考虑防火要求和节约用地。依据不同的要求，鸡舍间距的大小与鸡舍高度的比值各有不同。综合考虑，鸡舍间距是檐高的 3～5 倍，即可满足各方面的要求。

防疫要求：一般防疫要求的间距应是檐高的 3～5 倍，开放式鸡舍应为 5 倍，封闭式鸡舍一般为 3 倍。

日照要求：鸡舍南向或南偏东、偏西一定角度时，应使南排鸡舍在冬季不遮挡北排鸡舍的日照，具体计算时一般以保证在冬至日上午 9 点至下午 15 点这 6 小时内，北排鸡舍南墙有满日照，即要求南、北两排鸡舍间距不小于南排鸡舍的阴影长度。经测算，在北京地区，鸡舍间距应为鸡舍高 2.5 倍，黑龙江的齐齐哈尔则需 3.7 倍，江苏地区需 1.5～2 倍。

通风要求：肉鸡饲养密度大，生长快，需大量的氧气，又极易产生二氧化碳，氨气等废气，且尘土飞扬，加强通风的管理十分重要。尤其是大容量的鸡舍，纵向通风是必需的。通风换气是肉鸡饲养过程中环境控制最大的难点。从生产实际看，通风换气与温度之间的矛盾是肉鸡饲养中最大的矛盾，这个矛盾处理得如何，直接影响着饲养的成败和效益的高低。鸡舍采用自然通风，且鸡舍纵墙垂直于夏季主风向，间距应为鸡舍高度的 4～5 倍；如风向与鸡舍纵墙有一定的夹角（30°～45°），涡风区缩小，间距可短些。一般鸡舍间距取舍高的 3～5 倍时，可满足下风向鸡舍的通风需要。鸡舍采用横向机械通风时，其间距因防疫需要也不应低于舍高 3 倍；采用纵向机械通风时间距可以适当缩小，1～1.5 倍即可。纵向通风的进风口应设在风机对面的山墙上。进风口大小应适应进风量需要。如将通风口设在窗户上,只能开启离风机最远的 2～4 个窗户。那种开着风机将窗户隔一个开一个的做法,背离了纵向通风的原理,无法完成空气的彻底的交换,浪费能源。

消防要求　防火间距取决于建筑物的材料、结构和使用特点,可参照我国建筑防火规范。鸡舍建筑一般为砖墙、混凝土屋顶或木质屋顶并做吊顶,耐火等级为二级或三级,防火间距为 8～10 米。

总之,鸡舍间距不小于鸡舍高度的 3～5 倍时,可以基本满足日照、通风、卫生防疫、防火等要求。一般密闭式鸡舍间距为 10～15 米;开放式鸡舍间距约为鸡舍高度的 5 倍。

第三节　健康养殖肉种鸡舍不同饲养方式建筑设计

鸡舍设计实际上是对鸡舍环境的设计,它是畜牧生物工程与建筑工程设计的统一体。开展建筑设计时,必须考虑到所养鸡群的用途,生物学特性,生长或生产所需要的特殊要求等,提供适合鸡生理要求可进行高效生产的鸡舍环境。一个科学的鸡舍布局结构,可以为鸡提供一个良好的生存环境,使其充分发挥生产潜力,因此,根据种鸡本身的生理特点,合理地规划和建造肉种鸡舍。

一、鸡舍建筑的总体要求

(1)满足肉种鸡饲养的需要。

(2)留有技术改造的余地,便于扩大再生产。

(3)施工,厉行节约资金和能源。

(4)符合鸡场总布局要求

二、肉种鸡舍建筑设计

在进行肉种鸡舍建筑设计时应根据鸡舍类型、饲养对象来考虑鸡舍内地面、墙壁、外形及通风条件等因素,以求达到舍内最佳环境,满足生产的需要。

育雏舍:由于雏鸡需要的温度较高,因此设计育雏舍时应以隔热保温为重点。

育成舍:指饲养6周龄至产蛋前(转入产蛋笼)阶段的鸡舍。

种鸡舍:饲养产蛋种鸡的鸡舍,种鸡舍设计时应根据当地气候条件来考虑设计重点,在比较寒冷地区应以保温为主,在南方较炎热地区应以通风降温为主。

1. 鸡舍的设计

(1)鸡舍的基本结构:房舍结构的设计是建立在鸡最佳环境的理性指标和建筑造价经济指标二者兼顾的基础上的,主要涉及鸡舍的通风换气、保暖、降温、给排水、采光等因素。鸡舍的基本结构有:基础、墙、屋顶、门、窗和地面,构成了鸡舍的"外壳"。

①基础:基础是地下部分,基础下面的承受荷载的那部分土层就是地基。地基和基础共同保证鸡舍的坚固、防潮、抗震、抗冻和安全。

②墙:墙对舍内温湿状况的保持起重要作用,要求有一定的厚度、高度,还应具备坚固、耐久、抗震、耐水、防火、抗冻、结构简单、便于清扫和消毒的基本特点。一般为24～36厘米厚。

③屋顶:屋顶形式主要有单坡式、双坡式、平顶式、钟楼式、半钟楼式、拱顶式等。单坡式一般用于跨度4～6米的鸡舍,双坡式一般用于跨度8～9米的鸡舍,钟楼式一般用于自然通风较好的鸡舍。屋顶除要求不透水、不透风、有一定的承重能力外,对保温隔热要求更高。天棚主要是加强鸡舍屋顶的保温隔热能力。天棚必须具备:保温、隔热、不透水、不透气、坚固、耐久、防潮、光滑,结构严密、轻便、简单且造价便宜。

④门窗：门的位置、数量、大小应根据鸡群的特点、饲养方式饲养设备的使用等因素而定。窗户在设计时应考虑到采光系数，成年鸡舍的采光系数一般应为 1∶(10～12)，雏鸡舍则应为 1∶(7～9)。寒冷地区的鸡舍在基本满足采光和夏季通风要求的前提下窗户的数量尽量少，窗户也尽量小。大型工厂化养鸡常采用封闭式鸡舍即无窗鸡舍，舍内的通风换气和采光照明完全由人工控制，但需要设一些应急窗，在发生意外，如停电、风机故障或失火时应急。目前我国比较流行的简易节能开放性鸡舍，在鸡舍的南北墙上设有大型多功能玻璃钢通风窗，形若一面可以开关的半透明墙体，这种窗具备了墙和窗的双重功能。门的设置要方便，一般在鸡舍南面，单扇门高 2 米，宽 1 米，双扇门高 2 米，宽1.6 米。

⑤地面：地面要求光、平、滑、燥；有一定的坡度；设排水沟；有适当面积的过道；具有良好的承载笼具设备的能力，便于清扫消毒、防水和耐久。

(2)鸡舍建筑类型：鸡舍的建筑类型分封闭式和开放式，封闭式鸡舍四周无窗，采用人工光照，机械通风，为耗能型鸡舍，小气候环境易控制，易管理。开放式鸡舍即有窗鸡舍，是利用外界自然资源的节能鸡舍。一般无需动力通风，充分采用人工照明。缺点是受外界影响大。

我国一些畜牧工程专家根据我国的气候特点，以 1 月份平均气温为主要依据，保证冬季各地区鸡舍内的温度不低于 10℃，建议将我国的鸡舍建筑分为五个气候区域。Ⅰ区为严寒区，1 月份平均气温在－15℃ 以下，Ⅱ区是寒冷区，1 月份平均气温在－15～－5℃，此两区采用封闭式鸡舍。Ⅲ区为冬冷夏凉区，1 月份平均气温在－5～0℃，Ⅳ区为冬冷夏热区，1 月份平均气温在 0～5℃，此两区采用有窗可封闭式鸡舍。Ⅴ区为炎热区，1 月份平均气温在 5℃ 以上，采用开放式鸡舍。

①封闭式：即无窗鸡舍。鸡舍无窗(可设应急窗)，完全采用用人工光照和机械通风，对电的依赖性极强。鸡群不受外界环境因素的影响，生产不受季节限制；可通过人工光照控制性成熟和产蛋；可切断疾病的自然传播，节约用地。但造价高；防疫体系要求严格，水电要求严格，管

理水平要求高。我国北方地区一些大型工厂化养鸡场往往采用这种类型的鸡舍。

②开放式:鸡舍设有窗洞或通风带。鸡舍不供暖,靠太阳能和鸡体散发的热能来维持舍内温度;通风也以自然通风为主,必要时辅以机械通风;采用自然光照辅以人工光照。开放式鸡舍具有防热容易保温难和基建投资运行费用少的特点。开放式使鸡易受外界影响和病原地侵袭。我国南方地区一些中小型养鸡场或家庭式养鸡专业户往往采用。

③有窗可封闭式鸡舍:这种鸡舍在南北两侧壁设窗作为进风口,通过开窗机来调节窗的开启程度。气候温和的季节依靠自然通风;在气候不利时则关闭南北两侧大窗,开启一侧山墙的进风口,并开动另一侧山墙上的风机进行纵向通风。兼备了开放与封闭鸡舍的双重功能,但该种鸡舍对窗子的密闭性能要求较高,以防造成机械通风时的通风短路现象。我国中部甚至华北的一些地区可采用此类鸡舍。

(3)各种鸡舍的建造要求:

①种鸡育雏舍:供从出壳到 6 周龄雏种鸡用,舍内应有供暖设备,温度以 20~25℃为宜。建造要求是防寒保暖、通风向阳、干燥、密闭性好、坚固防鼠害。所以育雏舍要低,墙壁要厚,屋顶设天花板,房顶铺保温材料,门窗要严密。一般朝向南方,高 2.3~2.5 米,跨度 6~9 米,南北设窗,南窗台高 1.5 米,宽 1.6 米,北窗台高 1.5 米,宽 1 米左右,水泥地面。平养时,鸡只直接养在铺有垫料的地面,笼养时,鸡只养在分列摆放的育雏笼中,列间距 70~100 厘米,可依跨度摆为两列三走道或三列四走道。

②种鸡育成舍:为 7~20 周龄后备种鸡专用,此时鸡舍应有足够的活动面积保证鸡的生长发育,而且通风良好、坚固耐用、便于操作管理。有窗可封闭式和封闭式鸡舍均可选择。有窗可封闭式育成鸡舍一般高 3~3.5 米,宽 6~9 米,长度 60 米以内。封闭式育成鸡舍长度 90~120 米,跨度 12 米,山墙装备排风扇,采用纵向通风。平养鸡只直接养在铺有垫料的地面,笼养时,可依采取两列三走道或两列两走道、三列四走道或三列三走道等。如设有运动场,面积应在鸡舍的 3 倍以上。

③种鸡舍:总的要求是鸡舍环境满足种鸡需要。目前多采用两高一低饲养模式,一般饲养密度 4.8～6.0 只/米²;地面平养,可设运动场,舍内外面积比 1∶3。小群配种时应将舍分做若干 4～6 米² 的小栏,大群配种不宜超过 2 000 只,饲养密度 3～4 只/米²。笼养种鸡舍可有个体笼养和小群笼养,前者采用人工授精技术,后者要求每只鸡占笼面积不小于 600 厘米²,笼高不低于 60 厘米。一般在 750 厘米×2 400 厘米×600 厘米笼内放置 2 只公鸡,20 只母鸡。

④商品肉鸡舍:肉鸡一般 6 周龄就可上市,其鸡舍要求保温性能好,光照不宜过长、过强。结构可参照育雏舍等。

2.鸡舍建筑要求

(1)鸡舍基本要求:

①隔热性能好。不论何种类型的鸡舍,都要求屋顶和墙壁隔热性能好,尤其是屋顶。鸡舍的隔热性能好,鸡舍在冬天散热少,在夏天吸热也少,即受冷或热的自然气候条件影响小。鸡舍的隔热性能会给鸡生产性能造成长远的影响。因此,在建造鸡舍时,应选择隔热性能良好的建筑材料和建筑形式。

②采光与通风要充足,以保证开放式鸡舍有适宜照度和良好的空气环境。

③使用面积和鸡舍内容量相符合。各种机械、设备均能安装在既定的位置上,饲养间与工作间比例合适,门、窗、进出气孔等设施均考虑实用。

(2)几种环境因素设计参数

通风换气:通风换气的目的是尽可能排除舍内污浊空气:引进新鲜空气,保持舍内空气清新,降温、散湿,降低鸡的体感温度,这是衡量鸡舍环境的第一要素。鸡舍的通风换气有着较复杂的形式和设计。按引起气流运动的动力不同可分为自然通风和机械通风两种。

①参数:换气量以夏季最大需要量计算,每千克体重每小时 4～5 米³,有害气体浓度不超过氨气 20 毫克/千克,硫化氢 10 毫克/千克,二氧化碳 0.15%。

②通风方式有自然通风和机械通风两种。

A.自然通风。不需动力,仅依靠自然界的风压和热压,产生空气流动,一般通过窗户、气窗和封闭不严的缝隙形空气交换。

优点:不需专用设备,不需动力,基建费低,维修费少,简单易行,如能合理设计、安装和管理,可收到较好的效果,炎热地区和华北应用效果较好。

缺点:寒冷季节受保温的限制,效果不佳。

自然通风应注意的问题:

a.宜用于非密闭鸡舍,有窗鸡舍,打开前后窗即可。

b.鸡舍跨度不宜超过9米。

c.门窗或卷帘要开闭自如,并保证严实,以保证冬天保暖。不同季节的通风靠门或卷帘开启的大小来调节。

d.不仅要有出气口,而且还要有进气口,换气时空气流动最好在进气口和出气口之间形成"S"状,一般进气口在下,出气口在上。

B.机械通风。用于封闭式鸡舍和半封闭鸡舍,完全依靠风机强制通风,有以下几种常用类型。

a.负压通风,靠风机抽出舍内污浊气体,形成负压,新鲜空气自动进入舍内。

b.正压通风,排风机将舍外新鲜空气强制送入舍内。

c.零压通风,也称联合式通风,送风与排风同时进行,风机负荷小。

机械通风应注意的问题:

a.用于全封闭或半封闭鸡舍,而且电力有保障的地区。

b.设计关键是科学地组织舍内气流运动的方向和速度,不同地区对肉鸡舍通风设计均有不同的目的或侧重面。高寒地区将冬季通风与保温协调统一;南方则在防暑降温上下功夫等。

c.要设应急电源,以防停电。

机械通风的优点是通风换气彻底、迅速,缺点是投资大、成本高。

光照:光照时间在不同日龄肉鸡群不同,出壳3天内光照强度应以10~20勒克斯为宜,其余时间以5勒克斯为宜。鸡舍面积4 W/米² 的照明即相当于 10 勒克斯的照度。

防寒保暖:鸡舍气温对鸡的健康和生产力影响最大。对预防寒保暖来说,鸡舍内温度设计参数应按各地区冬季 1 月份的舍外平均气温计算。肉鸡舍要求保温性能好。

隔热防暑:大部分墙体和屋顶都必须采用隔热材料或装置,尤其是屋顶部分,因为这是热交换地主要区域。材料的热阻越大其隔热效能就越强,可根据所用材料的热阻值求出墙壁或屋顶的总热阻值。

饲养密度;饲养密度与鸡舍环境有密切关系,它对舍内温度、湿度情况和光照、通风的效果等因素都有影响。饲养密度取决于肉鸡的饲养工艺和饲养方式。

三、肉种鸡舍器具设备

1.鸡笼

(1)鸡笼的组装:将单个鸡笼组装成笼组的形式。

全阶梯式鸡笼:上下两层笼体完全错开,常见的为 2～3 层。其优点是:笼底不需设粪板,如为粪坑也可不设清粪系统;结构简单;各层笼通风与光照面大。缺点是:占地面积大,饲养密度低,设备投资较多。

半阶梯式鸡笼:上下两层笼体重叠 1/4～1/2,下层重叠部分上方安装一定角度的挡粪板。其通风效果比全阶梯式差,但饲养密度较高。

重叠式鸡笼:养鸡场设备上下两层笼体完全重叠,常见的有 3～4 层,高的可达 8 层,饲养密度大大提高。其优点是:鸡舍利用率高,生产效益优。缺点是:鸡舍的建筑、通风设备、清粪设备要求较高,不便于观察鸡群,管理困难。

单层平列式:笼子的顶网在同一水平面,虽饲养密度大,鸡舍利用率高,但无明显的笼组之分及走道,管理与喂料困难。

(2)育成鸡笼:一般采用 2～3 层重叠式或半阶梯式笼。

(3)种鸡笼:种鸡笼有单层笼和两层人工授精鸡笼。前者为公母同笼自然交配。后者常用于人工授精的鸡场,原种鸡场进行纯系个体产蛋记录时也可采用。

2.饮水设备

饮水设备包括水泵、水塔、过滤器、限制阀、饮水器以及管道设施等。常用的饮水器类型有:

(1)长形水槽:一般可用竹、木、塑料、镀锌铁皮等多种材料制作成"V"字形、"U"字形或梯形等。水槽一般上口宽5～8厘米,深3～5厘米。槽上最好加一横梁,可保持水槽中水的清洁。每只鸡占有2～2.5厘米的槽位。水槽一定要固定,防止鸡踩翻水槽造成洒水现象。其优点是结构简单,成本低,便于饮水免疫。缺点是耗水量大,易受污染,刷洗工作量大。

(2)真空饮水器:适用于2周龄前雏鸡使用。由尖顶圆桶和直径比圆桶略大一些的底盘构成。圆桶顶部和侧壁不漏气,基部离底盘高2.5厘米处开有1～2个小圆孔。利用真空原理使盘内保持一定的水位直至桶内水用完为止。这种饮水器构造简单、使用方便,清洗消毒容易。它可用镀锌铁皮、塑料等材料制成,也可用大口玻璃瓶制作,适用于一般肉鸡场和专业户使用。其优点是供水均衡,使用方便。缺点是清洗工作量大,饮水量大时无法使用。

(3)乳头式饮水器:养鸡设备乳头式饮水器可节省劳力,并可改善饮水的卫生程度。但在使用时注意水源洁净、水压稳定、高度适宜。还要防止长流水和不滴水现象的发生。其优点是既节约用水,又有利于防疫,且不需经常清洗和更换。缺点是每层鸡笼均需设置减压水箱,不利于饮水免疫,材料和制造精度要求也较高。

(4)普拉松自动饮水器:适用于3周龄后肉鸡使用,能保证肉鸡饮水充足,有利于生长。每个饮水器可供100～120只鸡用,饮水器的高度应根据鸡的不同周龄的体高进行调整。

(5)杯式饮水器:其优点是可根据需要量供水,节约用水。缺点是水杯需经常清洗,且需配备过滤器和水压调整装置。

(6)吊盘式饮水器:优点为节约用水,清洗方便。缺点是需根据鸡群不同生长阶段调整饮水器高度。

3.喂料设备

包括贮料塔、输料机、喂料机和饲槽四个部分。贮料塔一般位于鸡舍的一端或侧面,饲料由输料机送到饲槽。

(1)链板式喂饲机:普遍应用于平养和各种笼养成鸡舍。它由料箱、链环、长饲槽、驱动器、转角轮和饲料清洁器等组成,链环经过饲料箱时将饲料带至食槽各处。

(2)螺旋弹簧式喂料机:广泛应用于平养成鸡舍。

(3)塞盘式喂料机:一台喂饲机可同时为 2～3 栋鸡舍供料。但塞盘或钢索折断时,修复麻烦且安装技术水平要求高。

(4)喂料槽:平养成鸡应用得较多。可制成大、中、小规格的长形食槽。

(5)喂料桶:是现代养鸡业常用的喂料设备。

(6)斗式供料车和行车式供料车:多用于多层鸡笼和重叠式笼鸡舍。

4.清粪设备

鸡舍内的清粪方法有分散式和集中式两种。目前采用的机械清粪机有刮板式清粪机、输送带式清粪机,高床定期清粪。推荐采用机械清粪方式,鸡舍过道宽度为 100～120 厘米。粪沟宽度,按照所使用的鸡笼类型(鸡笼分全阶梯式和半阶梯式)设计,注意最底层笼前沿与粪沟线在同一条线,防止鸡粪落在走廊,影响防疫。粪沟深度,一般前高后低,形成微型坡度(0.15%放坡):粪沟末高以刮出的粪不能溢出地面为原则,一般 100 米鸡舍不低于 50 厘米。养鸡设备粪沟末端与外界相通,尽可能一次性将粪刮出舍外。

(1)牵引式刮粪机:一般由牵引机、刮粪板、框架、钢丝绳、转向滑轮、钢丝绳转动器等组成。主要用于同一平面一条或多条粪沟的清粪,相邻两粪沟内的刮粪板由钢丝绳相连。也可用于楼上楼下联动清粪。该机结构比较简单,维修方便,但钢丝绳易被鸡粪腐蚀而断裂。

(2)传送带清粪:养鸡场设备常用于高密度重叠式笼的清粪,粪便经底网空隙直接落到传送带上,可省去承粪板和粪沟。采用高床式饲养的鸡舍,鸡粪直接落于深坑中,一年后清理积粪,非常省事。

5.通风设备

密闭鸡舍必须采用机械通风。根据舍内气流流动方向,可分为横向通风和纵向通风两种。横向通风,是指舍内气流方向与鸡舍长轴垂直。纵向通风,是指将大量风机集中在一处,从而使舍内气流与鸡舍长轴平行的通风方式。近年来的研究实践证明,纵向通风效果较好,能消灭和克服横向通风时舍内的通风死角和风速小而不均匀的现象,同时消除横向通风造成鸡舍间交叉感染的弊病。常用的有:低压大流量轴流风机、养鸡设备环流风机、屋顶风机等。

6.供暖保温设备

只要能达到加热保温的目的,电热、水暖、气暖、煤炉甚至火炕、地炕等加热方式均可选用。鸡场常用供暖保温设备有:地上烟道、地下火道、煤炉保温、保温伞供温、红外线灯泡育雏、远红外加热供温、暖气加热、热风炉等。但要注意煤炉加热时易发生煤气中毒,必须加烟囱;鸡舍建筑设计时应考虑墙体和屋顶保温隔热处理。

7.降温设备

有湿帘降温设备、湿帘风机、喷雾降温系统等。在自然界水分蒸发会降低温度;湿帘在波纹状的纤维纸表面有层薄薄的水膜,当室外干热空气被风机吸抽穿过纸垫时,水膜上的水会吸收空气中的热量进而蒸发成为水蒸气,这样经过处理后的凉爽湿润的空气就进入室内了。湿帘降温原理正是利用了风机与湿帘的有效组合,人为再现了自然界水分蒸发降温这一物理现象达到降温目的。

第四节　健康养殖商品肉鸡不同饲养方式建筑设计

健康养殖商品肉鸡生产,首先要按照国家、地方的统一规划及无公害食品、绿色食品、有机食品生产原则,合理规划鸡场,进行场址选择,通过合理布局,确保肉鸡生产基地与周围环境之间协调。健康养殖商品肉鸡生产中肉鸡生产场空气质量、人畜饮用水质量和土壤质量等均应符合标准,然后再规模化、集约化肉鸡生产基础上,进行场内设计。整个养鸡场建设要围绕安全防疫、高效便捷、性能可靠的目标,注意节约降耗、减少污染、场房和设备的标准化配套、选址与产业链的衔接等,并加强饲养人员的培训学习。

一、肉鸡场总体设计

(1)规模设计,根据自己的经济实力和主观愿望,确定肉鸡养殖的发展规模。为了更有效地利用现代化的养殖设施和设备,一般每栋鸡舍按照 1.5 万～2 万只设计,每个养殖场 6～10 栋鸡舍都是可行的,也就是现代健康养殖的规模每个批次 9 万～20 万只不等,规模太小影响养殖和经营效益,规模太大对于供雏、防疫、管理、出栏等都会造成很多不便和风险。也有的人喜欢大规模养殖,到底多大规模才算大? 100万? 不管规模多大,一个基本的原则就是能在 3～4 天之内能上完苗(这需要相当规模的种鸡场作为源头保障),同时也要求相当规模的屠宰厂作为配套资源,否则规模太大,进雏和出栏会拖拉的时间很长,从生物安全的角度来讲无疑是一场灾难,另外规模太大对免疫和管理来讲也有很大的难度和不确定性。

规模设计在很大程度上受土地、资金、种苗、屠宰等资源和条件的严格限制,不能违背客观条件而盲目发展。国内已经有很多失败的例子,希望对发展规模养殖的朋友有所警戒和借鉴,毕竟规模养殖也是要关注健康和风险的。

(2)整体布局和占地,当确定养殖规模以后,在选址时充分考虑基本养殖所需要的面积和尺寸,如果考虑到绿化带和防护林甚至考虑到以后可能会扩大规模的化,也可以适当地多征用一些土地。一般来讲4 栋 30 亩、6 栋 45 亩、8 栋 60 亩是比较适宜的。至少在整体规划中不会受到难为。根据一般建场的经验,鸡舍一般要求长120米,宽13米,鸡舍间距在10～15米,如果不需要侧向通风,鸡舍间距可以在2～4米即可,有的地方为了降低建场投资和提高保温效果,可以建造联体鸡舍。考虑到净道和污道的出入方便,基本要求土地的宽(一般要求东西向)至少是150米,而长(一般为南北向)可以在180～300米为宜。

考虑到国家对土地的保护和控制,根据各地的具体情况和土地政策,一般不要占用基本农田,土地要远离村庄、道路、污染源,考虑到建设投入和运营成本,要求所选择地块基本上具备"三通一平"的条件(水通、路通、电通、地面平整),如果能同时具备有线网络和电视信号的地块更好,另外要考虑所选地块的自然条件,地势高燥、背风向阳、适合花草、蔬菜和树木生长的地方优先考虑。

(3)配套设施,现代养殖成功的保障在于环境控制和先进设备的自动化,如供暖系统(暖风炉＋引风机＋风道＋水暖片)、通风降温系统(侧向风机＋侧窗＋纵向风机＋湿帘和配套水循环系统)、供水系统(水井＋备用水井或蓄水池＋变频水泵＋过滤器＋加药器＋自动乳头式饮水线)、供料系统(散装料车＋散装料仓＋主料线＋副料线＋料盘)、供电系统(高压线＋变压器＋相当功率的备用发电机组)、加湿系统(自动雾线或专用加湿器)、网上养殖(钢架床＋塑料垫网或养殖专用塑料床)等。

(4)附属设施,服务房(卫生间、淋浴间、宿舍、餐厅、仓库、办公室、兽医室、化验室、车库等)、污水处理池、粪便发酵处理池、病死鸡焚烧炉、鱼塘等。

(5)养殖模式与投资设计,地面养殖要求鸡舍低一些,投资也会节省一些;如果是网上养殖,鸡舍要抬高30～50厘米,网架和塑料垫网要增加1/5～1/4的投资,另外还要准备足够的可供周转的流动资金(主要是用于采购鸡苗、饲料、燃料、疫苗、药物、低值易耗品和预交水电费等)。

(6)人员设计要关注三个方面,即健康(健康的员工是保证健康养殖效果的基础条件,健康的心态＋健康的追求＋健康的体魄)＋中龄

（已婚的中年人具备更强烈的家庭和社会责任感，也是人生年富力强的黄金阶段）＋专业（智能化＋精细化＋规范化劳动力），同时养殖定额在3万～4万只/人（两个人轮流值守，每6小时换班一次；每人承包一栋鸡舍的做法是不安全的，因为任何人都需要休息，两栋鸡舍为一个考核单元是成功的。基本原则就是鸡舍内没有值班空白，尤其是在育雏、免疫、用药、高温、应激、出栏等关键时候，鸡舍内的值守是至关重要的），每个场配备一电工（专业＋上岗证）和一个炊事员（健康＋厨艺），在冬季可以考虑每4栋鸡舍增加一个专门的司炉工（责任心强的季节工），确保暖风炉的正常和高效运作。

二、肉鸡舍建筑设计与施工要求

1.土建

（1）图纸设计，在同行业肉鸡养殖场建筑设计的基础上结合使用情况并参照国外发达国家的设计模式进行修正，按照建筑行业的设计规范和付费标准在专业建筑设计人员的参与下绘制施工图纸。图纸要简单明了，能让建筑施工单位一目了然，避免由于看错了图纸而导致不必要的麻烦，国内很多大的一条龙企业都有这方面的经验。

（2）建筑招标与合同，根据图纸要求和预算，对建筑施工队进行招标，在工期紧张的情况下可考虑分段招标，让多个建筑队同时进入，以免遇上阴雨天气而延误工期。招标采用公开透明的做法，同时对建筑队的资质和信誉进行考察，中标单位要签订建筑施工合同和相关补充协议，内容涵盖材料（品种、规格、价位）、进度（预定与约定工期，因天气等不可抗拒原因导致工期拖延的要酌情扣除，否则要承担因工期延误所造成的部分的直接或间接经济损失）、质量监督（监工和施工同步进行）、付款约定（原则上付款进度要参照施工合同和施工进度拨付）、工程验收（专业人员负责验收并进行决算审计）、质保项目（部分易损、易坏、风险性高的项目）、质保期限（参照国家和行业标准执行）、质保金（原则上在工程结束后要预留部分质量保证金，用于应急维修或质量保证,到约定期限没有质量问题和隐患的要按照事先约定清欠)等方面的内容。

建筑施工阶段如有变更的地方,经双方确认后要签订建筑施工变更协议或补充规定,以免发生不必要的纠纷。凡是多页合同文本的要在文本边缘盖启封章,以免单方面更改内容导致说不清的纠纷。

(3)建筑材料把关,根据建场的实际需要与当地原材料的供应情况,指定建筑施工所需要的主要材料如砖(出于环保和节能需要,现在机制红砖已经很少生产和使用了,而水泥石子或炉渣压制的环保砖和空心砖开始成为主导)、水泥、钢筋、保温材料、防水材料等,明确注明所用材料的规格、质量、标号、价格、数量、使用比例等,尤其不能使用假冒伪劣建筑材料,否则对以后的生产运营将是重大安全隐患甚至是灾难。

(4)施工进度,不考虑天气原因,一般要求土建施工为 20～30 天,可根据建设规模确定建筑队和施工人数,工期拖延势必会导致开办费用的增高。

(5)付款进度,在建筑施工过程中,施工队要垫付部分原料款,然后根据施工进度可以随时协议付款,也可以分 3～4 次付清。

(6)工程验收与质保金,土建结束后要重点验收门口、窗口、风机口是否符合规定尺寸,各类图纸上表明的管线出入口和下水管道出口是否符合要求,舍内地面和散水台的混凝土厚度,水泥标号等是否符合建筑标准等。当我们在施工中有建筑施工质量监督员的时候,就很容易验收,能避免很多麻烦和质量事故。验收完毕预留 5% 的质保金,一般在一年后结清,个别情况下可以充当维修费使用。

2.房顶

房顶的施工很多时候是和土建结合在一起的(因为房顶施工中的很多预埋件都是在土建中完成的,二者的衔接要在合同中有明确的规定);有时也可以由专业建筑施工队承担,相关的手续和流程基本上和土建施工相似。

(1)钢结构,按照图纸的设计要求,对钢管、钢筋、预埋件、电焊条、防锈处理等进行严格的要求和监督，特别是在施工过程中对焊接点的要求和处理标准来不得丝毫的马虎，预埋件的规格、尺寸、间隔等要标示清楚并能准确施工。

（2）保温板，保温板的规格和型号很多，根据养殖对保温隔热的要求，不仅对保温板（聚苯板）的厚度有要求（7.5～15 厘米），同时对保温板的密度也有要求（12～16 千克/米³），同时为了减少保温板之间的缝隙，建议选用相对大尺寸的材料，具体方案受到地域气候特点和保温需要的影响，要因地制宜不搞一刀切。

（3）防水材料，防水材料是鸡舍顶部最外面的一层，要求防水、防晒、抗老化、耐低温（山东地区一般选用负 10 号的防水材料，在东北地区用更耐低温的型号），防水材料的厚度一般要求 3～5 厘米。质保期根据厂家的约定具体签订质保协议。现在还流行一种防水处理方法，就是在保温板之外用玻璃丝棉固定、外层是无纺布（用钢丝或竹竿压实拉紧），在无纺布上喷一层水泥胶（水泥＋胶）。

（4）顶棚，为了提高鸡舍顶部保温隔热的性能和更好地保护顶部的钢架结构不受腐蚀，在鸡舍内用一面是塑料压膜的编织袋吊置顶棚很成功。顶棚除了上述作用外，还能增加鸡舍内部的有效通风空间，改善舍内的通风换气效果。顶棚结构会影响到通风效果。

也有的厂家在房顶建造完成以后直接对保温板的缝隙进行内喷涂处理，通过聚氨酯发泡处理包埋棚顶缝隙和钢构，真正做到浑然一体和保温防腐。

（5）防风处理，除了对防水材料进行严格的热处理黏合外，还要用钢丝等封压四周和顶部，以免局部开裂而被大风吹开造成不必要的麻烦和意想不到的损失，必要时用钢丝＋膨胀螺栓固定防水材料。

3. 网架

（1）支架，大多是用角钢焊接而成，也有采用水泥檩条、竹竿、方木等做支架的。

（2）床面，10～12 号的钢筋焊接而成；16～18 号的冷拔钢丝拉扯而成；竹排床面（双面刨光）；木头床面（双面刨光）等等，因地制宜、就地取材、使用方便、价格便宜。

（3）垫网，网孔大小适中富有弹性的塑料垫网。当床面致密的时候，垫网的网孔适当大一些（一般不超过 2 厘米×2 厘米）；当床面稀疏的时候，垫网的网孔适当小一些（1.5 厘米×1.5 厘米）。既适合肉鸡生长发育，又利于粪便漏下。

4. 供电线路设置

根据设备厂家的要求，对能提前预留的线路管道，最好在施工时就做预埋或穿管处理，以免在线路铺设时频繁挖掘或打洞而劳民伤财。

5. 供水管道设置

包括进水口、出水口、下水道以及管道接口的处理都要准确无误（位置、尺寸等），确保在后续设备安装过程中尽量不要因为使用不便和漏水而再次破坏土建工程。

三、肉鸡养殖场的设备

1. 风机

（1）纵向风机，一般都是安装在鸡舍远端（污道一侧），负压通风，风机数量在 6～8 个，如果是安装 8 个，往往会受到鸡舍建筑尺寸的限制，有两个要安装在侧墙上（远端）。风机功率在 1.1～1.4 千瓦/台。纵向风机的作用主要是满足肉鸡养殖后期和炎热季节对通风换气和散热降温的需要。

（2）侧向风机，均匀分布在鸡舍的一侧，负压通风，风机数量在 4～6 个。功率在 0.2～0.4 千瓦/台。侧向风机主要是满足育雏期家禽对缓和通风换气的基本需要，在寒冷季节养殖也会主要依赖侧向风机的通风换气，在我国北方冬季养殖是很少使用纵向风机的。侧向风机和纵向风机的有效组合支撑着整个通风换气系统的正常运转。

2. 湿帘

（1）纸帘，分国产纸帘和进口纸帘两种，现在普遍认为进口纸帘比较好，耐用、不变形，正常使用寿命都在十几年以上。

(2)水循环系统,水泵、进水管、喷雾装置、回水管、水罐或水池。

(3)湿帘的作用主要是夏季防暑降温。特别在干热天气降温效果非常好(能有效降温6~8℃),如果是湿热天气则效果会打折扣甚至没有明显的降温效果。湿帘降温的原理是干热风通过湿帘,导致水蒸发吸热,从而使干热空气变成湿度相对大一些的低温空气。影响湿帘降温效果的因素,湿帘的厚度(湿帘厚度大能增加热空气降温的时间和效果)、风速(湿帘的面积一般是最大排风口面积的两倍以上,能使风速不至于过快而影响到降温效果)、空气湿度、循环水的温度(必要是在循环水中加入冰块有助于改善降温效果)等。

3.暖风炉

暖风炉的作用主要是供暖,分为烟道和暖风道两条线路,非常值得注意的是烟道不能漏烟,同时安装时尽量避免烟道和暖风道隔顶棚太近,以免高温或漏烟而引发火灾。现在也有的暖风炉附带有水暖设施并具备加湿功能(产生蒸汽),这对健康育雏是有贡献的。

4.水线

选用国产的或进口的自动饮水线,进口的乳头质量要好很多(耐用、不滴漏),过滤器和加药器是必备的(也是易损易坏的,要随时准备好备用配件,以免影响生产),目前国产的水线、料线也有很大的改善,从某种意义上来讲已经是物美价廉了(现代养殖的发展对推动畜牧机械行业的发展起了巨大的推动作用)。

5.料线

料线分为主料线和副料线,主料线安装的部位和角度很重要,以免螺旋和管壁造成不必要的损害,主料线的任务是把饲料从料仓打到鸡舍内副料线料斗内;副料线是鸡舍内的水平料线,根据鸡舍内的养殖情况及时准确地调整料位器的位置,其任务是把饲料从料斗打到每一个料盘内。

6.散装料仓

现代健康养殖的自动化首先就是解决了人工喂料的问题,散装料仓是自动喂料系统必不可少的一部分,可以一栋鸡舍一个,也可以两栋鸡舍共用一个。为了便于考核,建议还是每栋鸡舍一个散装料仓比较好;如果是两栋鸡舍合用一个料仓,不仅考核分不清,关键是到了养殖后期肉鸡采食多的时候,因为饲料生产、道路、天气原因而影响拉料时,由于饲料储备不够容易导致饲料供给不足而影响增重。

四、场区绿化

1.围墙
考虑到投资比较大而且没有什么实际意义,参照国外的做法,现代化肉鸡养殖场建议不设围墙,考虑采用花椒树、刺槐、钩菊等代替围墙。当然受当地民风的制约,有些地方兴建现代化养殖场时,设置安全的围墙也是必要的。

2.道路两侧
道路两侧栽植冬青、小松柏、月季花等,并修剪整齐。

3.鸡舍之间
一般鸡舍之间的空闲地适合栽植速生杨、梧桐树、法桐等,既作为经济树种,又能遮挡风沙和改善局部小气候。

4.鸡舍两头
有条件的时候在鸡舍近端(净道)设置 10 米左右的防护林带,特别在夏季既利于空气净化又利于空气降温;在鸡舍远端(污道)预留 15 米左右的防护林带是必要的,否则纵向通风抽出的污浊的空气和粉尘会影响到周边的庄稼、蔬菜和果树等,从而引起不必要的纷争。

5.生活区
生活区的绿化主要是花树、花草、草莓、葡萄等。

6.空闲地
鸡场内在生活区周围会有面积比较大的空闲地,开垦起来种植一些时令的蔬菜和瓜果是很好的,自给自足既改善了员工生活,又吃着放心(安全无公害),比如芸豆、韭菜、茄子、辣椒、西红柿、黄瓜、脆瓜、楞瓜、扁豆、大葱、胡萝卜、青萝卜、地瓜、大白菜、土豆、山药等,如果设计好整个养殖场十几个人一年四季基本上是不用外出买菜的,同时也减少了与外界接触和污染的机会。

第五节　健康养殖肉种鸡场、舍设计实例

鸡舍建筑及其配套工程设施是养鸡生产成本的重要组成部分,如何降低造价,提高种鸡生产效益是本节着重讨论的问题,现简单介绍几种工艺设计、环境配套典型的种鸡舍建筑。

一、肉种鸡舍设计实例

1.肉种鸡平养鸡舍

肉种鸡容易过肥而影响产蛋,为控制其种用体况,多采取 2/3 的半高床面积,形成"两高一低"的棚架床面与地面相结合的平养鸡舍。连同产蛋箱的设置,形成三个高度梯度,促使肉用种鸡采食、饮水、交配、产蛋等活动跳上跳下,增加运动量,防止过肥,保持种用体况。

2.开放型可封闭鸡舍

1992 年烟台夹河养鸡场采用北京农业大学工艺技术兴建了两栋开放型可封闭祖代鸡舍,9 米跨度,南北两侧上层通风带为与鸡舍同长的大型双层玻璃钢通风窗,形若封闭鸡舍的墙面,下层开设地窗,春夏秋季通过调节巨形墙窗开启程度大小,以横向通风的方式来调节舍内环境;冬季将巨形墙窗关闭封严,以大型农用风机(53 000 米/小时)组织通风换气;夏季将巨形窗全部打开,并开启地窗加强对流,达到通风降温效果。开放型可封闭的全功能鸡舍建筑形式,兼备了开放型、封闭型两种建筑形式的优点,克服了二者的缺点。在通风技术上可谓自然通风与机械通风、横向通风与纵向通风双重结合,经过极端气候条件下舍内各项环境指标测定,各环境因子均符合标准。

3. 连栋鸡舍

这种鸡舍取消了相邻鸡舍间的间隔,各单体鸡舍仅以一墙相隔,实行纵向通风、屋顶采光,并在屋顶上设置应急洞口。由于连栋鸡舍外围护墙面减少,隔墙无需保温,从而降低建筑造价。连栋鸡舍在建筑形式上为封闭型,但可根据各地气候条件的不同来决定采用人工光照或自然光照,这样就可以减少对电能的依赖性,可以大量节约用电,并可节省占地面积。

1994 年,在农业部山东蓬莱良种肉鸡示范场首次建造了 1 座有 16 连栋的育成鸡舍和 2 座 18 连栋的肉种鸡舍(产蛋舍)。每一连栋鸡舍即为一个分场,采用整场全进全出、肉种鸡全程笼养、人工授精新工艺。其连栋鸡舍均采用砖混结构,四周墙体和隔墙均采用砖墙(其中四周为 370 墙,内隔墙为 240 砖墙)。育成鸡舍每栋鸡位 3.5 万只,经冬夏两季环境测试,各单体鸡舍内环境条件极为相似。夏季开动两台 50 000 米^3/小时的大风机,舍内鸡体附近风速为 1.1~1.4 米/秒,进、排风口温差在 1℃ 以内;冬季间歇开动一台风机,并利用应急洞口来均匀进气,舍内温度可保持在 15℃ 左右,而氨气浓度在 1×10^{-5} 以下。整栋舍内温度场比较均匀,环境条件相近,有利于保持鸡群的整齐度,从而有益于整场全进全出。

对产蛋鸡分场来说,鸡舍屋面采用当地产的 6 米×115 米的大型槽型屋面板。这样,每一单体鸡舍的跨度定为 6.0 米,长度为 56 米。每一单体可安装 2 个 2 层阶梯半架笼和 1 个整架笼,饲养 1 952 套肉种鸡。每一单体(单栋舍)均为 2 个饲养员的工作量,各单体间互不干扰,管理较方便。在屋顶设有自然光采光带,每隔三块屋面板(即 3× 1.5=4.5 米)宽设一道采光带,采光带宽度为 600 毫米。每一单体采用纵向机械通风方式来解决冬、夏季的通风换气与降温问题。屋顶还设有应激风帽,用于停电时的自然换气和冬季进气之用。清粪方式为人工清粪,每栋舍每 3 天可轮流清一次粪。夏季该肉种鸡场成年鸡产蛋舍的通风系统与运行方式为:每一单栋舍采用 2 台 9FJ214.0 低压大流量节能风机(天津永升五金电器厂产)进行纵向机械通风,进风口主要有门和门两侧的进风窗（总面积共约 11 米²）。在夏季纵向通风条件下，舍内横断面上的温度分布较均匀，同一横断面上的垂直与水平温差均不超过 0.6℃，由此可以认为，夏季进入舍内的新鲜空气与原舍内空气得到了充分混合。从进风口到排风口的纵向温差也只在 1.0～1.5℃ 范围内。因本连栋鸡舍采用屋顶采光，故舍内的光照度分布也是影响舍内环境好坏的一个重要因素。因采用玻璃钢作采光材料，透进来的光都是散射光而没有直射光，在实际运行中并未发现鸡的啄肛、啄羽等异常行为现象。

对山东蓬莱建成的三栋连栋鸡舍，经过 18 万套艾维茵肉种鸡笼养的饲养效果验证，其育成合格率达到 95%；夏季开产的鸡群高峰产蛋率达到 86.9%，产蛋率 80% 以上维持 10 周，总体生产成绩好于传统的单栋鸡舍，取得了较为满意的实际生产应用效果。

二、规模化养殖鸡舍工艺设计实例

1.肉种鸡舍规模设计（8 000 套左右）

（1）基本设计：全密闭一段制两高一低饲养。

（2）鸡舍建筑尺寸：肉鸡舍宽度为 12 米，长度 120 米，舍高度 2.7 米。

（3）建筑设计：建议选用砖瓦结构，地面硬化。

（4）设计离地棚架高度 37 厘米。

（5）安装自动喂料系统。

（6）安装自动饮水系统。

（7）安装自动光照系统。

（8）安装产蛋箱。

（9）安装降温湿帘。

（10）安装自动通风系统：采用横向通风和纵向通风相结合。

（11）垫料采取生物发酵技术。

2. 16 000 只规模肉鸡舍设计

(1)基本设计:全密闭一段制棚架饲养。

(2)鸡舍建筑尺寸:肉鸡舍宽度为 12～13 米,长度 100～130 米,舍高度 2.5～2.8 米。

(3)建筑设计:根据资金多少可以选择采用不同的材料。

(4)设计离地棚架饲养。

(5)安装自动喂料系统。

(6)安装自动饮水系统。

(7)安装自动光照系统。

(8)安装清粪机定期刮粪。

(9)安装自动通风系统:采用横向通风和纵向通风相结合。

思考题

1.健康养殖肉鸡场的建筑设计理念是什么?

2.健康养殖肉鸡场址的选择主要有哪些内容?

3.健康养殖肉种鸡建筑有哪些设计要求?

4.健康养殖商品肉鸡建筑有哪些设计要求?

第九章

健康养殖肉鸡生物安全与疾病防治

提要 本章主要介绍了健康养殖肉鸡疫病发生及流行规律、肉鸡生物安全控制措施、病毒病、细菌病、寄生虫病、营养代谢病、其他常见病、常见疾病的鉴别诊断、抗体检测与药敏试验、病例解剖技术和常见禽病的中草药防治。在生产中,可以根据不同疾病的病程和症状,采取中西医结合,给予综合防治。本章更重要的是做好生物安全各项措施。

第一节 健康养殖肉鸡疫病发生及流行规律

在肉鸡生产中,时常有疫病发生。肉鸡疫病是肉鸡机体与其周围环境的各种致病因素之间相互作用,发生的损伤与抗损伤的复杂斗争过程。这种损伤与抗损伤的矛盾贯穿于疾病整个过程,并对机体全身各器官系统发生影响,导致肉鸡的生产能力下降。有些疾病有传染性,有些则没有传染性。具有传染性的疾病是由病原体引起的,而不具有传染性的疾病不是由病原体引起的,后者通常称为普通病。

一、肉鸡疫病感染类型

1. 按感染的发生分

(1)外源性感染:指外界病原微生物侵入机体引起的感染,大多数传染病属于此类。

(2)内源性感染:由寄生在机体内的条件性病原微生物,在机体正常的情况下,它并不表现其病原性。但当受不良因素的影响,致使机体抵抗力减弱时引起的感染。

2. 按感染的部位分

(1)局部感染:由于肉鸡机体的免疫防御能力较强,而侵入的病原微生物毒力较弱或数量较少,病原微生物被局限在一定部位生长繁殖,并引起一定病变的称局部感染。如化脓性葡萄球菌。

(2)全身感染:倘若局部感染未能被机体防御系统有效控制,病原微生物冲破了机体的各种防御屏障侵入血液向全身扩散,并造成相应组织器官的病理损伤,则为全身感染。其表现形式主要有:菌血症、病毒血症、毒血症、败血症等。

3. 按病原的种类分

(1)单纯感染:由一种病原微生物所引起的感染,称为单纯感染或单一感染。

(2)混合感染:是由两种或两种以上的病微生物同时参与的感染。

(3)继发感染:是肉鸡感染了一种病原微生物后,在机体抵抗力减弱的情况下,又由新侵入的或原来存在于体内的另一种病原微生物引起的感染,称为继发感染,例如慢性新城疫常继发感染大肠杆菌等。

继发感染常为条件性病原微生物引起。混合感染和继发感染的疾病往往都表现严重而复杂,给诊断和防治增加了困难。

4. 按症状是否典型分

(1)典型感染:在感染过程中表现出该病的特征性临诊症状者,称为典型感染。如典型新城疫具有腺胃乳头出血等特征病变。

(2)非典型感染:表现或轻或重,与典型症状不同。如非典型新城疫仅有肠道出血或盲肠、扁桃体出血,严重者可有部分鸡表现腺胃乳头出血等病变。

5.按病程长短分

(1)最急性:病程短促,常在数小时或一天内突然死亡,无明显症状和剖检变化。如发生巴氏杆菌病时,有时可以遇到这种病型,常见于疾病的流行初期。

(2)急性:病情发展快,病程较短,短则数小时,长则2~3周,并伴有明显的典型症状,如急性传染性喉气管炎等。

(3)亚急性:介于急性型和慢性型之间的一种中间类型,病情发展缓慢,临诊症状较轻,病程3~6周。

(4)慢性感染:病情发展缓慢,病程常在1个月以上,临诊症状常不明显或甚至不表现出来,如结核病等。

传染病的病程长短决定于机体的抵抗力和病原体的致病力等因素,同一种传染病的病程并不是经常不变的,一个类型常易转变为另一个类型。例如急性或亚急性传染性喉气管炎可转变为慢性经过。反之,结核病等在病势恶化时亦可转为急性经过。

6.按临床症状分

(1)显性感染:入侵的病原体毒力强,数量多,且肉鸡机体的抵抗力不能有效地限制病原繁殖和损害,出现比较严重的病变,出现典型的临床症状。

(2)隐性感染:入侵的病原体毒力较弱,数量不多,且机体又具有一定的抵抗力,侵入的病原体只能进行有限的繁殖,损害较轻,不出现或只出现轻微的临床症状。

(3)一过性感染:开始症状较轻,特征症状未见出现即行恢复者称为一过性(或消散性)感染。

(4)顿挫性感染:开始时症状表现较重,与急性病例相似,但特征性症状尚未出现即迅速消退恢复,称为顿挫性感染。这是一种病程缩短而没有表现该病主要症状的轻病例,常见于疾病的流行后期。

7. 按病因分类

(1)传染病:通常把由细菌、病毒、衣原体、霉形体、真菌等病原微生物引起的、具有一定的潜伏期和临诊表现,并具有传染性的疾病称为传染病。

(2)寄生虫病:由各种寄生虫侵入体内或体表而引起的疾病称为寄生虫病。

(3)普通病:由一般性病因的作用或某营养物质缺乏所引起疾病称为普通病即非传染病。特点是没有传染性,体温一般不升高,包括营养缺乏病、代谢障碍病、中毒病以及其他因素引起的疾病。

二、肉鸡疫病发生的必要条件

肉鸡疫病发生与发展的条件:一是存在病因,没有"因"就无所谓"果";二是有对"因"易感的鸡,无易感鸡,"因"也就无从发挥作用产生"果";三是传染病的传染需要一定的传播途径;四是适宜的外界条件,条件适宜会直接或间接的影响疫病的发生与发展。因此,病因、易感鸡、传播途径及适宜的外界条件的配合,是鸡病发生的必要条件。

1. 病因

(1)病原体(传染病):自然界存在着成千上万各种各样的微生物,其中有一部分微生物能以各种方式侵入机体内,以其固有的毒力突破机体的防御屏障,到达体内一定的组织进行生长繁殖,并产生对机体有毒害作用的代谢产物(如毒素),使被侵害的组织出现病变。继而可使被感染的鸡只出现不同程度的临床症状。这种具有致病作用的微生物,就叫做病原微生物又称病原体。病原微生物包括细菌、病毒、支原体、衣原体、真菌、寄生虫等。如禽霍乱、鸡白痢的病原体属于细菌;禽流感、鸡新城疫的病原体属于病毒等。

但并不是所有的病原微生物都能够引起鸡只发病,就病原微生物而言,要引起发病传染,必须具备 3 个条件:

①要有致病性和一定的毒力。

a.致病性：又称病原性，是指一定种类的病原微生物，在一定条件下，能在宿主体内引起传染过程的特性。病原微生物的致病性是对宿主而言的，有的仅对人有致病性，有的仅对某些动物有致病性，有的兼而有之。病原微生物不同引起宿主机体的病理过程也不同，如新城疫病毒引起禽新城疫，典型病变为腺胃乳头出血；法氏囊病毒引起禽法氏囊病，典型病变为法氏囊肿大出血。致病性是微生物种的特征之一。

b.毒力：指同一种病原微生物的不同菌株或毒株的致病性在程度上的差别，如无毒、弱毒及强毒等。毒力是病原微生物的个性特征。毒力由侵袭力和毒素构成。侵袭力是指病原体突破机体的防卫屏障，在体内生长、繁殖、扩散的能力。毒素是病原微生物在生命活动过程中产生的、对机体具有毒性作用的特殊物质，可大大增强微生物的毒害作用。侵袭力的大小、毒素的性质和数量，决定着毒力的强弱。

没有病原性根本就不能致病，有了病原性而没有足够的毒力，也不能引起传染。如新城疫病毒的强毒株能引起传染，但它的弱毒株对成年鸡就无致病能力。

②侵入机体内的病原体要达到一定的数量。感染的发生，除了病原微生物具有一定的毒力外，还需有足够的数量。一般来说，毒力愈强，发生感染需要的微生物数量愈少；毒力愈弱，则需要微生物数量愈多。有时，病原微生物的毒力虽强，但侵入易感鸡的数量很少，也不能引起感染，因为少量的病原微生物很快被机体的防御系统所消灭。

③病原体要有适当的侵入门户。病原微生物由传染源排出进入机体，必须有一定的传播途径，否则即使有致病性、一定的毒力、足够的数量，亦不致感染。如鸡白痢、鸡伤寒经消化道引起感染，经创口感染无害；传染性支气管炎、传喉则主要从呼吸道引起感染。

(2)营养物质与营养代谢病：营养物质是维持鸡体正常生长发育和高产性能所必不可少的，同时在提高鸡的抗病力、预防疾病发生过程中也起着非常重要的作用。但集约化养鸡条件下，有时由于饲料的配制或储存不当，常引起某些营养性代谢疾病。主要表现在以下几个方面：

①营养摄入不足:饲料中必要的营养物质(维生素、微量元素或蛋白质)缺乏;长时间投料不足;各种应激条件(发生疾病,接种疫苗,惊吓过度,气温异常,湿度过高等)下长时间采食不足,都会引起营养缺乏病。

②营养需要增多:肉鸡在生长旺盛期或感染慢性消耗性疾病所需的营养物质将大量增加,常引发营养代谢性疾病。

③营养消化吸收不良:见于两种情况,一是消化吸收障碍,如慢性胃肠疾病、肝脏疾病;二是饲料中存在干扰营养物质吸收的因素,如磷、植酸过多降低钙的吸收等。

④某些营养过剩:为提高肉鸡生产性能,盲目采用高营养饲喂,常导致营养过剩,如蛋白过多,引起痛风;高钙日粮,引起锌相对缺乏等。

⑤某些营养比例失调:营养比例失调,引起机体对某种营养物质吸收不良,如钙、磷比例失调,易造成软骨症。

(3)毒物与中毒性疾病:饲料及饮水受霉菌毒素或农药的污染以及长期大量应用某些药物等易引起中毒性疾病。毒物的种类虽然繁多,但一般经采食、饮水、呼吸、皮肤或黏膜接触等途径进入体内,有的可能经注射或投药的情况下发生,也可能由于鸡在病态下的异常药理效应。毒物一次性进入体内的量过多时,可引起急性中毒;毒物多次、少量进入体内时,可引起蓄积中毒。

(4)应激因素:应激是指鸡体对外界刺激所产生的非特异性反应,是能引起机体或精神紧张的物理、化学或精神因素,并可引发疾病,如高温、寒冷、阴雨、噪声、有害气体、光照过度或不足等都可对鸡产生应激。根据应激来源不同,一般把应激分成生理性应激、环境性应激和社会性应激三类。

生产中鸡群每天都遇到各种轻微的应激,但并不是每一种应激因素的存在都会使鸡发病,一种因素只是对鸡产生一定的不良作用。每只鸡对外界刺激都有一个承受临界点,当某一应激因素作用强或时间持续长,或者多个应激因素叠加,达到或超过了鸡的承受临界点时,机体抵抗力下降,导致疾病发生。超过此临界点,任何新的应激因素,即使是一个强度较小的刺激,也可使该鸡发病。例如,一只鸡仅饮水不足,它可通过体内一系列的代谢补偿而不发病,如果再加上空气污浊、采食不足,诸多因素的叠加就可能使该鸡达到承受临界点,如再遇到寒冷,鸡就难以承受而导致发病。

2.传播途径

病原体由传染源排出后,经一定的方式再侵入其他易感鸡只所经的途径称为传播途径。根据病原体更换其宿主的主要方式,传播途径可分两大类。一是垂直传播,病原体经卵巢、子宫内感染而传播到下一代即为垂直传播。例如:鸡白痢、鸡伤寒、败血霉形体、脑脊髓炎、大肠杆菌病、白血病等。二是水平传播,病原体经消化道、呼吸道或皮肤黏膜创伤等在群体之间或个体之间以水平形式横向平行传播。鸡的大多数传染病是水平传播的,如禽流感、鸡新城疫、传染性鼻炎、葡萄球菌等。

水平传播在传播方式上可分为直接接触和间接接触传播两种。

(1)直接接触:在没有任何外界因素的参与下,病原体通过被感染的病(死)鸡与易感鸡直接接触而引起的传播。如交配、争斗等。

(2)间接接触:必须在外界环境因素的参与下,病原体通过传播媒介使易感鸡只发生传染的方式。传播媒介可能是生物,也可能是无生命的物体。间接接触一般通过如下几种途径传播:

①经蛋传播:在蛋的形成过程中,有些存在于卵巢或输卵管内的病原体进入蛋内;蛋经泄殖腔排出时,有的病原体可附着在蛋壳上;一些蛋通过被病原体污染的各种用具和工作人员的手而带菌带毒。病原体进入蛋的多少,主要取决于蛋的污染程度、蛋的储存温度、蛋壳的完整情况、气温高低、空气湿度大小以及病原体的种类等条件。

②经空气传播:以呼吸道为主要侵入门户的传染病。有些病原体存在于鸡的呼吸道中,呼吸道内往往积聚不少渗出液,刺激机体产生喷嚏,很强的气流把带有病原体的渗出液从狭窄的呼吸道喷射出来,形成飞沫飘浮于空气中,被健康鸡吸入而发生感染;有些病原体随分泌物、排泄物或处理不当的鸡尸排出,干燥后,由于空气流动的冲击,使得带

有病原体的尘埃在空气中飘扬传播到较远的地方,被其健康鸡群吸入而导致感染。如鸡流感、新城疫、传支、传喉、传鼻、败血霉形体、霍乱等。

③经污染的饲料和饮水传播:以消化道为主要侵入门户的传染病。鸡的大多数传染病,是由被病原体污染的饲料和饮水,经鸡采食进入体内而感染。发病鸡或带菌(毒)鸡的分泌物、排出物和病死鸡尸体等可直接进入饲料和饮水中,或由通过污染加工、贮存和运输工具、设备场所及工作人员而间接进入饲料和饮水中。而被霉菌及其毒素或其他毒物所污染的饲料,则是鸡曲霉菌病及中毒病的最常见原因。

④经污染的土壤传播:随病禽排泄物、分泌物或其尸体一起落入土壤而能在其中生存很久的病原微生物可称为土壤性病原微生物。易感鸡只接触被污染的土壤而被感染。

⑤经垫料和粪便传播:病鸡的粪便中有大量的病原体,而病鸡使用过的垫料会被含有病原体的粪便、分泌物和排泄物污染。如沙门氏菌病,各种寄生虫卵等。

⑥经活的媒介物传播:经非本种动物(如节肢动物中苍蝇、蚊子、蟑螂、蚤、螨、虱和蜱等)传播,如鸡痘。

3.易感鸡群

易感性即鸡群对于每种疫病感受性的大小,即鸡群对疫病抵抗力的大小。病原体经过一定的途径侵入鸡体后,能否导致发病,主要取决于鸡的易感性。鸡群易感性的高低虽与病原体的种类和毒力强弱有关,但主要还是由鸡的遗传特性、营养管理水平和特异性的免疫状态决定。

(1)鸡群的遗传特性:鸡的种类不同,对同一种病原的敏感性不同,如肉仔鸡比蛋鸡易感鸡传染性贫血因子。鸡的日龄不同,对某些病原的敏感性也有差异。如雏鸡对沙门氏菌、法氏囊病毒的易感性较强。

(2)鸡群的营养管理水平:营养管理水平的高低对鸡群的易感性和病原体的传播也起着重要作用。如寒冷易引发禽流感、传支、传喉、慢性呼吸道病等;饲料中缺乏维生素 B,鸡对大肠杆菌的易感性增加;鸡缺乏维生素 C,对葡萄球菌、链球菌等抵抗力显著降低。

(3)鸡群的特异性免疫状态:免疫包括自然免疫(主动免疫)、人工免疫(被动免疫)。

①自然免疫:鸡群对某疫病易感性高的个体易于死亡,耐过鸡或经过无症状传染的都获得了特异性免疫力。所以在发生流行之后该地区鸡群易感性降低,使疾病停止流行。

②人工免疫:针对本地区流行的疫病,进行预防性投药和免疫接种,可提高鸡群对疫病的抵抗力和特异性的免疫力,降低易感性。一般鸡群中如果有 70%~80% 的具有抵抗力,疫病就不会发生大规模的暴发流行。

(4)环境条件:鸡传染病的流行过程,必须具备传染源、传播途径及易感鸡群三个基本环节。只有这个基本环节相互连接,协同作用时传染病才有可能发生和流行。保证这三个基本环节相互连接、协同起作用的因素是活动所在的环境条件,即各种自然因素、社会因素和饲养管理因素。它们通过对传染源、传播途径和易感鸡群的影响作用而发生的。

①自然因素:包括气候、气温、湿度、大风、沙尘、大雾、阳光、地形、地理气候因素与地理因素。它们分别作用于传染源、传播媒介和易感动物。如大雾天气,舍内气压变低,空气流通不畅,有害菌和病毒随着大雾水蒸气雾粒飘入鸡舍,被鸡吸入体内造成疫病的局部流行。大部分虫媒传染病和某些自然疫源性传染病,有较严格的地区和季节性,如夏秋季节易发生白细胞原虫病、鸡痘等。

②社会因素:主要包括社会制度、生产力和人民的经济、文化、科学技术水平以及贯彻执行法规的情况等。它们既可能是促进疫病广泛流行的原因,也可以是有效消灭和控制疫病流行的关键。严格执行兽医法规和防治措施是控制和消灭疫病的重要保证。

③饲养管理因素:鸡舍的建筑结构、通风设施、垫料种类等都是影响疾病发生的因素。

鸡舍内的小气候对疫病发生有很大影响：

温度：在早期雏鸡饲养中至关重要。低温不仅使维持需要增多，料肉比增高，而且是造成疫病流行的主要诱因。如舍温如果很短的时间降低到正常温度5℃以上，哪怕仅30分钟，鸡群12小时内便会出现甩鼻、咳嗽、气喘等呼吸道症状。高温也会导致大量的细菌传染和呼吸道疾病的发生。

湿度：低湿的环境易使鸡体内水分大量散失，饮水量增加，采食量减少；高湿能促进病原微生物（真菌、细菌、病毒、寄生虫）的繁殖，提高发病率；低温高湿，鸡体内热量易散失、抵抗力降低，易患各种呼吸道病；高温高湿热量散不出去，易造成热应激或中暑。

空气质量：空气中有许多有害气体，如氨气、硫化氢、二氧化碳和浮尘。氨气、硫化氢浓度过大，引起呼吸困难、眼角膜发炎；二氧化碳浓度过大，易造成鸡的软腿、腹水等疾病。

光照强度：过强造成鸡群神经质，兴奋不安、易惊群，诱发啄肛啄羽进而导致葡萄球菌病发生。

饲料：饲料原料细菌霉菌超标，直接造成顽固性腹泻，腺肌胃炎等疫病的连锁发生。

肉鸡采用全进全出制替代连续饲养，发病率显著降低。

三、肉鸡疫病发展的阶段

在大多数情况下可以分为潜伏期、前驱期、明显（发病）期和转归期四个阶段。

1. 潜伏期

病原体侵入机体并进行繁殖时起，到出现临诊症状为止，这段时间称潜伏期。不同的传染病其潜伏期长短常常是不同的，即使同一种传染病的潜伏期长短也有很大的变动范围，这与鸡的品种或个体的易感性有关，也与病原体的种类、数量、毒力和侵入途径、部位等因素有关。一般来说，急性传染病的潜伏期差异范围较小；慢性传染病以及症状不很显著的传染病其潜伏期差异较大,常不规则。如鸡新城疫潜伏期平均为 3～5 天,最短的为 2 天,最长的为 15 天。中毒性疾病的潜伏期变动范围,短的不足 1 小时,而长的则几个月或几年。处于传染病潜伏期的鸡,可能是危险的传染源。

2.前驱期

潜伏期过后即转入前驱期。前驱期是疾病的征兆阶段,这个时期仅可察觉出疾病的一般症状,如体温升高、饮食减退、精神不振等,该病的特征性症状仍不明显。各种疾病或各个病例的前驱期长短不一,通常只有数小时至 2 天。

3.明显(发病)期

疾病发展到高峰阶段,疾病的特征性症状逐步明显地表现出来。因为很多有代表性的特征性症状相继出现,在这个阶段比较容易诊断疾病。各种疾病或各个病例的明显期长短差别很大,最急性型的疾病通常只有几小时,而慢性型的疾病可达几个月。

4.转归期(恢复期)

疾病发展的结局阶段,如果病原体的致病性能增强,或鸡体的抵抗力减弱,则鸡以死亡为转归。如果鸡体的抵抗力得到改进和增强,机体便逐步恢复健康,表现为临诊症状逐渐消退,体内的病理变化逐渐减弱,正常的生理机能逐步恢复。康复鸡在一定时期对该病具有免疫力,但在病后一段时间内还存在带菌(毒)排菌(毒)现象,成为健康带菌(毒)鸡。

四、肉鸡疫病流行过程发展的某些规津

1.流行形式

鸡群疫病流行过程中,根据在一定时间内发病率的高低和传播范围的大小(即流行强度),可区分为四种表现形式。

(1)散发性:无规律性,随机发生,局部地区病例,在一个较长时间

里只有个别的零星发生,称为散发。

(2)地方流行性:在一定的地区或鸡群中,发病鸡群的数量较多,但传播范围不大,带有局限性传播的特征。

(3)流行性:在一定时间内,一定鸡群出现比寻常多的病例。

(4)大流行性:呈一种规模非常大的流行,流行范围可达几个省甚至全国或几个国家。历史上出现过的大流行,如禽流感。

2.流行过程的季节性和周期性

(1)季节性:指某些传染病经常发生在一定季节或在一定的季节内发病率显著增多的现象。夏季:白细胞原虫病;冬季:呼吸道病。

(2)周期性:指某些传染病的发病率呈现周期性的上升和下降,即经过一定的间隔期间(常以数年计)可见到同一传染病还可能再度流行,这种现象叫做传染病的周期性。处于两个发病高潮的中间一段时间,叫做流行间歇期。

第二节　健康养殖肉鸡生物安全控制措施

生物安全体系就是排除疫病威胁,保护动物健康的各种方法的集成,它是一项系统工程,是疫病的预防体系。肉鸡生物安全可以减少外界疾病因素进入鸡场或在鸡场内部鸡群之间传播;鸡群有良好的自身免疫力,使鸡群远离致病因素,保证肉鸡发挥最大的遗传潜力,获得良好的生产成绩和经济效益。

疫病传播有3个环节:传染源、传播途径、易感鸡群。在防疫工作中,只要切断其中一个环节,传染病就失去了传播的条件,就可以避免某些传染病在一定范围内发生,甚至可以扑灭疫情、最终消灭传染病。肉鸡场生物安全体系主要包括以下几个要素:

一、控制病原和传播途径

1.严格隔离饲养

(1)隔离的重要性。

①我国是一个养殖业大国,由于行业不甚规范,养鸡业的门槛低,多数为养殖户,饲养者无专业知识,防疫观念淡薄,病死鸡随意丢弃甚而食用。一些不法分子为利所图,走街串巷收购病死鸡,加工后运往城乡销售,导致人为扩散和传播病原。同时,大量畜禽及其产品长途调运以及候鸟迁徙等因素,难免有患病动物将病原传播到各地。

②受多种因素的影响,疫苗对鸡的保护率不能达到绝对的100%。鸡群内只要有少量鸡的抗体水平低,或者遭到强野毒攻击,疫情便在鸡群内迅速传播。

③隔离是切断病原传入鸡群的有效途径。凡是传播快、发病率高、致死率高的疫病,虽有通过空气传播的可能性,但只要做到切实有效地隔离,不与患病个体、运输工具、有关人员等传播媒介或病原直接或间接接触,一般不至于感染。

(2)隔离的主要措施。

①建筑隔离:鸡场(舍)是固定资产,投资大,不容易改建,影响时间长,因此在鸡场选址、规划和鸡舍的设计建设等方面,要做到标准化,为以后发展打下良好的基础。规划鸡场建筑时,必须考虑当地自然气候条件和社会经济条件,结合本场的具体情况,因地制宜。不仅要从科学饲管、节能降耗出发,重要的是必须符合兽医卫生要求,减少应激,利于隔离、消毒和封锁,最大限度地减少病原微生物的感染机会。

a.场址选择。

第一,考虑当地土地利用发展计划和村镇建设发展计划及是否符合环境保护的要求。在水资源保护区、旅游区、自然保护区等绝不能投资建场,以避免建成后遭到拆迁造成各种资源浪费。

第二,考虑自然条件(包括地形、地势、土质、水源、气候等)、社会条件(包括水、电、交通等)。选择地势高燥、背风向阳,冬季不遮光,夏季不挡风,雨后不积水,空气新鲜、水源充足、水质良好、电力有保障的地方。保证场地无病原,土壤环境质量应达到农业部制定的无公害食品标准。

第三,必须重视卫生防疫条件。兽医卫生防疫条件的好坏是鸡场成败的关键因素之一。要远离畜牧兽医站、畜禽场、集贸市场、屠宰厂、工业区、和"三废"污染区等传染源1 500米以上。远离村镇和交通主干线1 000米以上,次级公路200米以上,但要交通方便。不搞小区密集养殖,提倡分散建场。

b.场内布局。

一是场内布局的原则:在满足卫生防疫等条件下,建筑要紧凑,在节约土地、满足当前生产需要的同时,综合考虑将来扩建和改建的可能性。鸡场分成管理区、生产区和隔离区。各区严格分开,四周建立围墙或隔离带,但要方便联系。注意各区的排布,主风方向不能形成一条线。

管理区设在场区常年主导风向上风处及地势较高处,主要包括办公设施及与外界接触密切的生产辅助设施,设主大门,并设消毒池。

生产区可以分成几个小区,它们之间的距离在300米以上。每个小区内可分若干栋鸡舍,鸡舍间距离为鸡舍高度的3～5倍。生产区内的净道和污道要分离,饲料、雏鸡从净道进入鸡舍,出栏鸡、鸡粪从污道运出。生产区门口设消毒池。

隔离区用于对本场患病鸡的隔离,应设在场区下风向及地势较低处,主要包括兽医室、隔离鸡舍、死鸡无害化处理设施、去污清洗设施等。为防止相互污染,与外界要有专门的道路相通。

二是鸡场周围要建围墙和绿化带。

三是场区内绿化。绿化不仅可以美化场区,夏遮阳,冬挡风而且降低噪声,减少粉尘,净化空气。绿化时应根据区与区、舍与舍之间的距离、遮阳及防风等需要,种植能美化环境、净化空气、无毒、无飞絮的树种和花草。

c.建筑设计。

鸡舍的合理设计，可以使温度、湿度、通风、光照等控制在适宜的范围内，为鸡群创造良好的环境条件。

鸡舍结构经济、实用、合理，其朝向符合当地自然条件，最好有自然隔离条件（如山丘、河流、海岸、树林、庄稼）。鸡舍要采光好，易通风，便操作，夏季利于防暑降温，冬季利于防寒保温。屋顶是炎热季节中阳光辐射最多的区域，也是寒冷季节失热最大的区域，所以对屋顶必须采用隔热材料，并采取屋顶加吊顶棚等措施。如果是开放式鸡舍还要使门窗开关自如，密封良好。为方便冲洗，鸡舍地面应有一定的坡度，并有用水泥抹平的排水沟。

鸡舍内安装取暖设备，以采取火道、燃煤热风炉、暖气方式为好，利于减少呼吸道疾病的发生。夏天采用纵向通风，湿帘降温，既净化了空气，又避免了因热应激引起体质下降而诱发各种疫病。鸡舍内安装高质量乳头饮水器、送料线、清粪设施。鸡舍还应能防鸟、防鼠、防虫。

②与外界禽类和病原微生物隔离

a.慎重引种，杜绝病原的传入。

现阶段由于我国养殖行业法规不健全、父母代肉种鸡市场鱼目混珠、质量良莠不齐。引种时决不能不做考察，只看价格不顾质量，盲目引种。

要从有畜牧部门颁发"种畜禽生产经营许可证"和"兽医卫生合格证"的肉种鸡场引种。绝对不能从有疫情隐患（鸡白痢、脑脊髓炎、鸡传染性贫血、白血病等蛋传性疾病）的单位引种。

减少中间环节，直接到种鸡场引种。有不少养鸡户是通过经销商引种。有些经销商随意到布局不合理，防疫、消毒不符合兽医卫生要求，没有依法审批的种鸡场引种。

b.坚持"全进全出制"。

所谓"全进全出制"就是同场、同舍内只进同一批鸡雏，饲养同一日龄鸡，采用统一的饲料，统一的免疫程序和管理措施，并且在同一天全部出场。如果鸡场饲养量大，一批雏鸡数不足以装满全场，也可以分批

247

进雏,但日龄相差最好不超过一周,最多不能超出 10 天。鸡群出栏后,对全场环境实行彻底清扫、清洗、消毒。这样由于鸡场内不存在不同日龄鸡群的交叉感染机会,切断了传染病的流行环节,从而保证了下一批鸡群的安全生产。实践证明,采用"全进全出制"与"连续生产制"相比,肉鸡生长速度快,饲料报酬高,出栏率高,经济效益显著。

③人员隔离:严禁生产人员外出,一旦外出,要经过严格的隔离和消毒后才能进场。生产人员和非生产人员也要进行隔离。严禁所有人员接触可能携带病原体的动物及产品加工、贩运等人员。严禁各舍之间的饲养人员串舍,以防交叉传染。

④饲料和用具隔离:饲养员人要认真执行饲养管理制度,各舍之间的饲料和生产用具专舍专用,严禁交叉使用。

2.严格消毒工作

现在存在着一个大家都熟知的现象,鸡越来越难养,疾病越来越多!新舍成活率高,老舍成活率低,新养殖户效益高,老养殖户效益低,这难道说老养殖户技术低或缺乏经验?显然不是。原因是旧鸡舍内外环境各种病原微生物大量积累的缘故。怎么办?就是要切实做好消毒工作。

消毒是指通过物理、化学或生物学手段杀灭或清除环境中病原体的技术和措施。目的是消灭传染源散布于外界环境中的病原体,切断传播途径,阻止病原体在鸡群中继续蔓延,可显著降低发病率,减少药残,并将因疾病带来的昂贵药费损失降到最低。根据消毒目的将其分为预防性消毒、临时消毒和终末消毒。

消毒从传染病学上看,不同的传播机制引起的疫病,消毒的效果有所不同。胃肠道疫病,病原体随排泄物排出体外,污染范围较为局限,如能及时消毒,中断传播的效果较好;呼吸道传染病,病原体随呼吸、咳嗽、喷嚏排出,再通过飞沫和尘埃而播散,污染范围不确切,消毒较为困难,须同时采取空间隔离,才能中断传染。

①重视清洁卫生工作:各鸡场应根据本地、本场的实际情况,制订科学有效的消毒程序,并在实践中不断修改、完善。但有一点必须强

调,即在消毒前必须进行彻底的清洁卫生。因为消毒剂必须直接接触到病原微生物才能充分发挥作用,而消毒现场往往存在大量的有机物,即使最微量的有机物(污物、粪便)也会使消毒效果大打折扣。那种靠提高浓度来消毒的做法只会增加成本、严重腐蚀设备,而对消毒效果没有任何加强。

②非生产区消毒:

a.人员消毒:设置消毒通道,进场人员必须踩踏3米长距离的消毒垫,消毒垫每两小时用消毒剂喷洒一次。

b.车辆消毒:外单位车辆禁止进入场区,本单位车辆进入时须经全面喷洒消毒后进入指定停车场。

c.办公及生活区环境消毒:每天用2%的火碱水或0.1%的次氯酸钠喷洒两次,每周更换一次消毒液。

③生产区消毒:

a.人员消毒:鸡场的出入口,平时应关闭并上锁,在门口处设立"防疫重地,谢绝参观"的标志。生产区入口设有淋浴室、更衣室。凡须进入生产区的所有人员,必须事先登记,并在污染室内脱净衣物、鞋帽(包括内衣、内裤),放入指定柜子,然后进入淋浴室,用香皂、洗发液彻底洗澡淋浴10~15分钟,再到清洁更衣室,换上经过消毒过的专用工作服和鞋等,方可进入生产区。人员离场时,不能逆行,可直接进入污染室更衣,而绝不能进入清洁更衣室。

b.车辆消毒:生产区门口要设立消毒池。消毒池要稍宽于大门,长于最大车轮周长的1.5倍约6米,深度30厘米。消毒池上方最好建顶棚,防止日晒雨淋。消毒液可用3%~5%氢氧化钠溶液或复合酚消毒剂,每周更换2~3次。并配备高压消毒冲洗设施。凡进出车辆都要通过消毒池,并用消毒液高压冲洗车身。

c.环境消毒:生产区根据需要设定每月、每周、每天应消毒的区域。一般每月全场范围用2%~3%烧碱和0.1%季铵盐清洁消毒1次。生产区内道路、鸡舍周围最好每天消毒1次。定期喷洒杀虫剂消灭昆虫。在老鼠洞和其出没的地方投放毒鼠药消灭老鼠。

d. 鸡舍消毒：每栋鸡舍入口要设置脚踏消毒池（长宽深分别为 0.6 米、0.4 米、0.08 米），或摆放消毒盆、雨鞋。进入鸡舍要踩踏消毒、洗手并更换舍内专用鞋。消毒液每天更换 1 次。

● 空舍消毒：肉鸡出栏后，鸡舍常用的消毒程序是：打湿→排空→清扫→冲洗→干燥→碱液喷洒→干燥→消毒液喷雾→干燥→熏蒸，空舍消毒期应不少于 15 天。

打湿：鸡出栏后用清水进行 1 次喷洒，将舍内完全打湿。如果有寄生虫还要加用杀虫剂。目的是防止粪便、羽毛和粉尘飞扬污染舍区环境。

排空：将可移动的设备与用具移出舍外（料槽、饮水器、底网等），并在指定地点曝晒、清洗和消毒。

清扫：扫落天花板、墙壁上的蜘蛛网和灰尘，并将粪便、垫料、废料、灰尘等一起清扫集中作无害化处理。

冲洗：清扫完毕，用高压水枪由上到下、由内向外对天花板、墙壁和地面冲洗干净，对较脏的地方，可先进行人工刮除。要注意对角落、缝隙、设施背面的冲洗，做到不留死角，真正达到清洁。

干燥：一般在水洗干净后干燥 1 天左右。如果水洗后立即喷洒消毒药液，其浓度即被消毒面的残留水稀释，降低消毒效果。这期间并进行舍内必要的维修。

碱液喷洒：鸡舍干燥后对墙壁、地面、粪沟等用 2～3％氢氧化钠溶液喷洒；24 小时后用高压水枪冲洗。

消毒液喷雾：干燥后用过氧乙酸、百毒杀或威岛消毒 1 次。次序由上而下，先房顶、天花板，后墙壁、固定设施，最后是地面，不能有漏喷部位。为了提高消毒效果，一般要求使用 2 种以上不同类型的消毒药进行至少 2 次的喷雾。要使消毒对象表面湿润挂水珠。

熏蒸：干燥后，把所有用具放入鸡舍，密封门窗、墙壁缝隙。在鸡舍中间过道每隔 10 米放一个熏蒸盆，按每立方米空间福尔马林 42 毫升、高锰酸钾 21 克的用量，进行熏蒸。2～3 天后，打开门窗，通风换气 2 天以上，散尽余气后方可进鸡。

熏蒸消毒注意事项：

密封鸡舍：甲醛气体是熏蒸消毒的有效药物，它在鸡舍内的浓度越高、停留时间越长，消毒的效果就越好。因此，熏蒸之前，一定要密封好鸡舍的所有门窗及缝隙。

备好容器：福尔马林和高锰酸钾均有腐蚀性，二者混合会发生剧烈化学反应，持续时间达 10～30 分钟，并释放出大量的热能。所以盛放福尔马林和高锰酸钾的容器体积要尽可能大一些，一般不小于福尔马林容积的 4 倍，并最好是耐腐蚀、耐热的陶瓷容器。

适宜温湿度：福尔马林熏蒸要求适宜的温度为 25℃，湿度为 60％～70％。所以，在冬季或环境温度较低进行熏蒸消毒时，应对鸡舍提前预温，并可采取洒水等措施以提高环境温湿度，保证消毒效果。

比例适当：福尔马林多指浓度 35％或 37％以上的甲醛水溶液。目前市面上常见到的福尔马林，甲醛含量浓度在 24％～40％，熏蒸消毒要求福尔马林的浓度不低于 35％，它与高锰酸钾的混合比例要求 2∶1。混合比例是否合适，可根据其反应结束后的残渣颜色和干湿程度进行判断：若是一些微湿的褐色粉末，说明比例合适；若呈紫色，说明高锰酸钾用量过大；若太湿，说明福尔马林用量过大。

熏蒸方法：先将高锰酸钾放在熏蒸盆内，并根据高锰酸钾的放入量将福尔马林准备好，放在相应的消毒容器旁边。熏蒸时，安排与消毒容器数量相等的工作人员，分别站在消毒容器旁边，先让距离鸡舍门口最远的人员将福尔马林全部倒入相应的盛有高锰酸钾的消毒容器内，然后迅速撤离，其他人员也依样操作，直至最后 1 名人员撤离后，密闭。熏蒸后至少密闭 1 天。

排净异味：消毒后，因舍内有较强的刺激性甲醛气体，不能立即使用，所以进鸡前要打开门窗，通风换气 2 天以上。原则上鸡舍内没有刺鼻的甲醛气味即可。

● 带鸡喷雾消毒：带鸡喷雾消毒就是对鸡舍内的一切物品、鸡体及空间，用一定浓度的消毒液进行喷雾，消毒剂中的活性杀菌成分，具有很强的黏附性和吸附性，能快速的杀灭尘埃中的病原微生物，阻止其在舍内积聚;并能有效降低舍内空气中的尘埃,避免呼吸道病的发生。它是当代健康养殖综合防疫的重要组成部分,是控制鸡舍内环境污染和疫病传播的有效手段之一。

喷雾前的准备:先清洁舍内蜘蛛网,墙壁、通道的尘土、鸡毛和粪便,以提高消毒效果。消毒前,提高舍温 2～4℃,以防消毒时水分蒸发引起室温降低而使鸡受凉感冒。选用喷雾设备,调整雾滴大小。可使用雾化效果较好的自动喷雾装置或背负式手摇喷雾器。雾粒大小控制在 80～120 微米,不要小于 50 微米喷头距鸡体 70～100 厘米喷雾。雾粒太小易吸入肺泡,诱发呼吸道病;雾粒过大易造成喷雾不均和鸡舍太潮湿,且在空中飘浮时间短,与空气中的病原微生物、尘埃接触不充分,达不到有效消毒。

消毒剂的选用:选择有正式文号、质量可靠、信誉好的生产厂家的产品,且对重点预防的疫病有高效消毒作用的消毒剂。要求广谱高效、无毒,无刺激性,无腐蚀,无残留。如碘制剂、氯制剂、离子表面活性剂等。

科学配液:应选用自来水或深井水配制。配制时要用热水稀释,水温应高于舍温,一般以 38～40℃为宜。炎热的夏季可用凉水。配制时,药液浓度按使用说明书随鸡龄的增加而酌情增加即可。因为药液浓度是决定消毒剂对病原体杀伤力的第一要素,只有浓度正确才能充分发挥其消毒作用。

喷雾频率:一般根据鸡群日龄大小来确定,鸡龄越大消毒间隔时间越短,21 日龄内的鸡群要每隔 3 天消毒一次;21～40 日龄的鸡群可以隔天消毒一次;41 日龄以后可以每天消毒一次。

喷雾方法:在喷雾器里面配好药液,将喷头高举空中,喷头要向上,使药液似雾一样慢慢下落。不得直喷鸡体,动作要轻,声音要小。由鸡舍的一端开始,边喷雾边向另一端慢慢走。要喷到地面、墙壁、顶棚、笼具以均匀湿润和鸡体表稍湿为宜,一般喷雾量按每立方米空间 15～50 毫升计算。

喷雾消毒应注意的问题:鸡群活疫苗免疫前后 2 天停止喷雾,但正常投药时可以正常喷雾。喷雾消毒时,应关闭通风设备,关闭门窗再进行喷雾。由于喷雾后造成鸡舍、鸡体表潮湿,事后要开窗通风,使其尽快干燥。喷雾时最好选在气温较高的中午,夏季在消毒的同时还可以起到防暑降温的效果。消毒时应调暗灯光或关灯后鸡群安静时进行,以防惊吓,引起乱飞、挤压等现象。任何消毒剂都需要同病原体接触一定的时间,才能将其杀死,一般为30分钟。有针对性的根据鸡的日龄、体质状况、季节及传染病流行特点等因素喷雾,才能达到预防疫病的目的。鸡群患肾肿性疾病时(如肾传支、法氏囊、禽流感、食盐中毒),一般不要带鸡消毒,这是因为鸡只肾肿,机体处于神经质状态,害怕应激,应尽量保持安静。

消毒剂稀释后稳定性变差,不宜久存,应现用现配,一次用完。根据消毒药的特性、成分、作用及消毒对象、目的、疫病种类选用两种以上的消毒剂,按一定时间交替使用,每季度或每月轮换一次,使各种消毒剂的作用优势互补。操作人员要佩戴防护用品,以免消毒药物刺激眼、手、皮肤及黏膜等。

④饮水及饮水系统消毒:

a.饮水是传播疾病的重要途径:清洁、卫生的饮水进入鸡舍后,空气中漂浮的尘埃和病原微生物,随时会污染饮水器的饮水;病鸡可通过饮水将致病微生物传播给健康鸡,从而从而引发消化系统、呼吸系统等疾病。

b.饮水水质消毒:水是生命之源,是鸡体的重要组成部分。供家禽饮用的水必须澄清、无臭、无味、不含毒素和病原体,符合人的饮用水质标准要求,即每毫升水中细菌总数小于100和每升水中大肠杆菌群数少于3个。

对非自来水供水的应在进入鸡舍的管道安装过滤器。特别是使用时间比较长的水塔和饮水管道更应该进行水质的过滤。

水源可疑或有轻度污染要进行水质消毒。消毒后监测合格的可以使用,消毒药常以漂白粉为主。使用方法:计算每次要抽水量,以抽水量计算所需的漂白粉量,饮水消毒常用量为4～8克/米³ 水。

c.饮水系统消毒:目前常采用的饮水系统有两种:一种为开放式饮水系统,如水盆、水槽等,此设备价格便宜,操作方便,但使用起来不卫生,易产生滴漏而污染饲料;另一种为封闭式饮水系统,常用的为乳头饮水器,此系统一次性投资高,对水质要求高,在水质不好时易堵塞管道或造成漏水,但可降低劳动强度,容易保持饮水卫生。我们推荐使用封闭式乳头饮水器。

定期对饮水管线外壁或水槽用清洁球进行手工擦拭,保持管线光亮如新,不给微生物有滋生的场所。建议每5～7天清扫一次。

定期对水线内壁消毒。长期的饮水投药使水线内壁形成一层营养膜,细菌、藻类等微生物极易生长繁殖,从而造成水质污染。常用的处理方法:鸡舍有鸡时,每隔15～20天,用压力泵将一些氯制剂等消毒剂打入饮水管道中,15分钟后用清水将消毒剂冲掉,以防中毒。严重污染时可采用具有除垢功能的消毒剂,在晚上熄灯后,以饮水用浓度放入水管中浸泡,第二天早上冲洗;空栏时,排空饮水管道,用高压水枪冲洗以清除饮水管道内外的污垢。然后在饮水管中打入一些能清除生物膜的药物,如0.1%的过氧化氢等,4小时后用高压水枪冲出,把水排空后待用。

饮水及饮水系统消毒的目的主要是控制饮水中的大肠杆菌等条件性致病菌和饮水管线中的黏液细菌。高浓度的氯可引起鸡腹泻、生长迟缓,尤其在雏鸡阶段不能用超过10毫克/千克的氯饮水。氯对霉菌无作用,如果鸡只发生嗉囊霉菌病时,需在水中加碘消毒,浓度为12毫克/千克常用的消毒剂有氯制剂、碘制剂、复合季铵盐制剂等。消毒药可以直接加入蓄水池或水箱中,用药量应以最远端饮水器或水槽中的有效浓度达到该类消毒药的最适饮水浓度为宜。

注意鸡喝的是经过消毒的水,而不是喝的消毒药水,任意加大水中消毒药物的浓度,除可引起急性中毒外,还可杀死或抑制肠道内的正常菌群,影响饲料的消化吸收。如果鸡群反复出现细菌性的死亡高峰,我们就要关注饮水的卫生,能监测的通过监测判断饮水的微生物情况,没有条件的就直接对饮水及系统进行清洁消毒。还应注意的是,鸡在免疫前后 2 天勿进行饮水消毒。

⑤饲料卫生控制:除了保证饲料有充足的营养指标外,还要注意饲料符合卫生指标,并且在使用过程中防止病原微生物污染。一般尽可能使用无鱼粉饲料,如确需使用,须对动物源性饲料中大肠杆菌、沙门氏菌进行检测,严禁使用不合格原料,同时还需对植物源性饲料中的霉菌进行检测。最终使成品料中的各项卫生指标符合标准。成品料在未添加防腐剂或抗氧化剂时,一般贮存不超过 7 天。污染的饲料是引发多种疫病的原因,发霉变质的饲料坚决弃用。

⑥饲喂工具及其他器具的消毒:饲喂工具及其他器具杂物是很容易被忽视的传播疾病的媒介,每天下班前放入密闭箱熏蒸消毒 30 分钟。

药物、饲料等物料外表面(包装):一般采用密闭熏蒸消毒 30 分钟。

垫料卫生是一个颇为棘手的问题,尤其是当使用来自四面八方的谷壳,稻草或刨花时。最好的消毒是于阳光下暴晒,其次是疏松地堆密室内用高浓度的福尔马林熏蒸。

⑦病死鸡、活疫苗空瓶、粪便和垫料的处理消毒:

病死鸡处理:每栋舍的病死鸡集中存在排风口处密闭的容器中,安排专人每天集中收集。经兽医人员检查后用密闭袋包装,焚化或经消毒液浸泡后发酵处理。

活疫苗空瓶处理:每次使用后的活疫苗空瓶及包装物应集中回收,先经消毒液浸泡后装袋再运出鸡场集中处理。

粪便、垫料等污物处理:鸡舍内的鸡粪、垫料应定时清除。鸡粪、垫料等必须通过污道运出鸡场 500 米以外进行出售或无害化处理。每次工作结束后,必须消毒道路、处理区场地。

⑧消毒时易出现的问题:

忽视影响消毒的因素:忽视对污物或某些营养物质的清除;忽视对温度、湿度、时间、浓度掌控。

消毒方法不全面:如带鸡消毒、饮水消毒、环境消毒等。

消毒药选择不当:没有针对性;长期使用单一消毒药;带鸡消毒使

用刺激性强的消毒药。

盲目加大消毒药浓度:任何消毒药浓度的配比,具有它一定的科学性和合理性,正常比例就完全可以杀灭和抑制病原体的繁殖和传播。如果盲目加大配比浓度:不仅增加成本造成浪费,而且易造成呼吸道黏膜损伤,激发呼吸道病的发生;破坏肠道正常菌群的平衡,可导致鸡肠黏膜损坏,影响消化吸收。反之,剂量过小,不但不能杀灭病原体,而且会使病原体产生耐药性。

消毒池形同虚设:消毒池内药液长期不换甚至枯干,致使车辆及人员进出场区等于没有消毒。有的在消毒池中堆放厚厚的生石灰。岂不知生石灰是没有消毒作用的。因为生石灰加水生成熟石灰,离解出氢氧根离子才具有杀菌作用。如熟石灰放置过久,吸收空气中的二氧化碳,生成碳酸钙,就丧失了消毒作用。

过分依赖消毒:彻底的清洗和有效地消毒仅可减少病原体的数量,但不可能完全消灭,因为达不到 SPF 级别的消毒。如重消毒,轻管理,认为消毒就可万事大吉,那就大错特错了。科学、认真、到位的管理,消毒才能起到应有的作用。

例行公事消毒:消毒随意性强,没有制定消毒程序,即使有消毒程序也是敷衍塞责、简单喷洒。如此不但不会使病原体减少,反而会为病原体的泛滥提供机会、创造条件。还有的平常根本不消毒,并振振有词"不消毒照样养好鸡,消毒是白白增加成本"——不发病是偶然,发病是必然。

二、控制易感鸡群

1. 制定合理的免疫程序,做好免疫工作

肉鸡生产周期短,疾病对生长的影响是显而易见的。细菌病可用抗菌药物防治,而病毒病只有依靠免疫接种来预防。所以制订合理的免疫程序格外重要。而免疫程序没有一个是通用的,生搬硬套别人的程序也不一定能获得最佳的免疫效果,唯一的办法是根据本场的实际

情况,参照别人成功的经验,结合免疫学的基本原理,制定适合本地或本场的程序。

(1)制订免疫程序的依据。

①依据本地区疫病流行的状况。对本地区以前未发生过,刚开始发生且危害严重的必须预防;当地流行的疫病是免疫的重中之重,如禽流感、新城疫、法氏囊、传支、传鼻等;本地区从未发生过的传染病,不作预防。

②依据母源抗体水平确定首免时间。母源抗体是通过种蛋传给雏鸡,在雏鸡体内形成,其下降也有一定的规律。如新城疫(ND)母源抗体的半衰期为 4～5 天。法氏囊病母源抗体的半衰期为 6 天。

确定首免日龄不同疫病依据不一样。如新城疫,一般按鸡群 0.5% 采血抽样监测 HI 的均值,再推算出合适的首免日龄:适宜的首免日龄=4.5×(1 日龄 HI 抗体效价均值-4)+5。

无条件的鸡场,最好请科研单位帮助监测,否则只能凭经验。一般首免时间是新城疫 7～10 日龄;法氏囊 4～6 日龄(种鸡未免疫鸡群)或 12～14 日龄(种鸡免疫鸡群);传支 7～10 日龄;禽流感灭活苗(包括 H_5 和 H_9)7～20 日龄。

③依据体内抗体消长规律确定免疫间隔。疫苗免疫后,在一定的时间内产生相应的抗体,并不断升高,达到峰值后再逐渐下降,经一定时间降到保护范围以下时,就需要进行重新免疫。一般情况下,首免属于基础免疫,主要刺激机体产生识别和应答的能力,产生的抗体较低,维持时间较短,免疫间隔也较短;二免或三免产生的抗体维持时间逐渐延长;油苗产生抗体水平较高,维持时间较长,间隔时间可以适当延长。

④依据鸡群的状态。只有健康的鸡群,才能对免疫产生应答。鸡群在应激、营养不足、亚健康状态或疾病状态下免疫的效果较差,特别是鸡群患有某些免疫抑制性疾病(如传染性法氏囊病、马立克氏病等)免疫系统受损,接种后只能产生低水平抗体,甚至不产生抗体。

⑤依据同一种疫苗毒力的强弱、保护期的长短。如根据毒力先弱

毒后中毒安排（如 IB 疫苗先 H_{120} 后 H_{52}）；同种疫苗先活苗后灭活苗。

⑥依据常发病日龄。必须在该传染病常发日龄前 1 周做好有效免疫。

⑦依据疫苗之间的干扰情况。不同疫苗之间存在着相互干扰现象，如新城疫和传支、法氏囊与新城疫和传支、新城疫和鸡痘等都存在着一定的干扰现象，所以，不同疫苗之间一般应间隔 5～7 天以上才可免疫。

⑧依据不同类型的疫苗免疫机制不同。机体的免疫作用主要有两种，一种是细胞免疫作用，另一种是体液免疫作用。弱毒苗能够启动细胞免疫作用和体液免疫作用，且产生抗体所需要的时间较短，一般 5～7 天，是局部免疫的主力。但弱毒苗产生的体液免疫作用较弱，产生的抗体较低，维持时间较短，单纯依靠弱毒苗的免疫有时不能彻底阻击病原体的侵袭。灭活苗主要刺激机体启动体液免疫产生循环抗体，且抗体在体内维持时间较长、免疫能力较强，可以抵抗病原在全身的扩散。但油苗缺乏细胞免疫功能，且免疫后产生抗体所需要的时间较长，一般 15～20 天，所以往往会出现较长的免疫空白期。如果在空白期内有较强的病原体对其攻击就会发病。而弱毒苗和油苗的配合使用，兼顾了细胞免疫和体液免疫，对肉鸡健康会产生良好保护作用。

（2）制定免疫程序的原则。

①以当地流行的重大疫病，选用适合本地流行的毒株，穿插免疫。一般首免使用弱毒株，加强免疫使用较强毒株。

②根据不同疫苗的保护期长短确定间隔时间。

③重视冻干苗和灭活苗的配合使用。

④重视疫苗间的免疫干扰作用。

⑤重视鸡群的健康状况及应答能力。

免疫抑制是指由于各种因素影响，使得机体对抗原的应答能力低下甚至缺失的现象。造成免疫抑制的因素很多，包括疾病、应激、营养、霉菌毒素的大量存在、药物疫苗的不合理使用等。由病原微生物感染而引起的免疫抑制尤为严重，如鸡传染性法氏囊病。

⑥重视免疫监测的应用。

通过抗体监测能够了解体内抗体水平,利于确定免疫时间;通过免疫监测能够了解免疫效果,达到理想的抗体水平说明免疫成功,否则,根据具体情况确定重免或提前再次免疫。

总之,一个合理的免疫程序必须是根据不同鸡群、不同地区不同疫病流行状况来制定的。没有一个程序是一成不变、一劳永逸的,需要随时监测,及时修订,才能达到理想的效果。但也要清醒地认识到:免疫只能给鸡群一个基本的保护力,即使免疫密度达到100%,也不能确保100%的不发病。由于个体差异等原因仍有3%~5%的鸡只得不到保护。如果强毒入侵,突破防疫体系,还会造成不同程度的损失。所以我们要时时记住,良好的饲养管理才是预防疫病最有效的办法,而疫苗接种则是辅助性的,千万不要将主次颠倒,放松了其他预防措施。

(3)疫苗的选用、运输和保存。

选择:选用正规厂家采用无特定病原 SPF 鸡胚生产的疫苗。

运输:严格按照说明书规定运输疫苗。运送时坚持"苗随冰行,苗完冰未化"的原则,将疫苗装入盛有冰块保温箱内,禁止将疫苗装入塑料袋象征性地放一块冰后带至目的地。

保存:疫苗的保存均有一定的温度和时间要求。一般冻干苗应放在 -10~-20℃的冷冻保存,温度越低,保存时间越长。有些进口的冻干苗中加入了耐热保护剂,可以放在 4~6℃保存。灭活苗,一般在 2~8℃保存,温度不能过高,也不能低于 0℃。应有专人保管,并造册登记,以免错乱。不同种类、不同血清型、不同毒株、不同有效期的疫苗应分开保存,先用有效期短的后用有效期长的。

(4)免疫要求。对于所使用的每一批次疫苗都应进行安全性检测、效价检测、外观检测等。使用时还要认真核对疫苗种类、羽份、厂家、批号、有效期、保存温度、活疫苗是否真空、灭活苗是否破乳等,有一项不合格就坚决弃用。

免疫前要详细了解疫苗的配制要求和免疫方法,每次配制疫苗数量不能过多,以在 30 分钟内用完为宜;注射油苗时要多预备 1~2 把连续注射器,兽医应随时将出现故障的注射器修好。

(5)免疫剂量。疫苗的剂量太少或不足,不足以刺激机体产生足够的免疫效应,剂量过大可能引起免疫麻痹或毒性反应,所以疫苗使用剂量应严格按产品说明书进行。一般不需加大剂量,考虑疫苗在冻干、运输、保存中失活和使用方法的损失,或者在特殊情况下(如紧急接种)有些疫苗常常加倍使用,如 ND、IBD、IB 等。

(6)免疫方法。在肉鸡生产中常用点眼、滴鼻、饮水、气雾、注射等方法。

①点眼、滴鼻法:点眼、滴鼻如操作得当,效果往往比较确实,尤其是对一些预防呼吸道疾病的疫苗,经点眼、滴鼻免疫效果较好。

首先,把滴瓶或滴管进行高温消毒。

其次,准确稀释疫苗。稀释液选用该疫苗的专用稀释液或蒸馏水、生理盐水,不要随便加入抗菌素。滴管孔径一样,首先用注射器测量数十滴稀释液来确定每滴的毫升数,然后乘以每瓶疫苗所要点的滴数即为该瓶疫苗所要兑的稀释液毫升数(一般每滴约 0.05 毫升)。

活苗应保持真空状态稀释,切勿直接撬开瓶盖。因疫苗冻干块如暴露在空气、阳光下会解体崩解影响其疫苗的效价。正确的方法是:用 9 号针头从月牙槽位进针,把稀释液沿瓶壁缓慢自动注入。如无自吸性是失真空态,说明该瓶疫苗保存不妥,应弃之不用。然后轻摇小瓶以溶解疫苗,溶解后转入大疫苗瓶内,再用剩余量的稀释液清洗疫苗瓶中残留的疫苗,严禁将所用稀释液一次性倒入疫苗瓶中。

操作方法:

a.为了免疫准确无误,一手一次只能抓一只鸡,不能一手同时抓几只鸡。左手抓鸡,用无名指、中指、拇指将鸡只的头部固定在水平状态(右眼鼻向上);右手拿疫苗瓶,五指分开捏着,掌心向地使滴头垂直朝下,滴头距鸡眼或鼻孔的距离为 1 厘米,轻捏塑料瓶,即可向眼睛或鼻孔内滴入疫苗。一般每只鸡滴 1～2 滴,免疫剂量 1～2 羽份。

b.将疫苗滴入眼或鼻以后,稍停片刻,待疫苗被完全吸入后,方可放开鸡只。否则滴入的疫苗易被甩丢,影响免疫效果。若疫苗停在鼻孔处,可按压对侧鼻孔让其吸进。在免疫过程中,严禁攀比速度、马虎了事,若没有滴中应补滴。禁止将滴头伸入眼结膜内滴液,不仅损伤结膜,而且液滴大小不一。

c.如果点眼、滴鼻同时操作,操作顺序为先点眼后滴鼻。

d.做好已接种和未接种鸡之间的隔离,以免走乱。大群免疫完成后,检察是否有漏免鸡,如有应及时补免。

②滴口免疫:常用于鸡法氏囊免疫。鸡腹部朝天,食指托住头颈后部,大拇指轻按前面头颈处,待张口后在口腔上方1厘米处滴下1滴疫苗液。

③饮水免疫:饮水免疫避免了逐只抓捕,可减少劳力和应激,但这种免疫效果不是很确实,受影响的因素较多。

a.为保证疫苗的免疫效果,免疫前后1天饮水中添加多维电解质并提高舍温1℃,但不能带鸡喷雾消毒;饮水免疫前后2天的饮水、饲料中不得加入能杀死疫苗病毒(或细菌)的药物及消毒剂。

b.剂量应适度加大,每只鸡2羽份。

c.免疫用水中加入0.2%～0.3%脱脂奶粉搅匀。先用少量奶粉水稀释疫苗,再加入大容器中,一起搅匀,立即使用。疫苗稀释应用凉开水或深井水禁用自来水。

d.免疫前移走所有饮水器,停止供水。冬季4小时。夏季2小时,最好在早晨进行。

e.乳头式饮水器因管壁不宜清洗、鸡只饮水不均匀等原因,不宜用于饮水免疫。禁用金属容器盛装疫苗水,装有疫苗的饮水器不得暴露在阳光下直射。

f.要有足够的饮水槽位,保证80%的鸡只能同时饮水;并适时轰鸡,尽可能让所有的鸡只都去抢水,使所有鸡饮入足够剂量的疫苗;1～1.5小时内全部饮完。

g.免疫完毕,停水1～2小时以助于疫苗的吸收,并且不可空腹免疫。

④注射免疫:肌肉或皮下注射免疫,剂量准确、效果确实,但耗费人

力较多,应激较大。

a.器械准备。免疫前,将连续注射器、针头、胶管用75%的酒精浸泡消毒30分钟,然后用蒸馏水或凉开水冲洗干净。

校正剂量。保证注射量与免疫剂量一致。

b.注射方法。

● 颈部皮下注射:把小鸡轻握手中,食指和拇指轻轻提起鸡颈背部皮肤,另一手持连续注射器用7号针头沿鸡颈部正中线的下1/3处,平行刺入被拉高的两指间的皮层中间,缓慢注入疫苗。注射正确时可感到推注无阻力感,疫苗在皮下移动形成一个小包。针尖不要伤及颈部肌肉、骨头,不要靠近头部,否则易引起头颈部肿大,发热,减食,打蔫。若针头刺穿皮肤,则有疫苗流出,可看到或触摸到。发现刺穿现象应补注。

● 胸部注射。胸部肌肉或皮下也可在翅膀近端关节附近的肌肉注射。

● 皮下注射。助手一手抓双翅,另一手抓住双腿,将胸部平行向上;注射者用手将胸部羽毛拔开,拉起皮肤,针头呈15°将疫苗注入形成一团白色云状物,然后用拇指紧压针孔,防止药液漏出。

● 胸肌注射。左手抓住双翅将胸部向上,右手紧握注射器,针头方向应与胸骨大致平行,雏鸡插入深度为0.5～1.0厘米,日龄较大的鸡可为1.0～2厘米。

● 腿部注射。大腿部外侧肌肉或皮下。针头方向应与腿骨大致平行,肌肉注射呈30°～45°,皮下注射呈15°将疫苗注入。

c.注意事项。将免疫用的灭活苗提前从冰箱中取出,保证使用时为常温,以免注射到鸡体内产生冷应激。使用前及使用过程中充分摇匀,保证每只鸡获得的抗原量一致。疫苗开启后应在24小时内用完。剂量要准确,注射过程中要经常检查剂量是否发生变化,不打空针、飞针,要避免伤及骨骼、血管和神经等。剂量大时忌在一点注入,应分点注射。皮下注射忌用粗针头,宜采用7号针头,粗针头注射针眼大,易外流;胸肌注射忌直刺,要顺胸骨方向入针,直刺容易穿透胸腔,刺入肝脏、心脏或胸腔内,将疫苗注入后,引起意外死亡;腿部注射忌打内侧,应选择外侧注射,因腿上的血管、神经都在内侧,如果一不小心将疫苗注入血管和神经丛,可使疫苗进入血管导致心脏休克出现死亡或使神经受损,引起瘫腿。

刺激性较强的灭活苗忌在腿部注射。因为刺激性强油类制剂吸收慢,使鸡腿长期疼痛而行动不便,影响采食、运动及生长发育。

打针忌不消毒。注射器、针头要严格消毒,针头要在注射前用酒精棉球消毒,有条件的最好一只鸡一个针头,至少每注射 100 只鸡更换一次针头。

在紧急免疫过程中,应先注射健康群,再接种假定健康群最后接种有病的鸡群。

⑤刺种免疫。

方法:抓鸡人员一手将鸡的双脚固定,另一手轻轻展开鸡的翅膀,拇指拨开羽毛,露出三角区,刺种者将蘸有疫苗的刺种针从翅膀内侧对准翼膜用力快速穿透,使针上的凹槽露出翼膜。

注意事项:接种时要将翅膀内侧羽毛拨开,杜绝刺种针穿过羽毛,否则羽毛会将刺种针上的疫苗擦掉,造成剂量不足。刺种部位在鸡翅翼膜内侧中央,严禁刺入肌肉、血管、关节等部位。疫苗液须浸过刺种针槽,保证刺种时针槽内充满药液,而且双尖刺种针中部的蘸槽要完全垂直向下穿过皮肤。疫苗液不得浸入刺种针手柄造成污染。为防止传播疾病,每刺种完一群鸡要更换刺种针。稀释好的疫苗要在 1 小时内用完。

因为新城疫病毒会抑制鸡痘病毒的繁殖,而且鸡痘的毒力能抑制新城疫抗体的产生,两种疫苗互相干扰,一定间隔 7 天以上。刺种后 7 天看一下是否结痂。若结痂大且有干酪样物,则表明有污染;若不结痂,则须重新接种。

⑥气雾免疫。气雾免疫省时、省力,方便;使鸡群产生良好一致的免疫效果,而且产生免疫力的时间要比其他方法快;诱导鸡的呼吸道局部免疫力的产生;对呼吸道有亲嗜性的疫苗如鸡新城疫、传染性支气管

炎等弱毒疫苗效果更佳,但气雾也容易引起鸡群的应激,尤其容易激发慢性呼吸道病;对操作技术要求也比较严格,操作不当时往往达不到预期效果甚至免疫失败。

气雾器械:以其所使用的动力来分,主要有电动(交流电或直流电)和气动两种,每种又有不同的型号。在实际应用时要根据鸡龄和具体情况选择合适的气雾器械。要求喷出的雾滴大小符合要求,而且均一,80%以上的雾滴大小应在要求范围内。喷雾时,要时时注意喷雾质量,发现问题或喷雾出现故障,应立即进行校正或维修。喷雾完后,要用清水清洗喷雾器,让喷雾器充分干燥后,包装保存好,注意防止腐蚀。不要用去污剂或消毒剂清洗容器内部。

雾滴大小:气雾免疫效果的好坏与雾滴粒子大小以及雾滴均匀度密切相关。对雾滴大小的监测,可用一张表面涂有机油的盖玻片在喷嘴前方约 30 厘米处,快速上下移动二次后,立即将盖玻片盖在凹口周围涂有凡士林的载玻片上,在显微镜下测出雾滴的直径。对 1 月龄内的鸡,一般宜用粗雾滴(直径 100～200 微米)喷雾。而对 1 月龄以上的鸡,用小雾滴(1～50 微米)喷雾。为了获得最佳的免疫效果而又不会引起太大的呼吸道应激,在大面积用气雾免疫之前,筛选出最适合本品种的雾滴直径。

稀释及用量:稀释液应使用去离子水或蒸馏水,最好加入 0.1% 的脱脂奶粉,对疫苗活力有较好的保护作用。疫苗剂量应加倍,而稀释液的用量,则应根据饲养方式、鸡的日龄及雾滴大小来确定。

在气雾前预先赶入适当栏圈内,使之较为密集。1 月龄以下的平地圈养的雏鸡,如用粗雾滴喷雾,则每 1 000 只需用疫苗稀释液 300～500 毫升。1 月龄以上的使用雾滴直径在 30 微米以下的,则每 1 000 只需用疫苗稀释液 150～300 毫升。在使用时可根据喷雾的结果适当调整,以选择最合适的稀释液用量。

温湿度:适宜的温度是 15～25℃,一般不要在环境温度低于 4℃ 的情况下进行。如果环境温度高于 25℃ 时,雾滴会迅速蒸发而不能进入鸡的呼吸道。如果要在高于 25℃ 的环境中进行气雾免疫,可先在鸡舍内喷水提高鸡舍内空气的相对湿度后再进行。在炎热的季节,气雾免疫应在早晚较凉爽时进行。喷雾时要求相对湿度在70%以上,若低于此湿度,则可在鸡舍内洒水或喷水。

喷雾速度:喷雾前,如平养肉鸡,可把肉鸡集中在鸡舍一角或赶入适当栏圈内,使之较为密集;笼养肉鸡,可直接在笼内一层层地循序进行喷雾。喷雾时,工作人员手持喷雾器,在鸡群中间可连续多次来回进行,至少来回两次。将药液喷匀,至雏鸡身体稍微喷湿即可。如选用直径为50微米以下的细雾滴气雾时,喷雾枪口应在鸡头上方30厘米处喷雾,使鸡体周围形成一个良好的雾化区,并且雾滴粒子不立即沉降而在空间悬浮适当时间;如用100~200微米粗雾滴对雏鸡进行喷雾免疫时,喷雾枪口可在其鸡头上方0.8~1米处喷雾。

切记,喷雾接种后,雏鸡羽毛干燥的时间长短会影响免疫效果,干燥快(少于5分钟)免疫效果差,干燥较慢(15分钟左右)可保证良好的免疫效果。但长时间不干燥,雏鸡易感冒。

关闭门窗:气雾时,应关闭鸡舍所有门窗,停止使用风扇或抽气机,在停止喷雾15~20分钟后,才可打开门窗和启动风扇。

人员防护:某些疫苗对人可产生过敏反应,所以喷雾时最好戴防护面具。

(7)正确处理疫苗反应。鸡群在接种一些毒性较强的疫苗(如新城疫IV系、传支、传喉法氏囊中毒苗)后,往往在第三天左右出现摇头、甩鼻等呼吸道症状,这是正常的疫苗应激反应,说明疫苗在体内发挥作用,若无病原体感染,一般2~3天后,症状自行消失。但因疫苗本身是病毒,有一定的毒性和刺激性,接种后,在引起应激性呼吸道反应的同时还降低了机体及呼吸道的抵抗力,结果支原体、细菌等乘虚而入,造成感染,引起呼吸道疾病。所以免疫前后2天应在饲料或饮水中加入抗支原体药物(罗红霉素、泰乐、恩诺、氧氟、强力)、电解多维,适当升高舍温,加强通风即可控制。

2.加强管理,科学防病

(1)加强责任心,完善规章制度。在生物安全控制措施的诸多因素中,人的责任心和自觉性是最重要的因素。只有高度的责任心和自觉性,才能精心细致地做好饲养管理工作,才能认真地落实每一个与疾病预防有关的环节,那些做事敷衍、无责任心和自觉性的人,是不可能养好肉鸡的。

做好生物安全控制,一方面需要工作人员的自觉性,另一方面也需要相应规章制度的约束。三分技术、七分管理。技术有要求、操作由程序、管理有制度是搞好肉鸡生产的前提和基础。例如鸡舍的消毒程序和卫生标准、疫苗和药物的保管与使用、免疫程序和免疫接种操作规程、饲养管理规程等,这是养鸡场尤其是大型养鸡场绝对不能忽视的。

(2)加强饲养管理,减少应激反应。俗话说:"应激是百病之源"。在饲养过程中,应正确调控通风换气,饲养密度及舍温等管理因素,给鸡创造一个舒适的环境。

①保持适宜温度。不要过高、过低或骤变。

②搞好通风。通风换气可减少或消除舍内氨气、尘埃和病原微生物,但通风时应注意保持舍内温度,防止穿堂风,开启门窗应有小到大逐步进行。

③保持适宜饲养密度。肉鸡后期密度不宜过大,夏季为 8～10 只/米²;冬季为 12～14 只/米²。

当转群、免疫、氨气浓度过高,过分拥挤,无规律的供给饮水或饲料,过热或过冷等发生较大应激时,引起鸡群的抗病力降低而诱发疾病,人们难以完全消除上述各种应激因素,但却是可以通过周密的设计和细心的管理来尽量避免或减轻应激,特别要避免应激的叠加反应。应激时鸡对维生素 A、维生素 K、维生素 C 需求量增加,应及时补充。尤其要重视维生素 A 的供给,因为维生素 A 是保证上皮组织完整性的维生素,如果缺乏,上皮完整性易受到破坏,病原体相对容易入侵。

(3)供给全价日粮,预防营养性疾病。某些营养成分缺乏或不足,容易引起各种营养缺乏症。如钙、磷缺乏，就会发生骨骼畸形、体质减弱；硒和维生素 E 缺乏，患白肌病，我国许多地方土壤缺硒，这些地区生产的饲料中也缺硒，因此必须注意在饲料中添加硒的化合物。营养缺乏疾病如果不采取治疗措施，会引起大批死亡。所以，养殖场户要按饲养标准供给优质全价平衡日粮。

（4）制定投药程序，预防生物性疾病。当我们发现鸡患病时，机体的组织器官和功能已受到较大的损害，即使能及时投药控制死亡，但病鸡生产性能必然受到损害，这对于快大的肉鸡更为明显，因此，与其患病用药治疗，不如定期投药预防。至于何时投放何药，难有一个通用程序。一般地说，应根据本场的发病情况和疫病的流行特点，制定投药程序，有计划地在一定日龄、免疫后或在气候突变时投药预防。

预防应坚持的原则是：①正确选择药物：以预防效果最佳、不良反应小、价廉易得为原则。②切忌滥用药物：尽量少用或不用抗生药物。病毒病尽可能用疫苗预防；肠道细菌感染可使用微生态制剂预防；能用一种药物的决不用两种或多种药物；不宜长期将抗菌药作为饲料添加剂。③严控药残：肉鸡上市前 10～15 天停止用药。我国政府有关部门早已制定了"出口肉鸡允许使用的药物及送宰前停药期限"的规定，要高度重视。

（5）完善监测技术，加强防控手段。对疫病开展制度化、规模化、标准化监测，以利对疫病预测，主动防制。免疫检测包括病原监测和抗体监测两方面；病原监测包括微生物监测和疫病病原监测；抗体监测包括母源抗体、免疫前后的抗体、主要疫病抗体水平的定期监测以及未免疫接种疫病抗体水平的定期监测等。通过抗体监测，可随时了解抗体消长规律，帮助指导免疫及疾病控制；通过病理学、病原学、血清学及分子生物学方法，除定期对 ND、AI、IB 等病进行监测外，还需结合当地疫情及肉鸡生产检测法氏囊、禽脑脊髓炎、马立克氏病、白血病、病毒性关节炎、支原体、沙门氏菌病、大肠杆菌病等疾病的病原携带及感染情况，及时制定切实可行的处理方案。

(6)及时确诊，科学用药。一旦发生疫情，早期诊断是关键，合理用药是根本。如为病毒性疾病，对那些体温正常、尚无症状的健康鸡群应立即紧急接种；如为细菌性或其他普通疾病，通过药敏试验，选用敏感药物，抗菌素用后再用微生态制剂来调节菌群，以增强机体抵抗力，促进机体康复。治疗时用药要准、剂量要足、疗程要够。对没有治疗价值的病鸡，立即淘汰并进行焚烧、深埋无害化处理。

治疗中坚决纠正用药中的"原料药比制剂好，可降低用药成本"、"进口药比国产药好"、"人用药比兽药好"、"药物都可以随意混合"、"药物在治疗时的用量，越大越好"等错误认识。原粉的治疗范围较小，且宜产生耐药性，在治疗过程中剂量往往偏大，治疗时间偏长等，其治疗的成本最终并非降低，而是往往耽误病情，造成不必要的经济损失，国家已明令禁止将原料药投放市场；药品的疗效好差，主要是药品的内在质量即有效成分，临床证明，国内许多兽药生产企业生产的药品，其疗效不亚于进口药品，有的还比进口药好；人药兽用，不仅增加了成本，而且违反了《兽药管理条例》中的禁止将人用药用于防治畜禽疾病。药物之间有配伍禁忌，两种或两种以上药物之间的混合，有的产生协同或增强作用，如青霉素和链霉素；喹诺酮类与氨苄青霉素等。有的则产生拮抗或减弱作用，甚至无效。如喹诺酮与氟苯尼考；红霉素与卡那霉素。有的则产生理化作用或毒性作用，如氟苯尼考不能与磺胺类、卡那霉素混合；

三、建立疫情的预警系统

建立信息平台，及时了解周边地区和国内外疫病流行情况；在较大范围内有计划、有组织地收集流行病学信息，为防疫提供依据。当周围发生疫情时，通过监测本场群的抗体消长及周围鸡场的发病情况，及时启动预警机制，采取果断措施，使鸡群免遭损失。

第三节　健康养殖病毒病

家禽病毒性疾病在禽病中的发病率是最高的,由于缺乏特效药物,一旦发生,就可造成不可挽回的经济损失。所以,解决的重点应当放在预防方面。

要预防病毒性禽病发生,关键在于搞好综合卫生防疫措施。首先应采取严格的隔离消毒措施,杜绝传染源、切断传播途径;同时,还要加强饲养管理、搞好鸡舍环境卫生、增强鸡只抵抗力,减少各种应激因素;对某些烈性传染病,还应切实做好疫苗免疫接种工作,提高机体特异性抗体水平。对病毒性禽病的治疗,一般缺乏特效药物。目前对发病鸡群主要采取以下几种措施:①某些疾病可使用弱毒疫苗进行紧急免疫接种;②使用抗病毒药物或清热解毒中药进行药物治疗,但目前抗病毒西药的疗效还难以确定,而且农业部已经禁止抗病毒西药用作兽用;③使用抗菌类药物防止细菌继发感染;④采用对症疗法,使用解热镇痛等药物缓解症状,调节恢复生理机能;⑤对已有高免血清或卵黄抗体的疾病,可尽早注射高免血清或抗体。对那些发病急、病程短、死亡率高的病毒病,如果仅仅使用化学药物治疗,往往药物还没有发挥作用病禽就已经死亡,疗效难以保证。因此病毒性疾病的防治,关键在预防。

一、新城疫

鸡新城疫(ND)又名亚洲鸡瘟,在我国俗称为鸡瘟,是由鸡新城疫病毒引起的鸡的一种急性高度接触性传染病,常呈败血症经过。主要特征是呼吸困难,下痢,黏膜和浆膜出血,病程稍长的病例伴有神经症状。该病分布于世界各国,是危害养鸡业最严重的疫病之一。

1. 病原

鸡新城疫病毒属于副黏病毒科的一个成员。病毒粒子呈圆形,含单股 RNA,有囊膜,囊膜的外面有突起,含有血凝素和神经氨酸酶。因为含有血凝素,所以病毒能够凝集鸡鸭鹅兔等多种动物的红细胞,而且这种凝集作用能被抗鸡新城疫病毒抗体特异性地抑制。因此可用血凝试验和血凝抑制试验来鉴定新城疫病毒。

新城疫病毒只有 1 个血清型。病毒毒力易随宿主而发生改变,从自然界中分离出来的毒株毒力差异很大,根据其毒力差异,可将鸡新城疫病毒分为嗜内脏速发型、嗜神经速发型、中发型和缓发型四种类型。

本病毒对自然环境因素的抵抗力较强,在鸡舍内可存活 7 周,鸡粪内于 50℃ 可存活 5.5 个月。对热、光等物理因素和酸碱等有较强的抵抗力,对乙醚、氯仿敏感。对一般消毒剂的抵抗力不强,2% 氢氧化钠、1% 来苏儿、3% 石炭酸、1%～2% 的甲醛溶液在几分钟内就能把它杀死。

2. 流行病学

鸡新城疫病毒可以感染很多家禽和鸟类,其中鸡最易感染;任何日龄鸡均可感染该病。火鸡、珠鸡、鹌鹑、鸽等可感染发病,鸭、鹅等水禽也可感染。本病的主要传染源是病鸡和带毒鸡,主要传播途径是经呼吸道和消化道感染。病鸡的分泌物中含有大量病毒,病毒污染了饲料、饮水、地面、用具等,可经消化道感染。带病毒的尘埃、飞沫可经呼吸道感染。

本病一年四季均可发生,春、秋季节更易发生。死亡率与病毒毒力、免疫状况等因素有关。易感鸡群一旦被速发型新城疫病毒感染,迅速发病,发病率和致死率可高达 90% 以上。接种过疫苗的鸡群,发病后发病率、死亡率往往不高,常呈现出非典型新城疫症状。近几年来,由于新城疫强毒株的存在,免疫鸡群中新城疫暴发,出现高死亡率的病例又开始增加。

3. 临床症状

自然感染潜伏期 2～5 天。

最急性型的鸡病程极短,一般无明显症状,迅速死亡。多见于流行初期和雏鸡。

急性病例表现出典型的症状:病鸡体温升高,精神委顿,食欲下降,不愿走动,垂头缩颈,眼睛半闭或打瞌睡。冠和肉髯渐变成暗红色或紫色。病鸡咳嗽,张口,伸颈,呼吸困难,发出"咕噜"声。嗉囊内充满酸臭液体,将病鸡倒提时,可从口中流出。病鸡下痢,排黄绿色稀粪。种鸡产蛋量下降,软壳蛋和畸形蛋增多。

病程稍长的亚急性病例和慢性型,常出现神经症状,运动不协调,头颈向一侧或背后扭曲,有的病鸡行走时转圈或后退,有的病鸡翅膀或两腿瘫痪。

4.病理变化

主要病变是全身黏膜和浆膜出血,淋巴系统肿胀,出血或坏死,尤其以消化道为明显。腺胃的变化具有特征性,主要在黏膜的乳头顶部出血,严重时形成溃疡;有时可见腺胃和肌胃交界处黏膜出血,肌胃的角质膜下也常有出血点。整个肠道黏膜出血,肠淋巴滤泡肿胀,常突出于黏膜表面,甚至形成黄褐色岛屿状坏死性假膜。盲肠扁桃体肿大、出血和坏死。心冠脂肪出血。气管充血、出血,内有大量黏液。种鸡卵泡充血、变形,甚至卵泡破裂形成卵黄性腹膜炎。

非典型新城疫的病死鸡腺胃乳头出血不很明显,仅表现为肠黏膜出血、心冠脂肪出血,气管充血、出血。

5.防制措施

目前对于鸡新城疫尚无有效的药物进行治疗,预防乃是一切防疫工作的重点。应加强卫生管理,严格环境消毒和隔离,防止野毒侵入鸡群,同时一定要做好预防接种工作。

目前我国生产的鸡新城疫疫苗有弱毒疫苗和灭活疫苗两大类。弱毒疫苗中主要有Ⅰ系、Ⅱ系、Ⅲ系、Ⅳ系、克隆-30等。Ⅰ系疫苗属于中等毒力疫苗,它的特点是免疫原性好,但毒力较强,不能对雏鸡使用,只能用于2月龄以上鸡群,应采用肌肉注射方法进行免疫。Ⅱ系、Ⅲ系疫苗毒力弱,主要适用于雏鸡免疫,其中Ⅲ系苗在国内应用较少。Ⅳ系、克隆-30疫苗毒力较Ⅱ系、Ⅲ系疫苗强,免疫原性较好,现临床上广泛使用。灭活疫苗目前主要是新城疫油乳剂灭活苗,其优点是接种后产生的抗体效价高,持续时间长,但价格较昂贵。

鸡群选用哪种疫苗、何时应用,取决于鸡的日龄、母源抗体水平、当地新城疫的流行状况等。有条件的鸡场最好根据抗体效价监测结果来确定免疫的最适时间。

目前肉仔鸡免疫接种可参考以下免疫程序:7～9日龄Ⅳ系苗点眼或滴鼻,21～24日龄再用Ⅳ系苗点眼、滴鼻或饮水,一般免疫两次即可。在本病污染区,可在35日龄用Ⅳ系苗加强1次免疫。在新城疫发病严重的鸡场,在首次免疫时,除弱毒苗点眼或滴鼻外,可同时颈部皮下注射油乳剂灭活苗0.3毫升。

二、禽流感

禽流感(AI)又称真性鸡瘟或欧洲鸡瘟,是由A型流感病毒引起的一种禽类烈性传染病,可分为低致病性禽流感(如 H_9N_2 型)和高致病性禽流感(如 H_5N_1 型)。

1.病原

A型流感病毒属于正黏病毒科、正黏病毒属,核酸为单股RNA,病毒粒子呈球形,成熟的病毒直径为80～120纳米。病毒表面有脂蛋白囊膜,膜上有两种突起物:血凝素(HA)和神经氨酸酶(NA),它们是病毒表面的主要糖蛋白,具有种(亚型)的特异性和多变性,极易发生变异,迄今已知有16种HA和10种NA,不同的HA和NA之间可发生不同的随机组合,从而构成许许多多不同的亚型。

病毒对干燥、冷冻的抵抗力较强,但在直射阳光下40～48小时被灭活,紫外线灯直接照射可使其迅速灭活。不耐热,60℃经20分钟可将其杀灭。普通的消毒药均能杀灭本病毒。

2.流行病学

本病可经消化道、呼吸道等多种途径传播。野鸟和水禽在本病的传播上有重要意义。低致病性禽流感,死亡率较低;高致病力禽流感毒株(H_5N_1)感染,死亡率可达 $80\%\sim90\%$ 以上。鸡、鸭、鹅及野鸟和人等均可感染本病。

3.临床症状

精神委顿、采食下降,羽毛松乱,缩颈闭眼。感染高致病性禽流感时往往突然暴发,鸡只大批死亡,病鸡精神极度委顿,食欲废绝。肿头肿眼、流泪,鸡冠和肉垂肿胀,呈暗紫色。小腿部位尤其是跗关节鳞片出血,呈蓝紫色。呼吸困难,咳嗽,张口伸颈呼吸。一般拉黄绿色稀粪。部分病例出现神经症状,抽搐,运动失调,瘫痪。种鸡产蛋率急剧下降,软壳蛋、畸形蛋增多。

4.病理变化

肿胀部位皮下有胶冻样浸出物;全身出血,心脏、腺胃、肌胃、肠道等各内脏浆膜、黏膜有点状出血,腹部脂肪有点状出血。胰腺出血;腺胃乳头溃疡出血,肌胃角质层易剥离,角质层下有出血斑、出血点;喉头、气管充血出血,内有黏性分泌物;肠道广泛性出血和溃疡。产蛋种鸡卵泡充血、出血,严重者卵泡破裂,形成卵黄性腹膜炎。输卵管水肿,内有脓性或干酪样物质。

5.防制措施

(1)预防和控制禽流感首先是严格执行综合性卫生防疫措施,防止禽流感病毒,特别是高致病性禽流感病毒传入鸡群。实行良好的生物安全措施是预防和控制禽流感的关键。

(2)免疫接种是预防禽流感的又一重要措施。国内已有 H_9 型、H_5 型和 H_9-H_5 二价油乳剂灭活苗,也有 H_5 禽流感重组鸡痘病毒载体活疫苗。疫苗使用中,应注意不同血清亚型的疫苗缺乏明显的交叉保护作用,H_9 和 H_5 型毒株间不能相互预防。

(3)治疗:对禽流感没有切实可行的特异治疗方法。对高致病性禽流感应迅速采取封锁、扑杀措施,我国采取的是疫区周围 3 千米内的禽类全部扑杀,3~5 千米内的禽类强制免疫,5 千米外的禽类计划免疫。对低致病性禽流感可采用药物进行治疗,盐酸金刚烷胺等抗病毒药物对 A 型流感病毒感染有一定效果,用药后可降低死亡率,还可使用其他各种辅助疗法,如使用抗生素控制细菌继发感染,使用解热镇痛药物缓解发热症状,补充电解质、维生素以增强体质等,可提高鸡只的耐过率。

三、鸡传染性法氏囊病

传染性法氏囊病(IBD)是雏鸡的一种急性接触性免疫抑制性传染病,发病率高,病程短。本病主要侵害鸡的免疫中枢器官—法氏囊,可导致免疫抑制。其危害除直接引起病鸡死亡外,还导致机体免疫机能下降,使多种疫苗免疫失败,并可诱发多种疫病。

1. 病原

传染性法氏囊病病毒属于双 RNA 病毒科,双 RNA 病毒属,该病毒无囊膜,有两个不同的血清型,即血清 Ⅰ 型(鸡源性毒株)和 Ⅱ 型(火鸡源性毒株)。血清 Ⅱ 型病毒对鸡无致病力。

法氏囊病毒非常稳定,对理化因素抵抗力较强,在鸡舍中病毒可存活 100 天以上。对许多消毒药不太敏感。对常规消毒浓度的过氧乙酸、次氯酸钠、漂白粉和碘制剂等较敏感,短时间作用即可将病毒灭活。

2. 流行病学

自然感染仅发生于鸡。在发病日龄上具有明显的特征性,主要发生于雏鸡,3～6 周龄的雏鸡最易感染。一年四季均可发生。发病率很高,死亡率差异较大,一般为 15%～20%;有继发感染或混合感染时死亡率更高。

3. 临床症状

发病突然,传播迅速;鸡翅下垂,呆立,羽毛松乱,怕冷,在热源处扎堆;排水样白色稀便;病初可见有的鸡自行啄肛;脱水严重,趾爪干瘪;呈尖峰式死亡,病程快,发病 1 周后,病死鸡数明显减少,鸡群迅速康复。

4. 病理变化

主要病变在法氏囊,表现为法氏囊肿大,外被黄色透明的胶冻样物质;切开后常可见黏膜水肿,有淡黄色胶冻样物质或干酪样物,有的散在出血斑点;严重者法氏囊呈紫葡萄样;发病后期法氏囊萎缩,土黄色且变硬;胸肌、腿肌常有条纹或斑点状出血;部分鸡腺胃和肌胃交界处有溃疡和出血带,肠黏膜出血。肾肿大、苍白,输尿管充满白色尿酸盐。

5. 防制措施

(1)预防:可参考以下免疫程序:14 日龄用弱毒疫苗饮水免疫,21日龄用弱毒疫苗饮水进行第二次加强免疫。

(2)治疗:鸡群可采用高免血清或高免卵黄抗体肌肉注射,发病早期,效果较好;为避免病鸡脱水,可饮用电解质、维生素补充体液。为防止细菌继发感染,可添加抗生素。也可使用清热解毒中药、黄芪多糖等。

四、马立克氏病

马立克氏病(MD)是由疱疹病毒引起的一种淋巴组织增生性疾病,其特征是病鸡的外周神经、性腺、虹膜、各种脏器、肌肉和皮肤等部位发生淋巴样细胞增生、浸润和形成肿瘤性病灶。

1. 病原

马立克氏病毒属于疱疹病毒科。本病毒有三个血清型:血清Ⅰ型、血清Ⅱ型和血清Ⅲ型(火鸡疱疹病毒),血清Ⅰ型病毒能引起肿瘤的发生,而血清Ⅱ型和血清Ⅲ型无致瘤性。病毒在机体组织中,有两种存在形式:一种是没有发育成熟的病毒,称为不完全病毒,主要存在于肿瘤组织及白细胞中,此种病毒离开活体组织和细胞很容易死亡。另一种是发育成熟的病毒,称为完全病毒,存在于羽毛囊上皮细胞及脱落的皮屑中,对外界环境的抵抗力强,在传播本病方面有极重要作用。

2. 流行病学

易感动物主要是鸡,年龄越小易感性越强,1 日龄雏鸡最易感,随着日龄的增长鸡只对本病的易感性明显下降。鸡脱落的羽毛囊上皮中的病毒粒子主要经呼吸道感染易感雏鸡。本病潜伏期长,鸡只感染病毒后,通常需经 1~2 个月才表现症状和死亡,因此本病多发生于 2~3 月龄鸡。

3. 临床症状

马立克氏病可分为四种类型,即神经型、内脏型、眼型和皮肤型,以前两种多见。

神经型:根据受损部位的不同而表现不同。以坐骨神经最为常见,表现为一侧较轻一侧较重,病鸡步态不稳、腿瘫、双腿呈一前一后"大劈叉"姿势。臂神经受侵时,则被侵侧翅膀松弛、下垂。颈部肌肉神经受侵时,病鸡发生头下垂或头颈歪斜。迷走神经受侵时,可引起失声、嗉囊扩张和呼吸困难。

内脏型:病鸡精神沉郁,羽毛无光泽,脸色苍白,消瘦、胸部龙骨如刀状,排绿色稀便。

眼型:病鸡一侧或两侧眼睛失明,瞳孔边缘不整齐呈锯齿状,虹彩消失,眼球如鱼眼,呈灰白色。

皮肤型:病鸡体表的毛囊腔形成结节及小的肿瘤状物,肿瘤结节呈灰黄色,突出于皮肤表面,有时破溃。

4. 病理变化

神经型病变主要表现为坐骨神经、臂神经等肿大,粗细不均,横纹消失。病变常为单侧性,将两侧神经对比有助于诊断。

内脏型:内脏各器官组织广泛形成肿瘤病灶,最常受害的是卵巢、肝、肾、心、肺、脾、胰、腺胃和肠道,可见大小不等的肿瘤块,灰白色,质地坚实而致密,有时肿瘤呈弥漫性,使整个器官变得很大。

5. 防治措施

本病无有效药物治疗。关键在于雏鸡出壳后 24 小时内接种疫苗,并做好消毒工作,防止雏鸡早期感染病毒。

五、传染性支气管炎

传染性支气管炎(IB)是由冠状病毒引起的鸡的急性、高度接触性传染病。该病病原血清型多,具有多种临床表现型,最为常见的主要有呼吸型和肾型两种类型。呼吸型传支主要表现为咳嗽、打喷嚏和气管罗音。肾型传支主要表现为肾脏肿胀。

1. 病原

传染性支气管炎病毒属于冠状病毒科、冠状病毒属。病毒表面具有囊膜,血清型较多,不同血清型的毒株其致病性及所引起的症状差别较大。多数血清型的病毒可引起明显的呼吸道症状,而某些嗜肾型的毒株却主要引起明显的肾脏损伤而只有轻微的呼吸道症状。

本病毒对理化因素抵抗力不强,但对低温的抵抗力则很强。一般消毒剂都可以将其杀死。

2. 流行病学

本病仅发生于鸡,其他家禽自然条件下均不感染发病。各种年龄和品种的鸡都可发病,但雏鸡多发。本病一年四季均可发生,以冬季最为严重。主要经呼吸道感染,也可经消化道感染。本病发病迅速,发病率高。单纯的呼吸型传支,死亡率低,但肾型传支则死亡率较高。环境条件在该病发生中起重要作用,过热、严寒、拥挤、通风不良以及营养不良均可促进本病的发生。

3. 临床症状

呼吸型:雏鸡突然出现呼吸症状并很快波及全群,病鸡表现为气喘、咳嗽、打喷嚏、气管罗音和流鼻涕;精神沉郁、畏寒、食欲减少、羽毛松乱、打堆;个别鸡鼻窦肿胀、流泪。种鸡可引起产蛋下降,软壳蛋、畸形蛋增多,蛋清变的稀薄。

肾型:发病初期有轻微的呼吸道症状,病鸡表现咳、喘,2~3天后呼吸道症状减轻或消失;随后鸡群开始出现死亡,表现为羽毛逆立,精神委顿,饮水量增大,拉白色水样稀粪,粪便中含有大量尿酸盐;病鸡脱水,肌肉、鸡爪干瘪,最后衰竭而死。

4.病理变化

呼吸型:病鸡的气管、支气管、鼻腔和窦中有浆液性、黏液性和干酪样渗出物,气囊可能混浊,含有黄色干酪样渗出物。

肾型:主要病理变化是肾肿大、苍白,肾脏和输尿管内充满白色尿酸盐物质,肾脏外观呈花斑状。

5.防治措施

(1)加强饲养管理,降低饲养密度,加强通风,保持空气清新,减少氨气等有害气体对呼吸道的刺激,避免忽冷忽热,对防治本病具有重要的意义。

(2)疫苗免疫:呼吸型传支可使用 H_{120} 和 H_{52} 株疫苗,H_{120} 株疫苗毒力弱,用于雏鸡的首次免疫,H_{52} 毒力强,用于二免以后的免疫。高发区可以用灭活油苗进行注射免疫。

肾型传支必须选用肾型传染性支气管炎弱毒疫苗或灭活苗进行免疫接种。

(3)治疗:无特异性治疗方法,多采用加强饲养管理、对症治疗和使用抗菌药物控制细菌继发感染等综合性措施。

呼吸型传支可使用止咳平喘药物(如氨茶碱)缓解呼吸困难症状。

肾型传支以降低饲料蛋白、溶解、排泄尿酸盐、促进肾脏恢复为主要思路,可使用肾肿解毒类药物。

六、传染性喉气管炎

鸡传染性喉气管炎(ILT)是由传染性喉气管炎病毒引起的鸡的一种急性呼吸道传染病。本病的特征是呼吸极度困难和咳出含血的渗出物。

1.病原

传染性喉气管炎病毒属疱疹病毒科疱疹病毒属,只有一个血清型。病毒对外界环境的抵抗力不强,对一般的消毒剂敏感。

2.流行病学

主要侵害鸡,不同年龄的鸡均易感,但以成年鸡的症状最为明显。主要经呼吸道和眼结膜感染。本病一年四季都能发生,但以冬春季节多见。本病在同群鸡传播速度快,群间传播速度较慢,常呈地方流行性。感染率可达90%,死亡率一般10%~20%,但高产的成年种鸡病死率较高。

3.临床症状

病初伴有结膜炎、流泪、流鼻涕等症状,典型症状是高度呼吸困难,病鸡呼吸时常伸长头颈,发出喘鸣声,咳出血痰。产蛋鸡产蛋率下降。

4.病理剖检

本病的主要病变在喉头和气管,喉头气管黏膜肿胀、充血、出血、甚至坏死。发病初期喉头、气管可见带血的黏性分泌物或条状血凝块;中后期死亡鸡只,喉头气管黏膜附有黄色干酪样物,并形成栓塞。

5.防治措施

在本病流行地区可接种弱毒疫苗进行预防,非疫区最好不要使用。本病无特效治疗药物,发病后可采用弱毒疫苗进行紧急免疫接种,鸡群可应用止咳平喘药物缓解症状,如氨茶碱等。

七、鸡痘

鸡痘是由禽痘病毒引起的传染病,通常在临床上可分为皮肤型和黏膜型两种类型。皮肤型以在体表裸露皮肤上发生结节性痘疹为特征,黏膜型则是痘疹生长在口腔、咽喉和上呼吸道黏膜上,常形成假膜,故又名白喉型鸡痘。

1.病原

禽痘病毒为痘病毒科禽痘病毒属,该病毒是一种比较大的 DNA 病毒,呈砖形,病毒可在感染细胞的胞浆中增殖并形成包涵体。

病毒大量存在于病禽的皮肤和黏膜病灶中,病毒对外界环境的抵抗力相当强,上皮细胞屑片和痘结节中的病毒可抗干燥数年之久。对酸碱等消毒剂抵抗力弱,但对石炭酸的抵抗力较强。

2.流行病学

禽痘多通过受损伤的皮肤和黏膜而感染,库蚊、伊蚊等吸血昆虫在本病的传播中起着重要作用。本病一年四季均可发生,但以夏秋和蚊子活跃的季节多发。各种年龄、品种的鸡都能感染,但以雏鸡、中雏最常发病。单纯皮肤型鸡痘死亡率较低,若伴有细菌继发感染时,可造成病鸡大批死亡;白喉型鸡痘则死亡率较高。管理不善可使病情加重。

3.临床症状及病变

(1)皮肤型鸡痘表现为身体无羽毛或羽毛稀少的部位,特别是冠、肉髯、喙角、眼睑、两翅内侧、胸腹部、小腿部和泄殖腔等部位,产生一种灰白色的小结节。有的为散在性小结节,有的为小结节融合成大块结节。结节起初表现湿润,后变为干燥,外观呈圆形或不规则形,颜色为浅黄褐色到深褐色不等。结节结痂后易脱落,出现瘢痕。

(2)白喉型鸡痘表现为在口腔、食道或气管黏膜表面形成微隆起、白色不透明结节,以后迅速增大并常融合而成黄色、奶酪样坏死的假膜,将其剥去可见出血、糜烂。假膜可导致严重的呼吸困难,病鸡常因窒息而死亡。

(3)混合型:皮肤型和黏膜型同时发生时就为混合型。

4.防治措施

(1)预防:20日龄左右在鸡翅膀内侧无血管处皮下刺种弱毒疫苗。接种后7～10天观察接种部位有无"出痘"现象,以确定免疫效果。

(2)治疗:尚无特效治疗药物,主要采用对症疗法,以减轻病鸡症状和防止并发症。皮肤上的痘痂一般不做治疗,对白喉型鸡痘,可用镊子剥掉口腔假膜,并涂擦碘甘油。

鸡痘发生后,极易发生大肠杆菌、葡萄球菌感染,因此应使用抗菌药物控制继发感染。

八、鸡传染性脑脊髓炎

鸡传染性脑脊髓炎(AE)是由鸡传染性脑脊髓炎病毒引起的,以头颈震颤、共济失调、两腿麻痹或瘫软为主要特征的传染病。

1. 病原

禽传染性脑脊髓炎病毒属于小 RNA 病毒科、肠道病毒属,病毒粒子具有六边形轮廓,无囊膜。病毒对氯仿、酸、胰蛋白酶、DNA 酶有抵抗力,双价镁离子保护其不受热影响。

2. 流行病学

本病有水平和垂直两种传播方式,但主要以经种蛋垂直传播为主;各个日龄均可感染,但主要见于 3 周龄以内的雏鸡;发病率一般为40%~60%,死亡率10%~25%,高的可达 50%。

3. 临床症状

雏鸡往往 1 周龄后大群开始发病。最初表现为迟钝、步态不稳,继而出现共济失调、瘫痪;雏鸡蹲坐在跗关节上,或一侧或双侧腿麻痹;典型症状为头和颈部发生震颤,往往呈阵发性;头颈、腿、翼部可见明显的阵发性震颤,频率较高;在病鸡受惊扰如给水、加料、倒提时更为明显;病雏始终有食欲,将食槽移至身边可采食,大多数病雏因瘫痪而吃不到饲料和饮水,最后衰竭而死。种鸡感染后,仅出现一过性的产蛋下降,下降幅度为 10%~20%,种蛋孵化率下降。

4. 病理变化

一般无明显肉眼变化。唯一可见的病变是腺胃的肌层有细小的灰白区,比针尖略大,不太容易观察;个别雏鸡可发现小脑水肿。

5. 防治措施

(1)预防:不从发病的种鸡场引进鸡苗,是防治本病的关键;种鸡应于 18~20 周龄接种鸡脑脊髓炎油乳剂灭活苗,使种蛋含有较高的母源抗体,以保护雏鸡免于感染。

(2)治疗:本病尚无有效的治疗方法。

九、减蛋综合征

减蛋综合征（EDS-76）是由腺病毒引起的一种病毒性传染病。其临床特征为鸡群产蛋下降，大量出现软壳蛋和畸形蛋，蛋壳颜色变浅。

1.病原

减蛋综合征病毒是腺病毒属禽腺病毒Ⅲ群的病毒，无囊膜，含红细胞凝集素，能凝集鸡鸭鹅的红细胞。病毒对乙醚、氯仿不敏感，对 pH 值适应谱广，0.3％福尔马林维持 48 小时可使病毒完全灭活。

2.流行病学

除鸡易感外，自然宿主为鸭、鹅和野鸭。各种日龄的鸡均可感染，但仅在成年产蛋鸡群发病。不同品系的鸡易感性有差异，褐壳蛋鸡最易感，而白壳蛋鸡发病率低。本病既可水平传播，又可垂直传播。

3.临床症状

感染鸡群以发生群体性产蛋下降为特征。病鸡群的精神、采食和饮水无明显变化，在发病过程中死淘率并不见增多。鸡群产蛋率可下降 20％～30％，有时达 40％～50％。除产蛋下降外，所产的鸡蛋有无壳蛋、软壳蛋、薄壳蛋，鸡蛋表面如石灰样，出现各种形状的畸形蛋，鸡蛋壳颜色由褐色变浅呈白或粉皮蛋。产蛋下降期 4～8 周，10 周后开始好转，但很难恢复到正常水平。

4.病理变化

病变不明显，有时可见卵巢静止不发育和输卵管萎缩，少数病鸡可见子宫水肿，腔内有白色渗出物或干酪样物，卵泡有变性和出血现象。

5.防治措施

种鸡可在开产前用减蛋综合征油乳剂灭活苗肌肉注射 0.5 毫升。一旦发病目前尚无有效药物进行治疗，可加强饲养管理，使用抗菌药物，控制细菌继发感染。

十、禽病毒性关节炎

禽病毒性关节炎是由呼肠孤病毒引起鸡、火鸡和其他家禽的一种传染病。本病主要侵害关节滑膜、腱鞘和腿肌，以发生关节炎、腱鞘炎及腓肠肌腱断裂为特征。

1. 病原

本病的病原为呼肠孤病毒，属于呼肠孤病毒科、呼肠孤病毒属，双股 RNA，由一个核心和一个衣壳构成，有多个血清型。对热、低温、乙醚、氯仿具有抵抗力，紫外线和碘制剂可杀死病毒。

2. 流行病学

本病有水平和垂直两种传播方式，但以水平感染为主。5～7 周龄的肉用仔鸡最常见，日龄越小，易感性愈高，1 日龄雏鸡最易感。本病感染率可高达 100%，但死亡率通常不超过 6%，大多数感染鸡呈隐性经过。

3. 临床症状

急性发病鸡群先出现跛行，跗关节及其上方的腱鞘肿胀，随着病程发展，病鸡跛行严重，关节和腱鞘肿胀，触之有波动感。病鸡行走困难、不愿站立，常蹲坐在地面，几乎不能行动，采食困难，食欲下降，长时间后开始死亡。慢性鸡群，病鸡的跗关节及其腱鞘轻度肿胀，轻度跛行。多数病鸡一肢患病较重，呈蹒跚样步态，鸡发育迟缓或生长停滞。

4. 病理变化

本病的主要病变在跗关节、趾关节、趾屈肌腱及跖伸肌腱。急性病例表现为关节囊及腱鞘水肿、充血或点状出血。关节腔内含有少量较透明呈淡黄色或带血色的渗出物，少数病例有脓性分泌物存在，有时含纤维素絮片。严重病例可见肌腱断裂、出血和坏死等；慢性病例时出现病变的腱与腱鞘，炎性渗出物一般较少，多见结缔组织增生，重症者可见腱与腱鞘粘连。

5.防治措施

(1)预防:不从有本病的鸡场引入鸡苗是防制该病的最重要途径。种鸡最好选用灭活苗进行免疫,通过母源抗体的被动免疫来保护雏鸡。

(2)治疗:对发病鸡只尚无有效的治疗方法。

十一、鸡传染性贫血

鸡传染性贫血是由鸡传染性贫血病毒引起的雏鸡的亚急性免疫抑制性传染病,主要特征是再生障碍性贫血、全身性淋巴组织萎缩、皮下和肌肉出血。1979年本病首次由Yuasa在日本报道并分离出病毒,以后在世界许多国家的鸡群中广泛存在,我国也有此病的报道。本病是又一重要的免疫抑制性疾病。

1.病原

鸡贫血病毒为圆环病毒科的单股环状DNA病毒,对乙醚和氯仿有抵抗力,耐热、耐酸;但对福尔马林、酚和含氯制剂敏感。

2.流行病学

鸡是本病毒唯一的宿主,且表现明显的年龄抵抗力,主要发生在2～3周龄内的雏鸡,1～7日龄雏鸡最易感,日龄越大,其易感性、发病率和死亡率逐渐降低,死亡率一般为10％～60％。本病主要经种蛋垂直传播,种鸡感染1～2周后,持续3～6周内种蛋孵出的雏鸡会发病。本病也可通过消化道及呼吸道水平传播。

3.临床症状

本病呈急性经过,特征性症状为贫血。雏鸡表现精神差,消瘦,发育受阻。冠、肉髯及可视黏膜苍白,翅膀皮炎或蓝翅,全身点状出血;2～3天后开始死亡,死前可见拉稀。6周龄以上的鸡和有母源抗体的鸡感染,仅表现轻微症状或不出现症状。

4.病理变化

病鸡全身性贫血,消瘦,肌肉与内脏器官苍白,血液稀薄,凝血时间延长。骨髓萎缩是最有特征性的变化,主要表现为骨髓呈黄白色。胸腺与法氏囊显著萎缩。肝、脾和肾肿大,有时肝表面有坏死灶。腺胃黏膜出血。严重贫血病例可见肌肉和皮下出血。若有细菌继发感染,可见到坏疽性皮炎。

5.防治措施

(1)加强引种检疫,防止从外界引入带毒鸡。

(2)开产前,对种鸡进行免疫接种,可有效防止子代鸡发病。

(3)同时应做好马立克氏病、传染性法氏囊病等其他免疫抑制病的防治工作,因为本病易与这类病毒混合感染,而增加易感性。

(4)本病无特异性治疗方法,通常应用广谱抗生素控制继发感染。

十二、禽白血病

禽白血病(AL)是反转录病毒科一群具有共同特征的病毒引起的禽类多种慢性传染性肿瘤性疾病的统称,主要有淋巴细胞性白血病,其他的如成红细胞性白血病、成髓细胞性白血病、骨髓细胞瘤、结缔组织瘤、上皮肿瘤、内皮肿瘤等则较少见。近年来,J-亚型白血病在我国也时有发生。

1.病原

禽白血病病毒属于反转录病毒科禽 α 反转录病毒群,俗称禽 C 型肿瘤病毒;与肉瘤病毒紧密相关,统称禽白血病/肉瘤群病毒。根据囊膜蛋白的抗原性不同,可分为 A、B、C、D、E、J 等多个亚群。本病毒对理化因素的抵抗力弱,尤其是对高温的耐受性低,37℃条件下存活时间约 260 分钟,－15℃条件下存活时间不到 12 周,但是在－60℃条件下存活时间可达数年。

2.流行病学

本病在自然情况下只能感染鸡,人工接种可引起野鸡、鹌鹑等禽引起肿瘤。传染源为病鸡和带毒鸡,尤其是带毒鸡在本病的传播上起着重要作用,有病毒血症的母鸡,本身没有症状而其下的蛋常常带有病毒。本病主要以垂直传播方式进行传播,也可水平传播,但比较缓慢。本病的感染虽然广泛,但临床病例的发生率相当低,一般多为散发。

3.症状与病变

(1)淋巴细胞性白血病:潜伏期长,14周以上,多发生于成年鸡。病鸡一般表现全身性症状,消瘦、虚弱,腹部肿大,病鸡呈企鹅姿势,鸡冠和肉髯苍白、皱缩,有时泻痢,多因衰竭死亡,死亡率1%~2%。主要病理变化是:内脏器官出现肿瘤,肿瘤主要见于肝、脾及法氏囊,也可侵害肾、肺、性腺、心脏等组织。

(2)J-亚型白血病:J-亚型白血病又称为骨髓性白血病,是由J-亚型白血病病毒引起的一种肿瘤性疾病。现已证实,本病在美国、英国及世界许多地区的肉用鸡群中的发生率很高,鸡群感染率接近50%。J-亚型白血病病毒既可垂直传播(通过种蛋传播),也可水平传播(个体之间传播)。鸡在6~8周龄期间对J-亚型白血病病毒的水平感染极为敏感。所有品系的鸡都对J-亚型白血病病毒敏感,但不同鸡种和不同品系的鸡其敏感性不同,主要发生于肉用型鸡,蛋用型鸡也可感染,但很少自然发病。

种鸡群感染时开始并无明显的临诊症状,随后可见感染种鸡其均匀度不整齐,鸡只苍白,羽毛异常,死亡率明显增高,产蛋下降。肿瘤通常在17周龄初出现,最常见于肝脏,但也可见于其他器官和组织,如心脏、脾脏、睾丸、卵巢、肾脏等。特别有特征性的是,在一些鸡群,肿瘤常表现于胸骨和肋骨的内表面。

4.防治措施

本病无有效的治疗措施。鸡群中发现病鸡应坚决淘汰。最根本的防制措施是培育无白血病的种鸡群,应通过反复检疫,以确定种鸡无各种鸡白血病病毒。孵化的种蛋应来自无白血病的健康鸡场。

十三、肉鸡肿头综合证

肉鸡肿头综合征(SHS)是病毒引起鸡的一种新的急性传染性呼吸道病,其主要特征是面部肿胀。

1.病原

从病鸡中可分离到多种细菌和病毒,最多见的是禽肺病毒和埃希氏大肠杆菌,一般认为是鸡感染禽肺病毒后,继发大肠杆菌感染,两者共同作用的结果。没有大肠杆菌的协同作用,不可能产生本病的典型病变。禽肺病毒属于副黏病毒科,但无血凝性。

2.流行病学

本病常见于 $4\sim7$ 周龄的商品肉鸡,也见于成年蛋鸡,传播迅速。发病率一般为 $10\%\sim50\%$,病死率 $1\%\sim20\%$ 不等。环境因素如密度大、通风不良、湿度低,空气中尘土飞扬,对本病的发生至关重要。

3.临床症状

肉鸡先打喷嚏、咳嗽,24 小时后出现结膜潮红,头部皮下水肿,并扩展到肉垂和下颌组织,有的肉髯发绀,严重时虚脱死亡。肉种鸡的症状特点为肿头,极度沉郁,数量不一的病鸡出现斜颈、定向障碍等神经症状,产蛋率和种蛋受精率下降。

4.病理变化

急性卵黄性腹膜炎。头部周围皮下组织充满胶冻状渗出物或化脓。颅骨气腔中充满干酪样物质,鼻甲骨黏膜淤血和有点状出血,眼结膜发炎。

5.防治措施

保持良好的环境卫生,如加强通风、经常更换垫料,低密度饲养等,可降低本病的发生。发病后,使用抗菌药物控制大肠杆菌感染,是重要的防治措施。现在也已研制出弱毒活疫苗和灭活疫苗,用于本病的预防。

第四节 健康养殖细菌病

一、大肠杆菌病

大肠杆菌病是由大肠埃希氏杆菌引起的一种常见、多发的细菌性疾病。是目前危害肉鸡饲养业最严重的细菌病,本病造成的损失包括鸡的死亡、生长迟缓、饲料报酬降低、酮体质量下降(包括药物残留)、防治费用的增加等。

1. 病原

大肠杆菌有许多血清型,为革兰氏染色阴性,需氧或兼性厌氧,易于在普通培养上增殖,适应性强,对一般消毒剂敏感,容易产生耐药性。

2. 流行特点

(1)发病普遍:几乎每个肉鸡场都存在大肠杆菌病,而且几乎每批鸡都会发病,以呼吸道传播为主。

(2)发病日龄:大肠杆菌病一般有两个发病高峰期,第一个发病高峰在 10 日龄以前,一般在出壳后开始出现死亡,主要是由于种蛋的污染及孵化、出雏过程中的消毒不严而引起发病;自 20 日龄左右开始发病率又逐渐上升,原因是由于饲养环境的恶化及其他疾病导致的抵抗力降低而造成的。

(3)发病与外界环境因素等关系大:寒冷季节和炎热潮湿季节及温差过大时多发,舍内过度干燥或潮湿、密度过大、垫料(粪便)清除不及时、通风不良等容易发病,转群、接种疫苗及其他应激也容易导致发病。

(4)与其他疾病混合感染或继发感染:鸡在发生新城疫、禽流感、传染性支气管炎、支原体等传染病后,会增加对大肠杆菌的易感性。

(5)发病率和死亡率的高低差别大:病的危害程度与菌株毒力有

关,还与饲养环境、有无并发症或继发症及是否采取了及时有效的措施有关。

3.临床症状

在肉鸡主要有几个表现型:卵黄囊感染(脐炎)、败血症、肿头综合征、全眼球炎、脑炎等。病鸡往往首先出现呼吸症状,随后出现饮食减少,无神,羽毛粗乱,腿脚干燥,冠脸发紫,排黄、白、绿色稀便,逐渐消瘦,脑内感染时还有神经症状。

4.剖检

典型的变化是心包炎、肝周炎、腹膜炎,肝、肺淤血,有时肺脏发生实变,失去呼吸机能,肺表面覆有一层黄白色干酪物。肿头的在头部皮下有黄色胶冻样物,后期形成干酪样物。眼型的大肠杆菌病表现眼结膜潮红、充血、流泪,继而眼帘闭合,眼内出现浓稠的分泌物,后期形成干酪物。脑炎型大肠杆菌病在剖检时可见脑膜充血、出血、脑实质水肿。初生雏鸡发病时多见脐部红肿,卵黄水样或干酪样,稍后死亡的表现为心包炎、肝周炎、腹膜炎。发病越早,死亡越急,变化也越不明显。当后期发病而且与其他病混合感染时,还会有相应的病理变化,死亡慢的有时会出现腹水症。

5.诊断

通过病理解剖可以做出初步诊断,确诊可以通过实验室进行细菌分离、鉴定。

6.防治

(1)治疗:应早发现、早治疗。由于大肠杆菌容易产生耐药性,因此,通过药敏试验来指导用药有时是比较好的用药方法。在用药时应注意药物的配伍、用法、剂量、疗程、药物的毒副作用等,肉鸡在用药时还要注意药物的残留问题。当有并发症时还应治疗并发症。单纯用药物治疗效果不理想,还要注意加强饲养管理和搞好鸡舍内的清洁卫生与消毒。将没有治疗价值的病鸡淘汰。

(2)预防:对肉鸡的大肠杆菌病最好以预防为主。

①搞好进鸡以前舍内的消毒工作,平时加强鸡群的饲养管理,搞好

环境卫生,保持适宜的饲养密度和良好的通风,避免各种应激。

②定期的预防性投药十分必要。在肉鸡的整个饲养过程中,要制定一个药物预防计划,定期进行预防性用药。另外,在接种疫苗、转群等时最好用几天药物以防止发病。

③疫苗预防。当发病频繁,用药物治疗效果不理想时,可以考虑用疫苗进行预防。最好用本场分离的菌株制作疫苗。

④用微生态制剂和中草药来防治肉鸡的大肠杆菌病值得推广。

二、传染性鼻炎

鸡传染性鼻炎是由副鸡嗜血杆菌所引起的鸡的急性上呼吸道疾病。特征为鼻腔和鼻窦发炎,流鼻液,流泪,打喷嚏,脸部浮肿。多发生于成鸡,肉鸡发病较少。

1.病原

副鸡嗜血杆菌为兼性厌氧菌,革兰氏染色阴性,本菌对外界环境抵抗力弱,但是在感染鸡体内存活时间较长。

2.发病特点

本病不易远距离传播,故很少大面积暴发,仅会出现局部流行。在感染鸡群内传播较快。发病率高,死亡率低。

本病的发生与导致机体抵抗力下降的诱因密切相关。如鸡群拥挤、鸡舍内闷热或寒冷潮湿、温差变化大、舍内通风不良、氨气浓度大、缺乏维生素 A 等。秋、冬季最容易发病。

3.临床症状

病鸡食欲下降,排黄绿色稀粪。最初打喷嚏,后来呼吸困难,摇头、面部浮肿,有的鸡不时用爪搔抓面部。眼流泪,眼睑发红,眼睛闭合成一条缝,甚至眼睑粘连导致失明。鼻流黏液,初期稀薄水样,后期黏稠,有的病鸡鼻孔被分泌物堵塞,上面黏有饲料。

4.剖检变化

病鸡的鼻腔黏膜出血,有黏性分泌物,切开脸部肿胀的部位,皮下有豆腐渣样黄色干酪物,气管上部黏膜出血,气管内有许多黏液,内脏变化一般不明显。

5.诊断

根据临床症状及剖检变化可以初步诊断。确诊可以通过化验室进行病原分离鉴定。本病和慢性呼吸道病、慢性禽霍乱、禽流感等的症状相类似,要注意区别。

6.防治

(1)治疗:由于本病难以彻底治愈,而且容易复发,因此需要用2～3个疗程的药物,用一种药物治疗5天后,停3天,再换另一种药物继续治疗3天。有时需要配合个体治疗,对病鸡肌肉注射链霉素、卡那霉素、庆大霉素等,全群可以用阿莫西林、复方泰乐菌素、红霉素、磺胺类药等拌料或饮水。

(2)预防:合理搭配饲料,加强饲养管理,搞好鸡舍内的通风,解决好鸡舍内的保温和通风的矛盾,做好鸡舍内外的日常卫生消毒工作。防止发病和彻底消除该病的最有效措施是整个鸡场做到全进全出,出栏之后进行彻底的消毒并空舍一定时间。已发病的鸡场建议对以后饲养的鸡进行疫苗接种,直到本病消失。

三、沙门氏菌病

肉鸡的沙门氏菌病是指由禽沙门氏菌所引起的急性或慢性疾病。包括鸡白痢、禽伤寒、禽副伤寒。

1.鸡白痢

鸡白痢是由鸡白痢沙门氏菌引起的一种雏鸡常见的细菌性疾病。幼雏感染后常呈急性败血症,成年鸡感染后多表现慢性或隐性带菌,因卵巢带菌并产出带菌的种蛋,严重影响孵化率和雏鸡成活率。

(1)病原:鸡白痢沙门氏菌具有高度宿主适应性。在外界环境中有一定的抵抗力,常用消毒药可将其杀死。

(2)流行病学:本病可经蛋垂直传播,也可水平传播,但是以垂直传播为主。2～3周龄以内的雏鸡发病率与病死率最高,随着日龄的增加,鸡的抵抗力也增强。

(3)临床症状:发病最急的,无症状迅速死亡,稍缓者表现精神沉郁,羽毛松乱,两翅下垂,缩头闭眼,不愿走动,拥挤在一起,食欲下降。排白色石灰样粪便,肛门周围羽毛被粪便污染,有的因粪便干结封住肛门,影响排粪,常发出"叽叽"的叫声。有的病雏出现跛行。病程短的1天,一般为4～7天,20日龄以上的雏鸡病程较长,而且极少死亡。耐过的鸡生长不良,成为慢性带菌者。

(4)病理变化:在发病日龄小并且死亡快的雏鸡病变不明显。病期长者表现卵黄吸收不良,卵黄如油脂状或干酪样;心肌、肺、肠及肌胃有坏死灶或结节,肝肿大并有针尖状坏死,脾有时肿大,输尿管充满尿酸盐,死亡慢的鸡盲肠中有白色干酪样栓子。

(5)诊断:依据发病特点以及病死鸡的主要病理变化可以作出初步诊断,一般要通过病菌分离和鉴定之后才能做出确切诊断。

(6)防治

加强饲养管理,执行严格的卫生、消毒制度。

使用无沙门氏菌的饲料,用颗粒饲料是比较理想的。

在雏鸡开食时,在饲料或饮水中添加敏感的药物。磺胺类、喹诺酮类、氯霉素类对该病有效,但是药物难彻底治愈。

微生态制剂预防本病,具有安全、无毒的优点,而且不产生耐药性。

2.鸡伤寒

鸡伤寒是由禽伤寒沙门氏菌引起的鸡的一种细菌性传染病,以肝脏呈青铜色肿大和下痢为特征。

(1)病原学:病原为禽伤寒沙门氏菌,无运动力,抵抗力较差。

(2)流行病学:传播方式、流行特点等基本与鸡白痢相同,但是本病主要发生于成年鸡和3周龄以上的鸡,3周龄以下的鸡偶尔可发病。潜伏期为4～5天,病程大约为5天。病鸡和带菌鸡的粪便内含有大量病菌,可污染土壤、饲料饮水、用具等。本病主要通过消化道和眼结膜而传播感染,也可经蛋垂直传播。一般呈散发,较少大群暴发。

(3)临床症状:在雏鸡中见到的症状与鸡白痢相似。病鸡表现为生长不良、虚弱、食欲不振、肛门周围黏附白色石灰样粪便。由于病变波及肺部,可见到呼吸困难。

(4)病理变化:最急性病例,眼观病变轻微或不明显。病程稍长的常见有肾、脾和肝充血肿大。亚急性及慢性病例的特征病变是肝肿大,呈青铜色,此外,心肌和肝有灰白色粟粒状坏死灶,卵黄变色,公鸡睾丸可出现病灶。

(5)诊断:根据肝、脾肿大及肝脏青铜色就可以做出初步诊断,要做出确切诊断必须进行病菌分离和鉴定。

(6)防治:同鸡白痢。

3.禽副伤寒

除鸡白痢沙门氏菌和禽伤寒沙门氏菌之外的所有其他沙门氏菌所引起的疾病,统称为禽副伤寒。本病为各种家畜、家禽和人的共患病,可以引起人的食物中毒。

(1)病原学:禽副伤寒菌群中的细菌都是革兰氏阴性菌。本菌对热及多种消毒剂敏感,但是在自然条件下很容易生存和繁殖,这成为本病易于传播的一个重要因素,在垫料、饲料中副伤寒沙门氏菌可生存数月、数年。

(2)流行病学:呈地方性流行。常在孵出后两周龄之内感染发病,6～10日龄为发病高峰。病死率从很低到10%～20%不等,严重者高达80%以上。1月龄以上的肉鸡有较强的抵抗力,一般不引起死亡。经卵巢垂直传播并不常见,但是种蛋被污染对本病的传播具有重要的意义。饲料和病鸡的粪便是最常见的传染源。

(3)临床症状:带菌种蛋孵出的鸡,或在孵化器、出雏器内感染的,常呈败血症经过,往往不显任何症状就迅速死亡。日龄较大的鸡常呈亚急性经过,主要表现嗜眠呆立、垂头闭眼、两翅下垂、羽毛松乱、厌食、饮水增加、水样下痢、肛门粘有粪便。呼吸症状不常见到。

(4)病理变化:最急性死亡的病雏见不到病变。慢性的病鸡消瘦,脱水,肝、脾、肾肿大,肝脏青铜色,心包炎,盲肠变粗,盲肠内有黄白色干酪物。

（5）诊断：根据症状、病理变化可以作出初步诊断，确诊确诊要进行病原的分离和鉴定。

（6）防治：防治无药物，与鸡白痢相同。

四、葡萄球菌病

肉鸡葡萄球菌病是由金黄色葡萄球菌引起的一种细菌性传染病。

1.病原学

在葡萄球菌中，金黄色葡萄球菌是唯一对家禽有致病力的菌种，是一种革兰氏阳性球菌，兼性厌氧，对外界抵抗力较强。

2.流行特点

①葡萄球菌在环境中分布较广，健康鸡的皮肤上也有大量的葡萄球菌存在。肉种鸡及白羽产白壳蛋的轻型鸡种易发。肉用仔鸡对本病也较易感，在30以上的肉鸡多发。

②本病发生与饲养管理水平、环境污染程度等因素有直接关系，如饲养密度过大、通风不良、过度潮热等。

③本病发生还与外伤有关，凡是能够导致鸡只皮肤、黏膜完整性遭到破坏的因素均可成为发病的诱因，如笼具刺伤、啄癖、发生鸡痘、疫苗接种等。

④肉鸡发病有时不一定有明显的外伤，尤其是地面垫料饲养时垫料过度潮湿也会发病。

⑤孵化过程中的感染。雏鸡在孵化器、出雏器内可感染多种细菌，其中有部分鸡是由于感染了金黄色葡萄球菌，这种鸡可在1～2日龄内死亡。

3.临床症状

①新生雏鸡脐炎：临床表现脐孔发炎、水肿，紫红色湿润，腹部膨胀等，与大肠杆菌所致脐炎相似。

②败血型葡萄球菌病：初期症状不明显，在病到一定程度时可见精

神沉郁、食欲降低、低头呆立。在濒死期或死后可见在鸡胸腹部、翅膀、大腿内侧、头部皮肤湿润、肿胀,严重的破溃,感染部位羽毛易脱落。

③关节炎型葡萄球菌病:多发生在跗关节、趾关节、肘关节,表现关节肿胀,有波动感,有的溃烂、结痂,病鸡站立困难,行走不便,喜卧。

④眼型葡萄球菌病:鸡群在发生鸡痘时,常可继发葡萄球型眼炎。眼睑肿胀、闭合,内有脓性分泌物,结膜充血、出血等。

⑤胸囊肿:笼养及网上平养肉鸡在后期常发生,在胸部的龙骨皮下出现囊状水肿。

4. 病理变化

①败血型病死鸡皮肤水肿、增厚。切开皮肤见皮下有紫红色液体,胸腹肌出血、溶血。有的经呼吸道感染发病的,死鸡的一侧或两侧肺脏呈黑紫色,质软如泥。

②关节炎型见关节肿胀处皮下水肿,关节腔内有白色或黄色黏液或干酪物。

③有胸部囊肿的,囊肿内有黄色黏液,后期成为干酪物。

④内脏其他器官如肝脏、脾脏及肾脏可见大小不一的黄白色坏死点,腺胃黏膜有弥漫性出血和坏死。

5. 诊断

通过临床症状和剖检变化可以初步作出诊断,确诊需要进行细菌的分离培养、鉴定。

6. 防治

青霉素、庆大霉素、卡那霉素等均对该病有治疗效果,由于金黄色葡萄球菌对药物极易产生耐药性,在治疗前最好做药敏试验,大群治疗时要选择口服易吸收的药物。

对病重的鸡经肌肉注射给药。

为了预防本病的发生,首先要加强饲养管理,搞好鸡舍内的卫生和消毒,认真检修笼具,在夏秋季养肉鸡时,要搞好鸡痘的预防工作,在鸡群发生鸡痘时要使用敏感药物预防该病的发生。

五、绿脓杆菌病

绿脓杆菌病是由绿脓杆菌引起的一种传染性疾病,初生雏鸡多发。

1.病原学

绿脓杆菌属于假单胞菌属,需氧,是一种能运动的革兰氏阴性杆菌。

2.流行病学

绿脓杆菌在自然界中分布广泛。本病一年四季均可发生,但以春季多发。感染途径主要为创伤感染。雏鸡对绿脓杆菌的易感性最高,随着日龄的增加,易感性越来越低。当气温较高,或再经长途运输,会降低雏鸡机体的抵抗力,从而导致发病。腐败鸡蛋在孵化器内破裂是雏鸡爆发绿脓杆菌感染的一个重要原因。

3.临床症状

病鸡精神沉郁,食欲降低或废绝,体温升高,腹部膨胀,两翅下垂,羽毛逆立,排黄白色或白色水样粪便,有的突然死亡。脐部红肿。有的病例出现单侧眼球炎,表现为角膜白色浑浊,上下眼睑肿胀、闭合、隆起,眼中常有脓性分泌物。时间长者,眼球塌陷失明,影响采食,最后衰竭而死亡。也有的雏鸡表现神经症状,奔跑,动作不协调,站立不稳,头颈后仰,最后倒地而死。

若孵化器被绿脓杆菌污染,在孵化过程中会出现爆破蛋,同时出现孵化率降低,死胚增多,出壳的鸡在早期死亡较多。

4.病理变化

脾脏淤血,肝脏表面有大小不一的出血斑点。腹腔有淡黄色清亮的腹水,后期腹水呈红色。卵黄吸收不良,呈黄绿色,内容物呈豆腐渣样,严重者卵黄破裂形成卵黄性腹膜炎。侵害关节者,关节肿大,关节液增多、浑浊。

5.诊断

根据流行病学特点和病雏的临床症状及病理变化可以作出初步诊

断。确切诊断必须进行病原菌的分离培养和鉴定。

6.防治

防制本病的发生,种鸡场要做好种蛋的消毒工作,搞好孵化过程中的卫生消毒。种蛋在孵化时也要用福尔马林进行熏蒸,对落盘时出现的腐败蛋要妥善处理。

对本病可以用庆大霉素、新霉素、多黏菌素、丁胺卡那霉素等进行治疗,连用 3～5 天,发病严重时最好注射给药。另外,在育雏的头几天用药物饮水进行预防。

六、溃疡性肠炎

溃疡性肠炎也称鹌鹑病。该病的特征为突然发病和迅速大量死亡。

1.病原学

溃疡性肠炎是由肠梭状芽孢杆菌引起的。革兰氏染色阳性,可形成芽饱,因此对外界环境有很强的抵抗力。

2.流行病学

该病主要侵害幼龄肉鸡,常与球虫病并发,或继发于球虫病、再生障碍性贫血、传染性法氏囊病之后。阴雨潮湿、饲料变质及各种应激因素是常见诱因。

主要通过粪便传播,经消化道感染。

由于能形成芽孢,因此在一次暴发之后常连续多次发病。

3.临床症状

急性病例几乎不表现明显的症状,尤其是暴发初期。常发生下痢,排出白色水样稀粪,精神委顿,羽毛松乱无光泽,如果病程稍长,病禽胸肌萎缩、机体异常消瘦。死亡率 2%～10%。

4.病理变化

急性死亡的肉鸡其病变特征是十二指肠有明显的出血性炎症,可在肠壁内见到小出血点,病程稍长的鸡发生坏死和溃疡。这种坏死和溃疡可以发生于肠道的各个部位和盲肠。早期病变的特征是小的黄色病灶,边缘出血,在浆膜和黏膜面均能看到。当溃疡面积增大时,有时融合而形成大的坏死性假膜性斑块。溃疡可能深入黏膜,但较陈旧的病变常比较浅表,并有突起的边缘,形成弹坑样溃疡。溃疡常穿孔,导致腹膜炎和肠管粘连。肝的病变表现不一,由轻度淡黄色斑点状坏死到肝边缘较大的不规则坏死区。脾充血、肿大和出血。

5. 诊断

根据肉眼病变如典型的肠道黏膜溃疡以及伴发的肝坏死和脾肿大、出血等便可做出临床诊断。确诊需进一步作病原学检查。

6. 鉴别诊断

本病应与球虫病、组织滴虫病、坏死性肠炎以及包涵体肝炎等病相鉴别诊断。

7. 防治

①预防:作好日常的卫生工作,鸡舍、用具要定期消毒。粪便、垫草要勤清理,并进行生物热处理,避免鸡群拥挤,防止舍内过热等不良因素刺激,有效地控制球虫病的发生对预防本病有积极的作用。发生过本病的鸡舍,对鸡舍内外环境进行彻底的卫生消毒,并延长空舍时间。

②治疗:链霉素、杆菌肽、新霉素等对本病有一定的预防和治疗作用。

七、坏死性肠炎

坏死性肠炎是由梭菌引起的细菌性疾病,主要引起肉鸡的肠黏膜出血、坏死。

1. 病原学

病原为 A 型产气荚膜梭状芽孢杆菌,又称魏氏梭菌。革兰氏染色阳性,在自然界中形成芽孢较慢,在机体内形成荚膜。

A 型魏氏梭菌产生 α 毒素,此外,本菌还可产生多种酶,它们与组织的分解、坏死、产气、水肿及病变扩大和全身中毒症状有关。

2.流行病学

在正常的动物肠道就有魏氏梭菌,它是多种动物肠道的寄居者,因此,粪便内就有它的存在,粪便可以污染土壤、水、饲料、垫草、器具等。由于受到体内外的各种应激因素的影响,如饲料中蛋白质含量的增加、突然改变饲料、过量地使用小麦、球虫感染导致的肠黏膜损伤等,滥服抗生素、环境中魏氏梭菌的增多等都可导致发病。潮湿的夏季多发病。

以 2～5 周龄地面散养肉鸡多发,多为突然发病,急性死亡,感染较轻时会降低饲料利用率。

3.临床症状

临床上可见到精神沉郁,食欲减退,不愿走动,羽毛蓬乱,排黑色或混有血液的恶臭粪便。病程长的表现生长迟缓。

4.病理变化

打开腹腔就可以闻到恶臭味。病变主要在小肠后段,尤其是空肠和回肠,盲肠少有病变。肠壁扩张、脆,肠内充满气体,有黑褐色内容物。肠黏膜上附着疏松或致密的黄色或绿色的假膜,有时可出现肠壁出血。病变呈弥漫性,并有病变形成的各种阶段性的变化。肝脏充血肿大,有不规则的坏死灶。

5.诊断

临床上可根据症状及典型的剖检变化可以作出诊断。进一步确诊可进行病原的分离和鉴定及血清学检查。还要注意与溃疡性肠炎和球虫病相区别,球虫病常与坏死性肠炎并发。

6.防治

①预防:加强饲养管理,搞好环境卫生,及时清除粪便和垫料,使用优质的饲料并且正确贮存,防止细菌污染,避免各种应激,平时注意使用药物进行预防等。

②治疗:庆大霉素、杆菌肽锌、青霉素、氨苄青霉素、泰乐菌素、林可霉素等对本病具有良好的治疗和预防作用。

第五节　健康养殖寄生虫病

一、球虫病

球虫病是鸡的常见病，对肉鸡的危害尤其严重。近几年，肉鸡小肠球虫病的危害日益加重。鸡群发病后由于肠黏膜受损，从而影响营养物质的消化吸收，降低饲料报酬，影响肉鸡的生长。

1.病原

病原为艾美耳球虫，主要有柔嫩艾美耳球虫、毒害艾美耳球虫、堆型艾美耳球虫、巨型艾美耳球虫、哈氏艾美耳球虫、和缓艾美耳球虫和早熟艾美耳球虫。前两种的致病力较强，其余的几种致病力依次减弱。

柔嫩艾美耳球虫寄生在盲肠黏膜内，称盲肠球虫。其他几种球虫寄生在小肠黏膜内，称小肠球虫。球虫的卵囊抵抗力非常强，但是对高温和干燥的抵抗力较弱。充足的氧气有利于球虫卵囊的生存，但是氨气则不利于球虫卵囊的生存。

2.流行病学

(1)球虫病有年龄易感性，以雏鸡多发，但10日龄之前极少发病。

(2)不同日龄的鸡对几种球虫的易感性不同，1月龄左右易发生盲肠球虫病；日龄较大的鸡易感染小肠球虫病。

(3)有时会出现两种或两种以上的球虫混合感染，或相继感染，但是极难出现寄生部位相同的球虫混合感染。

(4)发病与饲养方式和管理水平有关，垫料饲养时发病多，垫料潮湿有利于球虫卵囊发育，密度过大更容易发病。

(5)营养(尤其是维生素 A、维生素 K)缺乏，也易导致发病或加重病情。

(6)无明显季节性,但春秋季多发。球虫卵囊生存发育适宜的温度为 20～30℃,当环境温度低于 20℃或高于 30℃时,不利于球虫卵囊的孢子化,因而发病率较低。

(7)新鸡场发生球虫病时,往往比老鸡场严重,称之为"新鸡舍球虫病综合征"。

(8)当肉鸡由网上转向地面饲养时,由于前期没有接触到球虫卵囊,没有产生对球虫的免疫力,一旦接触球虫卵囊往往导致严重的暴发。

(9)发生球虫病后常易继发其他疾病,如坏死性肠炎、大肠杆菌病等。

3.临床症状

(1)急性型:发病初期精神沉郁,羽毛松乱,不爱活动;食欲降低或废绝,鸡冠及可视黏膜苍白;小肠球虫病排水样稀便,并带有少量脓血。盲肠球虫病则排血便,雏鸡死亡率高,死亡快,死鸡体况较好。

(2)慢性型:慢性型多见于日龄较大的肉鸡,主要是由寄生在小肠的球虫引起,病程较长,病鸡逐渐消瘦,间歇性下痢,排出杏黄色、西红柿样粪便,有时排红褐色肉样粪便。但较少死亡。死鸡一般消瘦,贫血。

4.病理变化

主要病理变化在肠道,病变的部位和程度与病原种类有关。

(1)柔嫩艾美耳球虫主要侵害盲肠,急性型时盲肠显著肿大 3～5 倍,肠内充满凝固的凝血块或暗红色血液,肠上皮变厚并有糜烂,直肠黏膜可见有出血斑。

(2)小肠球虫病主要是肠黏膜水肿,有时自肠外可以看到有高粱粒大的出血斑,或针尖大的出血点,或红色的出血点与黄白色的坏死点混合存在。肠管变粗,肠壁增厚、变脆,肠内容物杏黄色、西红柿色,有时是红褐色脓血样物。

5.诊断

根据发病情况和解剖变化就可以做出诊断。

6.防治措施

(1)常用的抗球虫药物:氨丙啉、盐霉素、马杜拉霉素、莫能霉素、地克珠利、速丹、磺胺类药、妥曲珠利、地克珠利等。

(2)防治肉鸡球虫病应注意的问题

①因为球虫极易产生耐药性,因此,应交替用药或联合用药。

②在用药时还应注意每种药物的特点,作用峰期较早的药适合预防,而作用峰期较晚的药物一般用做治疗。

③目前还没有哪一种药对所有的球虫都有效,在治疗时应根据不同的球虫病选用不同的药物,在预防时要联合用药或不同药物交替使用。

④为了防止药物中毒,要按照要求剂量来使用,还要了解料中是否已含有药物。有些药物容易在体内残留,肉鸡不能用,这点一定要注意。

⑤治疗时还应同时使用抗菌药来防止继发细菌感染,增加维生素、电解质等。

⑥球虫病应以预防为主,加强饲养管理,尤其是加强对垫料的管理,保持垫料干燥,经常清除垫料和粪便,保持舍内的清洁卫生,饲养密度不要太大。

⑦由于球虫卵囊的抵抗力特别强,一般的消毒剂不能将其杀死,但是可以将粪便进行堆肥发酵,通过产热、缺氧、产生氨气便可以杀灭粪便中的卵囊。

(3)球虫病的免疫:由于球虫病用药物治疗时费用高,而且容易产生耐药性,许多药物还有毒副作用等。因此,在危害严重的肉鸡场,可以考虑用球虫疫苗进行免疫。

二、组织滴虫病

组织滴虫病又叫盲肠肝炎、黑头病,是由火鸡组织滴虫引起的肉鸡的盲肠和肝脏病变的一种原虫病。本病以侵害火鸡为主,肉鸡也会发病。

1. 流行病学

本病多在温暖潮湿的季节发病,尤其是容易发生于地面散养鸡群。主要的传播方式是通过寄生在盲肠内的异刺线虫的卵来传播的。当异刺线虫在病鸡体内寄生时,其虫卵内可带上组织滴虫。组织滴虫因有异刺线虫虫卵的卵壳保护,在外界能生存较长的时间,成为重要的传染源。蚯蚓吞食土壤中的异刺线虫虫卵或幼虫后,组织滴虫随即进入蚯蚓体内。在没有异刺线虫和蚯蚓作保护时,组织滴虫在外界数分钟内即死亡。另外,节肢动物中的蝇、蚱蜢、蟋蟀等都可作为机械性传播媒介。鸡食入带虫的蚯蚓、蝇、蚱蜢、蟋蟀等和异刺线虫虫卵后便可引起发病。

2. 临诊症状

该病的潜伏期一般为 15 天左右。病鸡表现无神、食欲减退、羽毛蓬乱、口流黏液、闭目、排硫磺色粪便,严重的粪便带血,鸡冠暗黑色。

3. 病理变化

主要病变是盲肠和肝脏。盲肠壁增厚,黏膜肿胀出血或溃疡,盲肠黏膜的渗出物充满盲肠腔,渗出物后来形成干酪样的盲肠肠芯,堵塞整个肠管,栓子呈同心层状,中间是黑红色的凝血块。肝脏肿大,表面有圆形或不规则的稍有凹陷的溃疡,溃疡面呈淡黄色或淡绿色,边缘较整齐或呈锯齿状稍隆起,大小和数量不同。雏鸡的病变以盲肠出血为主,最急性的也仅有盲肠的出血。

4. 诊断

排出硫磺色粪便,肝脏典型坏死灶及盲肠的肿大和干酪样肠芯可以做出初步诊断,确诊可以通过化验室诊断。

5. 防治

首先要加强饲养管理,搞好环境卫生。肉鸡最好离地饲养,避免让鸡吃到蚯蚓等,还要定期驱除体内的异刺线虫。如果肉鸡地面散养,尤其要注意预防该病,经常进行驱虫和用药物预防。预防和治疗时常用痢特灵、磺胺类药、甲硝唑、灭滴灵等,同时用左旋咪唑等驱除体内的异刺线虫。

三、住白细胞原虫病

是由卡氏住白细胞原虫寄生于鸡的红细胞、白细胞而引起的一种血孢子虫病,发生于秋季,特点是肌肉和内脏广泛出血,病鸡表现贫血、腹泻、瘫痪,严重的死亡。发病后由于机体贫血而导致鸡冠苍白,故又叫"白冠病"。

1. 流行

白冠病季节性明显,主要发生于秋季的8～10月份,山东在8月下旬至10月份。夏季雨水多时则秋季发病多。发病必须有传播媒介—库蠓的参与,库蠓是卡氏住白细胞虫病的中间宿主。鸡的日龄与感染率成正比,而与发病率和死亡率成反比。散养鸡发病高于笼养鸡。

2. 症状和病变

潜伏期6～12天,但一般自感染后15天开始出现贫血,感染18天后贫血严重,在贫血症状期间出现绿便。病鸡一般表现为鸡冠苍白,有的鸡冠发绀,有的鸡冠出血,有虫咬后的结痂,消瘦、稀薄绿便、口腔流黏液或血水,雏鸡感染后常突然咳血死亡,血凝不良。临床上一般可分为四型:

(1)咳血、急死型;

(2)贫血、绿便、衰竭型;

(3)贫血、绿便、发育迟缓型;

(4)无症状耐过型。

1月龄左右的肉鸡多发生前两型,感染12～4天后,咳血、呼吸困难而死亡。

剖检时病鸡血液稀薄,死鸡气管内和嗉囊内有血水,全身肌肉内有小的出血点或长圆形黄白色结节,与周围有明显的界限,白色结节周围有出血环,有的突出于表面,在心、肾、肝、胰脏也有出血点或黄白色结节,肺脏出血,肾脏包膜下有淤血块,而肾脏苍白,腺胃黏膜潮红或出血。

3.诊断

根据发病季节、症状、剖检变化可以做出初步诊断。

鉴别诊断:注意与新城疫、传染性法氏囊病、磺胺类药物中毒等相区别。

4.防治

预防性用药是防止本病的有效措施,在发病季节可以用2～3种药物交替使用,每种用5～7天,停5～7天再用另一种药。常用的防治药物有复方泰灭净、复方新诺明等。

在鸡舍门窗装上纱网,消灭鸡舍内的蚊虫。

第六节　健康养殖营养代谢病

肉鸡的营养代谢病是由于饲料中营养物质供应不足或过多;机体消化吸收、代谢障碍所致新陈代谢紊乱所造成的疾病。具有非传染性、发育快、体重大个体病情严重等特点。

一、维生素 A 缺乏症

维生素 A 缺乏症是以黏膜、皮肤上皮角化变质,生长停滞,干眼病和夜盲症为主要特征的营养代谢性疾病。

1.病因

(1)日粮中维生素 A 含量不足:饲料中维生素 A 添加量不足或饲料加工过程高温处理、长期贮存等饲料中的维生素 A 氧化分解,均可导致饲料中维生素 A 含量不足。

(2)日粮中蛋白质和脂肪不足:由于日粮中蛋白质和脂肪不足,机体内溶解维生素 A 的脂肪和运送维生素 A 的视黄醛不足,即使在维生素 A 足够的情况下,也可能发生功能性维生素 A 缺乏症。

(3)需要量增加:鸡发生胃肠吸收障碍、腹泻或其他疾病时,维生素 A 的消耗或损失过多;肝胆疾病也会影响维生素 A 的吸收利用和储藏。这些因素均可导致维生素 A 缺乏。

2.发病机制

(1)维生素 A 是维持消化道、呼吸道、泌尿道、眼结膜和皮脂腺等上皮细胞正常生理功能所必需的物质。维生素 A 缺乏时,鸡某些器官的 DNA 含量降低,粘多糖的生物合成受阻,导致生长迟缓。同时造成黏膜干燥和角化,机体的免疫功能降低,易通过黏膜途径感染传染病。还可造成种鸡生殖机能障碍,种蛋受精率和孵化率的降低。

(2)维生素 A 是合成视紫红质的必要原料,当不足时视紫红质的再生更替作用受到干扰,鸡在阴暗的光线中呈现视力减弱及目盲。

(3)维生素 A 对于成骨细胞和破骨细胞正常位置的维持和活动是必需的。当鸡生长期间缺乏时,骨的生长失调,骨骼系统和中枢神经系统生长出现差距,脑组织过度拥挤导致脑疝,出现共济失调等神经症状。

3.症状

(1)雏鸡多发。主要表现精神委顿,衰弱,运动失调,羽毛松乱,消瘦。喙和小腿部皮肤的黄色消退。流泪,眼睑内有干酪样物积聚,常将上下眼睑粘在一起,角膜混浊不透明,严重的角膜软化或穿孔,失明。有些病鸡在受到外界惊吓后出现阵发性的头颈扭转、作圆圈式扭头,同时后退和惊叫等神经症状。

(2)成年鸡易在 2~5 月龄内出现症状,尤其是初产母鸡,一般呈慢性经过。表现为厌食,消瘦,沉郁,运动无力,两腿瘫痪,往往用尾支地。偶有神经症状,运动不灵活,鼻、眼常有水样液体流出,将眼睑黏合在一起。母鸡产蛋量和种蛋孵化率降低,公鸡精液品质下降,种蛋受精率降低。

4.病理变化

病鸡口腔、咽喉黏膜上散布有白色小结节或覆盖一层白色豆腐渣样的薄膜,剥离后黏膜完整,无出血溃疡出现;鼻窦肿胀,内有黏性或干酪样渗出物;角膜穿孔;肾呈灰白色,肾小管和输尿管充塞白色尿酸盐沉积物,心包、肝和脾表面也有尿酸盐沉积。

5.诊断

根据饲料分析、病史、临诊症状和病理变化特征进行综合分析,即可作出初步诊断。确诊须进行血浆和维生素 A 含量(正常动物血浆中维生素 A 在 0.34 微摩尔/升以上),以及用维生素 A 实验性治疗,疗效显著。

6.防治措施

饲料中添加足够量的维生素 A。高温潮湿季节在饲料中添加抗氧化剂,防止贮存期间的氧化损失。

二、维生素 D 缺乏症

维生素 D 是家禽正常骨骼、喙和蛋壳形成中所必需的物质。当日粮中维生素 D 供应不足、光照不足或消化吸收障碍等皆可使家禽的钙磷吸收和代谢障碍,发生以骨骼、喙和蛋壳形成受阻为特征的维生素 D 缺乏症。

1.病因

(1)日粮中维生素 D 不足:配制饲料所用钙磷原料质量较差,导致维生素 D 含量不足或钙磷比例失调,导致维生素 D 缺乏症的发生。

(2)体内合成量不足:舍内饲养,接受阳光照射较少或光照时间太短,导致体内合成的维生素 D 不足。

(3)消化吸收功能障碍:患有肠炎、球虫病、肾和肝脏等影响消化吸收功能的疾病时,严重影响维生素 D 的吸收,从而造成维生素 D 缺乏症的发生。

2.发病机制

维生素 D 缺乏时家禽小肠对钙、磷的吸收和运输降低,血清中钙减少,血清中钙浓度的降低又间接减少了磷的吸收;血浆中钙磷浓度的降低阻滞了成骨细胞的生成和骨骼的钙化,从而导致生长迟缓,骨骼极度软弱为特征的佝偻病的发生。

3.症状

(1)雏鸡多在4~5周龄时出现明显症状,除生长迟缓、羽毛生长不良外,主要呈现以骨骼极度软弱为特征的佝偻病。喙、爪变软行走极其吃力,躯体向两边摇晃,移行几步后即以跗关节着地俯下。

(2)产蛋母鸡最初表现蛋壳变薄、破蛋和软壳蛋增多,产蛋率下降或停产。后期呈现身体坐于腿上的"企鹅"样姿势。

4.病理变化

(1)雏鸡肋骨于脊椎骨连接处出现珠球状;龙骨弯曲;胫骨和股骨的骨骺钙化不全等特征性病理变化。

(2)成鸡和产蛋鸡出现龙骨变软、弯曲,骨骼变软易折断,肋骨向内凹陷,在肋软骨联结处呈串珠状结节。

5.诊断

依据临诊特征和病理变化特征即可确诊。

6.防治措施

保证饲料内含有足够的维生素D,防止饲料氧化与发霉破坏过多的维生素D。一旦发病,在饲料中及时补充添加维生素AD_3粉,促进维生素D和钙磷的吸收。可同时用速补或电解多维素饮水进行辅助治疗。

三、维生素E缺乏症

维生素E缺乏症是以小脑软化、渗出性素质、白肌病与种鸡繁殖障碍为特征的营养代谢病。

1.病因

(1)饲料中维生素E含量不足:饲料配方设计不当,原料中缺乏维生素E或饲料制粒过程高温、高湿破坏过多维生素E。

(2)饲料中维生素E失效:饲料由于贮存时间较长;饲料中的矿物

质、不饱和脂肪酸等对其氧化,导致饲料中有效维生素 E 含量不足。

(3)维生素 E 与硒的协同作用:饲料中硒的缺乏导致维生素 E 需要量增加,从而引发与维生素 E 缺乏相似的症状。

2.发病机制

维生素 E 又称生育酚,它不仅是正常生殖必需的物质,在家禽的营养中也起多方面的作用:预防脑软化最有效的抗氧化剂;与硒及胱氨酸的相互联系,对预防营养性肌萎缩起作用。

3.症状

(1)小鸡脑软化症:最早在 7 日龄,通常在 15～30 日龄发病。呈现共济失调,头向后或向下挛缩,有时伴有侧方扭转,向前冲,两腿急收缩与急放松等神经扰乱特征症状。

(2)渗出性素质:鸡冠苍白,蹲伏呈胸腹式呼吸。颈、胸、翅、腹部等处皮下水肿,外观呈蓝绿色,触之有波动感。如得不到及时治疗,常衰竭死亡。

(3)成年鸡无明显症状。母鸡表现产蛋率降低,种蛋受精率和孵化率降低。公鸡性欲不强。

4.病理变化

(1)脑软化症:脑膜、小脑和大脑血管明显充血,水肿。小脑柔软而肿胀,坏死脑组织呈苍白色或黄绿色。

(2)渗出性素质:贫血,皮下水肿,腹部及腿内侧有浅绿色或淡黄色胶冻样渗出液。心包有胶冻样渗出液,心脏扩张变形等。

(3)白肌病:肌胃、骨骼肌和心肌苍白贫血,并有灰白色条纹,正常肌纹消失。

(4)成鸡:精液品质差,睾丸缩小和退化。鸡胚胎胎膜出现血液瘀滞与出血。胚胎眼睛的晶状体浑浊和角膜出现斑点。

5.诊断

根据日粮分析、发病史、流行特点、临诊特征和病理变化即可确诊。应注意与传染性滑膜炎和葡萄球菌病的鉴别。

6.防治措施

(1)饲料中添加足够的维生素 E,同时注意微量元素硒的添加。

(2)防止饲料中不饱和脂肪酸氧化与拮抗物质的破坏。

(3)脑软化症:用维生素 E 油或胶囊治疗,250～350 国际单位/(只·天)。仅对轻症有效。

(4)渗出性素质与肌营养不良:饲料中添加亚硒酸钠维生素 E 粉 0.2 毫克/千克、蛋氨酸 2～3 克/千克,或一次性口服维生素 E 300 国际单位/只。

四、维生素 K 缺乏症

维生素 K 缺乏症是由以家禽血液凝固发生障碍,血凝时间延长或出血等病症为特征的营养缺乏性疾病。

1.病因

(1)饲料中维生素 K 供应不足:家禽的肠道仅能合成少量的维生素 K,远远不能满足它们的需要,如果饲料中维生素 K 供应不足,可导致缺乏症的发生。

(2)饲料中的拮抗物质:现代饲料中维生素 K 常用人工合成的维生素 K_3。维生素 K_3 常温时稳定,日光暴露易破坏。尤其是饲料中含有双香豆素如草木樨中毒,霉变饲料中的真菌毒素均能抑制维生素 K 的作用,导致缺乏症的发生。

(3)抗生素等药物添加剂的影响:饲料中添加了抗生素、磺胺类或抗球虫药,抑制肠道微生物合成维生素 K,导致缺乏症的发生。

(4)肠道和肝脏等病影响维生素 K 的吸收:家禽患有球虫病、腹泻、肝脏疾病等,使肠壁吸收障碍,或胆汁缺乏使脂类消化吸收发生障碍,均可降低家禽对维生素 K 的吸收量。

2.发病机制

维生素 K 是机体内合成凝血酶原所必需的物质,它促使肝脏合成凝血酶原,并调节凝血因子的合成。当维生素 K 缺乏时,血中凝血因子减少,导致凝血时间延长,发生皮下、肌肉及胃肠出血。草木樨中的香豆素,严重地阻碍肝脏中凝血酶原的生成,凝血机制发生障碍,导致凝血时间延长,发生皮下或体腔出血,甚者体内外出血。

3.症状与病理变化

病鸡病情严重程度与出血的情况有关。出血时间长或大面积出血,病鸡冠肉髯皮肤干燥苍白,腹泻,常蜷缩在一起,发抖,不久死亡。主要特征是出血,体躯不同部位,胸部,翅膀,腿部、腹膜,以及皮下和胃肠均见紫色出血斑点。

种鸡维生素 K 缺乏,种蛋孵化过程中胚胎死亡增加,孵化率降低。

4.诊断

依据病史调查、日粮分析、病鸡日龄、临诊出血症状、凝血时间延长以及剖检时的出血病变等进行综合分析,即可确诊。

5.防治措施

(1)饲料中添加维生素 K_3 3~8 毫克/千克。

(2)病鸡群饲料中添加 10 毫克/千克。肌肉注射 0.5~3 毫克/只,结合补钙效果更好。

五、维生素 B₁ 缺乏症

维生素 B_1 又叫硫胺素。维生素 B_1 缺乏症是以碳水化合物代谢障碍和神经系统病变为特征的营养缺乏性疾病。

1.病因

(1)饲料中维生素 B_1 供应不足:通常饲料中维生素 B_1 含量较充足,无需高剂量补充。但由于饲料加工过程中的高温、高湿环境,长时间贮存或霉变等因素的影响,维生素 B_1 分解损失,导致维生素 B_1 缺乏症的发生。

(2)饲料中的拮抗物质:饲粮中含有蕨类植物、球虫抑制剂氨丙啉和某些植物、真菌、细菌产生的拮抗物质,均可导致维生素 B_1 缺乏症的发生。

(3)饲料中动物性原料添加过多或品质太差:动物内脏类原料如鱼粉、肉骨粉硫胺素酶活性太高,维生素 B_1 破坏太多,导致维生素 B_1 缺乏症的发生。

2.发病机制

(1)维生素 B_1 为机体许多细胞酶的辅酶,参与糖代谢过程中 α-酮酸(丙酮酸、α-酮戊二酸)的氧化脱羧反应。家禽体内如缺乏维生素 B_1,丙酮酸氧化分解不易进行,不能进入三羧酸循环中氧化,积累于血液及组织中,能量供给不足,以致影响神经组织、心脏和肌肉的功能。神经组织所需能量主要靠糖氧化供给,因此神经组织受害最为严重。病禽表现心脏功能不足、运动失调、搐搦、肌力下降、强直痉挛、角弓反张、外周神经的麻痹等明显的神经症状。因而又把这种维生素 B_1 缺乏症称为多发性神经炎。

(2)维生素 B_1 尚能抑制胆碱酯酶,减少乙酰胆碱的水解,加速和增强乙酰胆碱的合成过程。当维生素 B_1 缺乏时,胆碱酯酶的活性异常增高,乙酰胆碱被水解而不能发挥增强胃肠蠕动、腺体分泌,以及消化系统和骨骼肌的正常调节作用。所以,常伴有消化不良、食欲不振、消瘦、骨骼肌收缩无力等症状。

3.症状

(1)雏鸡对维生素 B_1 缺乏十分敏感,饲喂缺乏维生素 B_1 的饲粮后约10天即可出现多发性神经炎症状。病鸡突然发病,呈现"观星"姿势,头向背后极度弯曲,呈角弓反张状,由于腿麻痹不能站立和行走,病鸡以跗关节和尾部着地,坐在地面或倒地侧卧,严重的衰竭死亡。

(2)成年鸡维生素 B_1 缺乏约3周后才出现临诊症状。病初食欲减退,生长缓慢,羽毛松乱无光泽,腿软无力和步态不稳。鸡冠常呈蓝紫色。以后神经症状逐渐明显,开始是脚趾的屈肌麻痹,接着向上发展,腿、翅膀和颈部的伸肌明显地出现麻痹。有些病鸡出现贫血和拉稀。衰竭死亡。

4.病理变化

维生素 B_1 缺乏致死雏鸡的皮肤呈广泛水肿,肾上腺肥大,雌禽比雄禽的更为明显。病死雏的生殖器官萎缩,睾丸比卵巢的萎缩更明显。心脏轻度萎缩,右心可能扩大,心房比心室较易受害。胃和肠壁萎缩,而十二指肠的肠腺却变得扩张。

5. 诊断

主要根据家禽发病日龄、流行病学特点、饲料中维生素 B_1 缺乏、多发性外周神经炎和病理变化即可作出诊断。

在生产实际中,应用诊断性的治疗,即给予足够量的维生素 B_1 后,可见到明显的疗效。

6. 防治措施

(1)根据品种和日龄的不同在饲料中添加足够的维生素 B_1。减少动物内脏为主原料的使用。

(2)饲料贮存时间不要超过 7 天,防止饲料发霉变质,控制嘧啶类和噻唑类药物的使用,疗程不宜过长。

(3)应用维生素 B_1 给病禽口服、肌肉或皮下注射,数小时后即可见到疗效。但神经损伤严重者将不可恢复。

六、维生素 B_2 缺乏症

维生素 B_2 又称核黄素。维生素 B_2 缺乏症是以幼禽的趾爪向内蜷曲,两腿瘫痪为主要特征的营养缺乏病。

1. 病因

(1)饲料中维生素 B_2 供应不足:禾谷类饲料中维生素 B_2 缺乏,又易被紫外线、碱及重金属破坏。

(2)饲料中的拮抗物质:如氯丙嗪等药物影响维生素 B_2 的利用。

(3)低温等应激和胃肠道疾病影响维生素 B_2 的转化和吸收,从而导致维生素 B_2 的需要量增加。

(4)饲喂高脂肪低蛋白饲料时,需要高水平的维生素 B_2。

2. 发病机制

维生素 B_2 是组成体内 12 种以上酶体系的活性部分。这些酶参与体内的生物氧化过程,在体内的生物氧化过程中起着传递氢的作用。若维生素 B_2 缺乏则体内生物氧化过程中的酶体系受影响,使机体的整个新陈代谢作用降低,出现各种症状和病理变化。

3.症状

(1)雏鸡喂饲缺乏维生素 B_2 日粮后,多在 $1\sim2$ 周龄发生腹泻,食欲尚良好,但生长缓慢,消瘦衰弱。其特征性的症状是足趾向内蜷曲,不能行走,以跗关节着地,开展翅膀维持身体平衡,两腿发生瘫痪。腿部肌肉萎缩和松弛,皮肤干而粗糙。病雏吃不到食物而饿死。

(2)育成鸡病至后期,趾爪向下弯曲,不愿走动甚至瘫痪。母鸡的产蛋量下降,蛋白稀薄,蛋的孵化率降低,入孵 $12\sim14$ 天胚胎大量死亡,死胚绒毛呈结节状,颈部弯曲,躯体短小,关节变形,水肿、贫血和肾脏变性等病理变化。有时也能孵出雏,但多数带有先天性麻痹症状,体小、浮肿、绒毛呈结节状。

4.病理变化

病死雏鸡胃肠道黏膜萎缩,肠壁薄,肠内充满泡沫状内容物。有些胸腺充血和成熟前期萎缩。病死成年鸡的坐骨神经和臂神经显著肿大和变软,坐骨神经的变化更为显著,其直径比正常大 $4\sim5$ 倍。病死的产蛋鸡皆有肝脏增大和脂肪变性。

5.诊断

通过对发病经过、日粮分析、足趾向内蜷缩、两腿瘫痪等特征症状,以及病理变化等情况的综合分析,即可作出诊断

6.防治措施

(1)本病应坚持早期防治的原则,在雏禽日粮中维生素 B_2 不完全缺乏,或暂时短期缺乏又补足之,随雏禽迅速增长而对维生素 B_2 需要量相对减低,病禽未出现明显症状即可自然恢复正常。然而,对趾爪已蜷缩、坐骨神经损伤的病鸡,即使用维生素 B_2 治疗也无效,病理变化难于恢复。

(2)雏禽开食时就应喂标准配合日粮,或在每吨饲料中添加 $2\sim3$ 克维生素 B_2,就可预防本病发生。若已发病的家禽,可在每公斤饲料

中加入维生素 B_2 20 毫克治疗 1～2 周，即可见效。

七、泛酸缺乏症

泛酸又称遍多酸。泛酸缺乏症是以生长阻滞、皮肤炎症为特征的营养缺乏性疾病。

1.病因

（1）饲料中含量不足：禽类不能合成泛酸，玉米中泛酸含量很低，玉米—豆粕型日粮，如泛酸钙添加不足，易产生缺乏症的发生。种鸡日粮中维生素 B_{12} 不足时，也可造成泛酸缺乏症。

（2）饲料加工不当：高温、偏酸或偏碱性环境泛酸易造成损失，故饲料加工不当，也是造成泛酸缺乏的原因之一。

2.发病机制

泛酸是脂肪、糖类和蛋白质转化为能量时不可缺少的物质；它参与控制血糖；它帮助细胞的形成，维持正常发育和中枢神经系统的发育；它对维持肾上腺的正常功能非常重要；它是抗体合成、利用对氨基苯甲酸和胆碱的必需物质；它有助于维持皮肤健康，促进伤口痊愈。当泛酸缺乏时则导致羽毛生长阻滞和松乱，皮肤炎症等病变。

3.症状

（1）小鸡泛酸缺乏时，特征性表现是羽毛生长阻滞和松乱。病鸡头部羽毛脱落，头部、趾间和脚底皮肤发炎，表层皮肤有脱落现象，并产生裂隙，以致行走困难，有时可见脚部皮肤增生角化，有的形成疣性赘生物。幼鸡生长受阻，消瘦，眼睑常被黏液渗出物黏着，口角、泄殖腔周围有痂皮。口腔内有脓样物质。

（2）种鸡产蛋量影响不大，胚胎多在孵化的后 2～3 天死亡，出壳 24 小时雏鸡死亡率高达 50%。

4.病理变化

腺胃内有灰白色渗出物，肝肿大，可呈暗的淡黄色至污秽黄色。脾稍萎缩。肾稍肿。鸡胚短小、皮下出血和严重水肿，肝脏脂肪变性。

5.诊断

依据临诊特征、病理变化和泛酸治疗效果好等特征进行综合分析即可诊断。

6.防治措施

(1)对缺乏泛酸的母鸡所孵出的雏鸡,虽然极度衰弱,但立即腹腔注射 200 微克泛酸,可以收到明显疗效,否则不易存活。

(2)啤酒酵母中含泛酸最多,在饲料中添加一些酵母片。按每千克饲料补充 10～20 毫克泛酸钙,都有防治泛酸缺乏症的效果。但需注意,泛酸极不稳定,易受潮分解,因而在与饲料混合时,都用其钙盐。

(3)饲喂新鲜青绿饲料、肝粉、苜蓿粉或脱脂乳等富含泛酸的饲料也可预防此病发生。

八、维生素 B_6 缺乏症

维生素 B_6 又名吡哆素。维生素 B_6 缺乏症是以雏鸡食欲下降、生长不良、骨短粗和神经症状为特征的营养缺乏性疾病。

1.病因

(1)饲料在碱性或中性溶液中,以及受光线、紫外线照射均能使维生素 B_6 破坏,引起维生素 B_6 缺乏。

(2)在疾病等应激条件下家禽对维生素 B_6 需要量增加,也可以引起维生素 B_6 缺乏。

2.发病机制

维生素 B_6 参与氨基酸的转氨基反应,对体内的蛋白质代谢有着重要的影响,磷酸吡哆醛或磷酸吡哆胺是转氨酶的辅酶,也是某些氨基酸脱羧酶及半胱氨酸脱硫酶等的辅酶。动物肥育时特别需要维生素 B_6,否则,影响肥育、增重效果。氨基酸脱羧后,产生有生物活性的胺类,对机体生理活动有着重要的调节作用。如谷氨酸脱去羧基生成的 γ-氨基丁酸,与中枢神经系统的抑制过程有密切关系。当维生素 B_6 缺乏时,由于 γ-氨基丁酸生成减少,中枢神经系统的兴奋性则异常增高,因而病鸡表现特征性的神经症状。

3.症状

(1)小鸡食欲下降,生长不良,贫血及特征性的神经症状。病鸡双脚神经性的颤动,多以强烈痉挛抽搐而死亡。有些小鸡发生惊厥时,无目的地乱跑,翅膀扑击,倒向一侧或完全翻仰在地上,头和腿急剧摆动,这种较强烈的活动和挣扎导致病鸡衰竭而死。有些病鸡无神经症状而发生严重的骨弯曲、短粗。

(2)成年病鸡食欲减退,产蛋量和孵化率明显下降,由于体内氨基酸代谢障碍,蛋白质的沉积率降低,生长缓慢,贫血。随后病鸡体重减轻,逐渐衰竭死亡。

4.病理变化

死鸡皮下水肿,内脏器官肿大,脊髓和外周神经变性。有些呈现肝变性。

5.诊断

依据临诊特征、病理变化和泛酸治疗效果好等特征进行综合分析即可诊断。

6.防治措施

(1)饲料中添加维生素 B_6:一般添加 5 毫克/千克或选择麦麸、酵母等维生素 B_6 丰富的原料配制饲料。

(2)病鸡肌肉注射维生素 B_6 5~10 毫克/只;饲料中添加复合维生素 B;电解多维素饮水。

九、叶酸缺乏症

叶酸缺乏症是由于鸡缺乏叶酸而引起的以贫血、生长停滞、羽毛生长不良或色素缺乏以及神经麻痹为特征的营养缺乏性疾病。

1.病因

(1)饲料中含量不足:一般饲料原料中,叶酸含量较少,如饲料中添加量太低或不添加,则很容易发生缺乏症。

(2)长期使用抗菌药物,如磺胺类药物等影响微生物合成叶酸。

(3)在冷热应激、患病状态下,以及特殊生理阶段,家禽体内合成叶酸的能力降低,叶酸的需要量增加,则导致叶酸缺乏症的发生。

2.发病机制

正常情况下小肠上皮细胞分泌的谷氨酸-羧基肽酶水解成谷氨酸和自由的叶酸,叶酸在体内肠壁、肝、骨髓等组织转变成具有生理活性的5,6,7,8-四氢叶酸。四氢叶酸参与嘌呤、嘧啶及甲基的合成等代谢过程,对核酸的合成有直接影响,并对蛋白质的合成和新细胞的形成也有重要的促进作用。当叶酸缺乏时,机体正常的核酸代谢和细胞繁殖所需的核蛋白形成均受到影响,使血细胞的发育成熟受阻,造成贫血症和白细胞减少症,导致生长停滞、羽毛生长不良等明显症状。

3.症状

雏鸡出现生长缓慢,贫血,羽毛生长不良,骨短粗,伸颈麻痹,两翅下垂等神经症状,如不及时给予叶酸,在2天内死亡。种鸡产蛋量、孵化率降低。

4.病理变化

病死禽肝、脾、肾贫血,胃有小点状出血,肠黏膜有出血性炎症。死胚嘴变形,胫、跗骨弯曲。

5.诊断

依据临诊特征、病理变化和叶酸治疗效果好等特征进行综合分析即可诊断。

6.防治措施

(1)饲料中添加叶酸:饲料中按1毫克/千克添加,或加大酵母粉、豆饼等富含叶酸原料的使用量。

(2)病鸡:饲料中加入5毫克/千克的叶酸;肌肉注射雏鸡0.05~0.1毫克/只,成鸡0.1~0.2毫克/只,1周内即可恢复。同时用维生素B_{12}、维生素C配合治疗效果更好。

十、生物素缺乏症

生物素又叫维生素 H,它是畜禽必不可少的营养物质。

1. 病因

(1)饲料中含量不足:谷物类饲料中生物素含量少,利用率低,如果谷物类在饲料中比例过高;家禽日粮中陈旧玉米、麦类过多;添加量不足等就容易发生此病。

(2)抗生素和药物影响肠道微生物合成生物素,长期使用会造成生物素缺乏。

2. 发病机制

生物素是生脂酶、羧化酶等多种酶的辅酶,参与脂肪、蛋白质和糖的代谢;它能与蛋白质结合成促生物素酶,有脱羧和固定二氧化碳的作用;还可影响骨骼的发育、羽毛色素的形成,以及抗体的生成等。因此,一旦缺乏在临诊症状和病理变化上也出现相应地病变。

3. 症状

(1)雏鸡和雏火鸡表现生长迟缓,食欲不振,羽毛干燥、变脆,趾爪、喙底和眼周围皮肤发炎,以及骨短粗等特征性症状。

(2)成年鸡和火鸡缺乏症时,蛋的孵化率降低,胚胎发生先天性骨短粗症。鸡胚骨骼变形,包括胫骨短和后屈、跗跖骨很短、翅短、颅骨短、肩胛骨前端短和弯曲。鸡胚出现并趾症,第 3 趾和第 4 趾之间的蹼延长。蜷蛋内鸡胚呈现软骨营养障碍,体型变小,鹦鹉嘴,胫骨严重弯曲,跗跖骨短而扭转。

4. 病理变化

肝苍白、肿大,小叶有微小出血点;肾肿大,颜色异常;心脏苍白;肌胃内有黑棕色液体。

5. 诊断

依据临诊特征、病理变化和生物素治疗效果好等特征进行综合分析即可诊断。

6. 防治措施

根据病因采取有针对性措施，或是每公斤饲料添加 150 毫克生物素，可收到良好的效果。

(1)添加生物素添加剂：种鸡日粮中每千克应添加 150 微克生物素。

(2)日粮中陈旧玉米、麦类不要过多，减少较长时间喂磺胺、抗生素类添加剂等。

(3)生鸡蛋中有抗生物素因子，所以应注意矿物质营养平衡，防止鸡发生啄蛋癖。

(4)一旦确诊为生物素缺乏，应在饲料中加倍添加生物素。

十一、胆碱缺乏症

胆碱缺乏症是由于胆碱的缺乏而引起脂肪代谢障碍，使大量的脂肪在家禽肝内沉积所致的脂肪肝病或称脂肪肝综合征。

1. 病因

(1)日粮中胆碱添加量不足。

(2)由于维生素 B_{12}、叶酸、维生素 C 和蛋氨酸都可参与胆碱的合成，它们的缺乏也易影响胆碱的合成。

(3)日粮中维生素 B_1 和胱氨酸增多；脂肪采食量过高而没有相应提高胆碱的添加量，均能促进胆碱缺乏症的发生。

(4)日粮中长期应用抗生素和磺胺类药物能抑制胆碱在体内的合成，可引起本病的发生。

(5)胃肠和肝脏疾病影响胆碱吸收和合成。

2. 发病机制

胆碱是卵磷脂及乙酰胆碱等的组成成分，作为卵磷脂的成分参与脂肪代谢。当体内胆碱缺乏时，肝内卵磷脂不足，由于卵磷脂是合成脂蛋白所必需的物质，肝内的脂肪是以脂蛋白的形式转运到肝外。所以肝脂蛋白的形成受影响，使肝内脂肪不能转运出肝外，积聚于肝细胞内,从而导致脂肪肝,肝细胞破坏,肝功能减退等一系列临诊和病理变化。胆碱作为乙酰胆碱的成分则和神经冲动的传导有关,它存在于体内磷脂中的乙酰胆碱内。乙酰胆碱是副交感神经末梢受刺激产生的化学物质,并引起心脏迷走神经的抑制等一些反应。病禽表现精神沉郁,食欲减退,生长发育受阻等一系列临诊症状。

3.症状

雏鸡生长停滞,腿关节肿大。母鸡产蛋量下降,蛋的孵化率降低。有的因肝破裂而发生急性内出血突然死亡。

4.病理变化

肝、肾脂肪沉积,肝大,脂肪变性呈土黄色;飞节肿大部位有出血点,胫骨变形,腓肠肌腱脱位,死鸡鸡冠、肉垂、肌肉苍白,肝包膜破裂,肝表面和腹腔有较大凝血块。

5.诊断

依据临诊特征、病理变化进行综合分析即可诊断。

6.防治措施

(1)正常饲料中添加足量的胆碱:产蛋鸡的胆碱需要量为105～115毫克/天,雏鸡130毫克/千克,生长鸡500毫克/千克。

(2)患鸡肌肉注射0.1～0.2毫克/只,或1毫克/千克饲料添加氯化胆碱,连用1周;同时提高饲料中维生素E、维生素B、叶酸和蛋氨酸的补给量,可提高疗效。但已发生跟腱滑脱时,则治疗效果差。

十二、钙磷缺乏及钙磷比例失调

家禽饲料中钙和磷缺乏,以及钙磷比例失调是以雏禽佝偻病、成禽软骨病为特征的营养代谢疾病,是骨营养不良的主要病因。它不仅影响生长家禽骨骼的形成,成年母禽蛋壳的形成,并且影响家禽的血液凝固、酸碱平衡、神经和肌肉等组织的正常功能,将造成巨大的经济损失。

1.病因

(1)饲料中钙磷含量不足:由于饲料中添加不足;所用钙磷原料质

量较差,吸收利用率低;添加的植酸酶混合不均匀等皆可引发钙磷缺乏症。

(2)钙、磷比例失调:二者比例不当会影响钙、磷的吸收,继而发生钙、磷缺乏症。

(3)维生素 D_3 的缺乏:维生素 D_3 促进钙、磷的吸收和代谢,一旦缺乏会引起钙、磷缺乏症的发生。

(4)饲料中蛋白质、脂肪、植酸盐过多,影响家禽钙、磷的代谢与需要。

(5)环境温度过高、运动不足、日照时间短、生理应激都影响钙磷的吸收与代谢。

2.发病机制

对钙磷代谢的调节,主要是甲状旁腺激素(PTH)、降钙素(CT)和胆骨化醇(维生素 D_3)的作用。钙磷代谢紊乱影响生长中家禽的骨骼代谢,引起骨营养不良和生长发育迟滞;产蛋母鸡产蛋量减少,产薄壳蛋;还影响家禽的血液凝固,由于血凝需要钙离子参与,凝血酶原激活物催化凝血酶原转变为凝血酶。红细胞膜的完整性和通透性需要足够的含磷 ATP 来维持。血磷过低则组织可发生缺氧,红细胞易破损,血小板也发生功能障碍,容易引起出血。

3.症状

病禽表现初期喜欢蹲伏,不愿走动,步态僵硬,食欲不振,异嗜,生长发育迟滞等病状。幼禽的喙与爪较易弯曲,跗关节肿大,蹲卧或跛行,有的拉稀。成年鸡发病主要是在高产鸡的产蛋高峰期。初期产薄壳蛋,破损率高,产软皮蛋,产蛋量急剧下降,蛋的孵化率也显著降低。后期病鸡无力行走,蹲伏卧地。

4.病理变化

主要病变在骨骼、关节。全身各部骨骼都有不同程度的肿胀、疏松,骨体容易折断,骨密质变薄,骨髓腔变大。肋骨变形,胸骨呈 S 状弯曲,骨质软。雏鸡肋骨末端呈串珠状小结节。关节面软骨肿胀,有的有较大的软骨缺损或纤维样物附着。

5.诊断

根据发病家禽的饲料分析、病史、病禽临诊症状和病理变化作出诊断。

6.防治措施

(1)以预防为主,首先要保证家禽日粮中钙、磷的供给量,其次要调整好钙、磷的比例。

(2)病禽除补充适量钙磷饲料外,并加喂鱼肝油,或补充维生素 D_3。

十三、锰缺乏症

锰缺乏症是因为锰缺乏引起的以骨形成障碍,骨短粗,滑腱症为特征的营养缺乏病。

1.病因

(1)日粮中含量不足:缺锰地区作物籽实的含锰量很低;饲料原料中玉米、大麦的含锰量较少,糠麸中含量较多,在玉米为主原料的饲料中必须添加无机锰满足家禽对锰的需要;饲料配方不当,无机锰补充量不足;

(2)饲料中钙、磷、铁、植酸盐过量,降低锰的吸收利用率:高磷酸钙日粮中的锰被吸附而可溶性较少,进而加重锰的缺乏。

(3)饲料中 B 族维生素不足增加禽对锰的需要量。

(4)其他影响因素:如鸡患球虫病等胃肠道疾病及药物使用不当时锰的吸收利用受到影响。

2.发病机制

锰是许多酶的激活剂,锰缺乏时这些酶活性下降,影响家禽的生长和骨骼发育。锰是骨质生成中合成硫酸软骨素有关的粘多糖和半乳糖转移酶激活剂,便于骨盐沉着,锰缺乏时雏鸡软骨发育不良,腿翅骨等均变短粗。锰通过加速 DNA 的合成,促进蛋白质的合成过程,锰缺乏时家禽生长缓慢。锰离子是性激素合成原料胆固醇合成关键步骤二羟甲戊酸激酶的激活剂,锰缺乏时影响性激素的合成,雄禽性欲丧失,睾丸退化;雌禽产蛋率降低,种蛋孵化率下降,胚胎营养不良。

3.症状

多见于体重大生长快的鸡。

(1)幼禽的特征症状为生长停滞,骨短粗症和脱腱症。表现为胫跗关节肿大,腿骨变粗变短,跛行。后者表现为跗关节肿胀与明显错位,胫骨远端和跗骨近端向外翻转,腿外展,常一只腿强直,膝关节扁平,节面光滑,导致腓肠肌腱从髁部滑脱,腿变曲扭转,瘫痪,无法站立,常因双腿并发而不能采食,直至饿死。

(2)成年母禽产蛋量下降,蛋壳薄脆,种蛋孵化率低,胚胎畸形,腿短粗,翅膀缺,头呈圆球形状或呈鹦鹉嘴,水肿,腹部突出。孵出雏鸡软骨营养不良,表现出神经机能障碍、运动失调和头骨变粗等症状。

4.病理变化

病死禽骨骼短粗,骨管变形,骺肥厚,骨板变薄,剖面可见密质骨多孔,骺端更明显。

5.诊断

根据病史、临诊症状和病理变化可作出诊断。确诊可对饲料、器官组织进行锰含量测定。

6.防治措施

(1)正常家禽饲料中每千克应含有锰40~80毫克,常采用碳酸锰、氯化锰、硫酸锰、高锰酸钾作为锰补充剂。糠麸含锰丰富,调整日粮有良好的预防作用。

(2)发病家禽日粮中每千克添加0.12~0.24克硫酸锰,也可用1:3 000高锰酸钾溶液饮水,每日2~3次,连用4天。

(3)补锰时防止过量的锰对钙磷的利用有不良影响。

十四、硒缺乏症

硒缺乏症与维生素E缺乏有许多相似症状,以白肌病、渗出性质、胰腺变性和脑软化为特征。

1.病因

(1)饲料中硒含量的不足与缺乏。原料来于缺硒地区或添加量不足。

(2)饲料中含铜、锌、砷、汞、镉等拮抗元素过多,均能影响硒的吸收,促使发病。

2.发病机制

发病机制目前尚不十分清楚,不过多数学者认为硒和维生素E具有抗氧化作用,可使组织免受体内过氧化物的损害而对细胞正常功能起保护作用。硒在体内还可促进蛋白质的合成。当硒协同维生素E作用,可保持动物正常生育。但是,硒与维生素E缺乏时,机体的细胞膜受过氧化物的毒性损伤而破坏,细胞的完整性丧失,结果导致肌细胞(骨骼肌、心肌)、肝细胞、胰腺和毛细血管细胞以及神经细胞等发生变性、坏死。因而在临诊上可见到家禽的肌营养不良、肌胃变性、胰腺萎缩、渗出性素质、脑软化等症状和病理变化。

3.症状

本病在雏鸡、雏鸭、雏火鸡均可发生。临诊特征为渗出性素质、肌营养不良、胰腺变性和脑软化。渗出性素质2～3周龄的雏鸡为多,到3～6周龄时发病率高达80%～90%。多呈急性经过,重症病雏可于3～4日内死亡,病程最长的可达1～2周。病雏躯体低垂,胸、腹部皮下出现淡蓝绿色水肿样变化,有的腿根部和翼根部亦可发生水肿,严重的可扩展至全身。出现渗出性素质的病鸡精神高度沉郁,生长发育停止,冠髯苍白,伏卧不动,起立困难,站立时两腿叉开,运步障碍。排稀便或水样便,最终衰竭死亡。

有些病禽呈现明显的肌营养不良,一般以4周龄幼雏易发。其特征为全身软弱无力,贫血,胸肌和腿肌萎缩,站立不稳,甚至腿麻痹而卧地不起,翅松乱下垂,肛门周围污染,最后衰竭而死。

4.病理变化

主要病变在骨骼肌、心肌、肝脏和胰腺,其次为肾和脑。

(1)皮下有淡黄绿色的胶冻样渗出物或淡黄绿色纤维蛋白凝结物。颈、腹及股内侧有淤血斑。

(2)病变部肌肉变性、色淡、似煮肉样,呈灰黄色、黄白色的点状、条状、片状不等;肌肉横断面有灰白色、淡黄色斑纹,质地变脆、变软、钙化。心肌扩张变薄,以左心室为明显,多在乳头肌内膜有出血点,在心内膜、心外膜下有黄白色或灰白色与肌纤维方向平行的条纹斑。

(3)肝脏肿大,硬而脆,表面粗糙,断面有槟榔样花纹;有的肝脏由深红色变成灰黄或土黄色。

(4)肾脏充血、肿胀,肾实质有出血点和灰色的斑状灶。

(5)胰腺变性,腺体萎缩,体积缩小有坚实感,色淡,多呈淡红或淡粉红色,严重的则腺泡坏死、纤维化。

5.诊断

根据地方缺硒病史、流行病学、饲料分析、特征性的临诊症状和病理变化,以及用硒制剂防治可得到良好效果等作出诊断。

6.防治措施

(1)本病以预防为主:雏禽日粮中添加 $1\times10^{-7}\sim2\times10^{-7}$ 的亚硒酸钠和每千克饲料中加入 20 毫克维生素 E。注意要把添加量算准,搅拌均匀,防止中毒。

(2)治疗:用 0.005% 亚硒酸钠溶液皮下或肌肉注射,雏禽 0.1~0.3 毫升,成年家禽 1.0 毫升。或者用饮水配制成每升水含 0.1~1 毫克的亚硒酸钠溶液,给雏禽饮用,5~7 天为一疗程。对小鸡脑软化的病例必须以维生素 E 为主进行防治;对渗出性素质、肌营养性不良等缺硒症则要以硒制剂为主进行防治,效果好又经济。

十五、痛风症

痛风是一种蛋白质代谢引起的高尿酸血症。其病理特征为血液尿酸水平增高,尿酸盐在关节囊、关节软骨、内脏、肾小管及输尿管中沉积。肉仔鸡多发。水禽与火鸡亦可发生。

1.病因与发病机制

(1)营养性因素：

①饲料中核蛋白与嘌呤碱原料过多：这些饲料是动物内脏(肝、脑、肾、胸腺、胰腺)、肉屑、鱼粉、大豆、豌豆等。这些饲料水解时产生的蛋白质和核酸，最后以尿酸的形式排出体外。当产生的尿酸超过机体的排泄能力，大量的尿酸盐就会沉积在内脏或关节中，形成痛风。

②饲料中含钙过高：若饲料中贝壳粉或石粉过多，超出机体的吸收及排泄能力，导致肾损害，也可能阻止尿酸排除，增高血液中尿酸水平。同时，大量的钙会从血液中析出，沉积在内脏或关节中，形成痛风。

③维生素 A 缺乏：若维生素 A 缺乏，致使肾小管上皮细胞的完整性遭到破坏，造成肾小管吸收障碍，导致尿酸盐沉积而引起痛风。

④饮水不足：断水时间过长、舍温过高或长途运输造成饮水不足，机体脱水，机体代谢产物不能及时排出体外，从而造成尿酸盐沉积在输尿管内，阻塞而发病。

(2)中毒性因素：

①药物对肾脏有损害作用：如磺胺类药物中毒，引起肾损害和结晶的沉淀；氨基糖苷类抗菌药物等在体内通过肾脏排泄，影响维生素 A 的吸收，尤其是长时间、大剂量应用，对肾脏有潜在性的毒害作用。

②霉菌毒素污染的饲料可引起中毒：如黄曲霉毒素、赭曲霉毒素、卵孢霉毒素等均具有肾毒性，并引起肾功能的病变，导致痛风。

③慢性微量元素中毒：它可引起肠道炎症和肾脏机能障碍，影响维生素 A 吸收，从而导致痛风。

(3)传染性因素：肉鸡患肾病变性传染性支气管炎、传染性法氏囊病、淋巴细胞白血病、单核细胞增多症、沙门氏菌病、大肠杆菌病、鸡包涵体肝炎等，都可能继发或并发痛风。

(4)条件性因素：鸡舍环境潮湿、阴暗、拥挤、运动不足、日粮中维生素缺乏等均可成为促进本病发生的诱因。

2.症状及病理变化

根据尿酸盐在体内沉积部位的不同，临床上分为内脏型与关节型痛风,有时二者同时发生。

(1)内脏型痛风:多呈慢性经过,可导致大批死亡。病鸡食欲不振,精神较差,呼吸困难,贫血,鸡冠苍白,羽毛无光泽,趾爪脱水、发暗、干瘪,排白色石灰渣样粪便。

剖检可见在胸膜、腹膜、肺、心包、肝脏、脾脏、肾脏、肠及肠系膜的表面散布许多石灰样的白色尖屑状或絮状物质。严重者肝脏与胸壁粘连。肾脏肿大,有大量尿酸盐沉积,红白相间,呈花斑状。两条输尿管肿胀,充满灰白色尿酸盐,严重者形成结石,呈圆柱状。

(2)关节型痛风:可见趾关节、跗关节、翅关节等肿胀,肿胀部位逐渐变硬,形成不能移动或稍能移动的豌豆大或蚕豆大小的结节。病程稍久,结节软化或破裂,排出灰黄色干酪样物,局部形成出血性溃疡。病鸡往往呈蹲坐或独肢站立姿势,行动迟缓,跛行。

剖检时切开肿胀关节,流出浓厚、灰白黏稠的液体或关节面沉积一层或灰白色尿酸盐。

3.诊断

根据病因、病史、特征性症状即可诊断。

4.防治措施

(1)预防:选用优质原料,根据鸡不同阶段的营养需要,合理配制饲料,均衡营养,钙磷比例平衡,保证新鲜充足的饮水,避免大剂量长时间用药,夏季饲料中碳酸氢钠的添加量不能超过 1.5%。

(2)治疗:消除病因,充足饮水,使尿液酸化溶解肾结石,保护肾功能。

①饲料中添加氯化铵(≤10 千克/吨)、硫酸铵(≤5 千克/吨)、DL-赖氨酸(≤6 千克/吨)、2-羟-4 甲基丁酸(≤6 千克/吨),都能使尿液酸化,减少由钙诱发的肾损伤,减少死亡率。

②肾宝康、肾肿解毒药等药物每天饮水 8～12 小时,有助于尿酸盐的溶解和排出。

③中药:利用清热利湿,利尿排石药物饮水。如肾支通淋膏、八正散加减等药物饮水,上午、下午各 1 次,将有利于促进尿酸盐和结石的

排出,降低死亡率。

十六、脂肪肝综合证

脂肪肝综合征是一种脂肪代谢障碍性疾病,以肝脏脂肪过度沉积或伴有肝脏出血为特征。该病多发于肉种鸡。

1.病因

(1)能量摄入过多:肉种鸡产蛋后期未及时降低喂料量,导致能量过剩,过剩的能量在肝脏中转变成脂肪。

(2)营养不足:如饲料中蛋氨酸、胆碱、维生素 E、生物素、硒等缺乏,导致脂肪的转运过程发生障碍,使过量脂肪沉积于肝组织。

(3)机体缺乏运动与环境温度过高:笼养鸡缺乏运动,环境温度高,导致能量的摄入超出机体的能量消耗,能量物质就会以脂肪的形式贮存于体内,如腹腔、皮下、肝脏、血管等部位。

(4)饲料中的真菌毒素(黄曲霉毒素、红曲霉毒素等):可引起肝脏脂肪变性;油菜籽中的芥子酸也可引起肝脏变形。

(5)遗传因素:遗传因素对本病也有一定的影响。

2.发病机制

(1)鸡的产蛋量与雌激素活性是相关的,而雌激素可刺激肝脏合成脂肪,笼养鸡活动空间缺少,能量消耗低,脂肪沉积较多,从而发生脂肪肝综合征,造成产蛋量下降。

(2)当母鸡接近产蛋时为了维持生产力,肝脏合成脂肪的能力增加,肝脂也相应提高。合成后的脂肪以极低密度脂蛋白(VLDL)形式被运送到血液,经心、肺小循环进入大循环,再运往脂肪组织储存或运往卵巢合成磷脂。如果饲料中蛋白质不足影响脱脂蛋白的合成,进而影响 VLDL 的合成,从而使肝脏输出的脂肪减少,产蛋量少,血浆中脂蛋白含量增高,在肝脏中积存形成脂肪肝;饲料中如果缺乏合成脂蛋白的维生素 E、生物素、胆碱、B 族维生素和蛋氨酸等亲脂因子,使 VLDL 合成和转运受阻,造成脂肪浸润而形成脂肪肝;同时由于摄入过多能量,肝脏脂肪来源大大增加,大量的脂肪酸在肝脏合成,但是肝脏无力将脂肪酸通过血液运送到其他组织或在肝脏氧化,而产生脂肪代谢平衡失调,从而导致脂肪肝综合征。

3.临床症状

产蛋量明显下降。发病和死亡的鸡大多过度肥胖,体重超过标准体重20%～25%,腹部膨大柔软、下垂,冠与肉髯苍白贫血。严重者嗜眠、瘫痪。往往突然死亡。

4.病理变化

皮下、腹腔及肠系膜均有多量的脂肪沉积,尤以后腹部、肌胃四周包被脂肪层较厚,0.5～1.0厘米,气囊膜上有淡黄色脂肪样滴附着。肝脏稍肿大,边缘钝圆,呈黄色油腻状,表面有红色或散在黑色淤血斑,出血点呈条纹状或斑状分布。肝脏质脆易碎如泥样,剪开后剪子的表面有脂肪滴附着。心肌略呈黄白色,心冠脂肪有不同程度的出血点或出血斑。小肠肿大,浆膜面有红色针尖大到粟粒大小的出血点,黏膜有出血斑。盲肠扁桃体肿大、出血。卵巢上卵泡少而较小,个别卵泡已液化呈黄褐色,输卵管萎缩。气管无明现病理变化。

5.诊断

(1)依据临床发病状况、解剖特征、实验室检查结果,诊断为鸡脂肪肝综合征。

(2)应注意与鸡肾综合征相区别。鸡肾综合征的特征是肝脏苍白、肿胀,肾脏肿胀呈多样颜色,死鸡的心脏呈苍白色,心肌脂肪往往呈淡红色,肌胃和十二指肠前段常含有一种不知原因和成分的黑棕色液体。

6.防治措施

本病防治的关键措施是在正确诊断的基础上,找出影响鸡群产蛋率和脂肪代谢平衡失调的具体原因,采取针对性的防治措施。

(1)已发病鸡群:在每吨饲料中加入氯化胆碱1 000克、维生素E 10 000国际单位、蛋氨酸500～1 000克、维生素B_{12} 12毫克,连续喂饲1周后产蛋量将逐渐回复。

(2)科学喂养,提高饲养管理水平,适当限制饲料的采食量,维持适当的体重,防止鸡体重过大,预防脂肪肝综合征的发生,增加效益。肉种鸡从 3～4 周开始限制饲养,产蛋率达 30％～40％时喂最大料量至高峰期,产蛋率降至 80％以下时减料,230 克/100 只,产蛋率降低 4％,减 1 次料。这样即可防止脂肪肝综合征的发生又可降低成本增加效益。

第七节　健康养殖其他常见病

一、中毒病

1. 食盐中毒

(1)病因:食盐一般占鸡饲料的 0.25％～0.37％,如饲料中食盐超过饲料量的 1.5％以上,鸡会发生中毒。常见在配好了加盐的饲料中,再加含盐的鱼粉。

(2)临床症状:鸡群精神委靡,食欲不振,渴欲强烈,频繁饮水,嗉囊膨大,手摸病鸡腹部有波动,皮下水肿感,伴有腹泻。病重鸡食欲废绝,运动失调,时而转圈,时而倒地,呼吸困难,严重的头颈弯曲,仰卧挣扎,肌肉抽搐,最后虚脱衰竭死亡。

(3)剖检变化:病鸡消化道病变严重,嗉囊充满黏性液体,黏膜脱落,腺胃黏膜充血,少数表面形成假膜,小肠黏膜充血发红,并伴有出血点;皮下组织水肿,腹腔和心包积水;心肌、心冠脂肪有点状出血;肺淤血水肿;肝脏有出血斑;脑膜血管扩张并伴有针尖状出血点;血液浓稠,色泽变暗,严重的可见肾脏肿大。

(4)防治:严格控制饲料中食盐的含量,严格检测饲料原料中盐分的含量(尤其是鱼粉中),另一方面配料时加食盐要粉碎,且混合一定要均匀。如发现鸡群中有食盐中毒情况发生时,应停喂高盐饲料,清洗饲槽,调整饲料配方,并在饲料中添加复合维生素和抗菌素,预防继发感染。中毒轻的鸡给予充足的清洁饮水,加入5%葡萄糖和适量维生素C。中毒严重的鸡适当控制饮水,每隔1小时限量供水,饮水中除了添加葡萄糖和维生素C外,另可添加肾肿解毒药,也可灌服少量植物油(豆油),采取以上治疗方法后,3～4天鸡群恢复正常。

2.棉酚中毒

(1)病因:棉酚是一种嗜细胞性的有毒物质,使用过量棉子饼时,棉酚在体内大量积累,可损害肝细胞、心肌和骨骼肌,与体内硫和蛋白质结合损害血红蛋白中的铁而导致贫血。另外,棉子中尚含有一种脂肪酸,能使母鸡卵巢和输卵管萎缩,产蛋量下降,蛋壳质量下降。棉酚在体内排泄缓慢,易蓄积,饲料中棉酚含量在0.01%以下是安全的,超过0.04%～0.05%就可中毒。如成年鸡日服棉子饼(粕)30克,即可迅速出现中毒症状。

(2)临床症状:病禽表现食欲减退,消瘦,腿无力,抽搐,腹泻,粪便颜色变淡,冠和肉髯发绀,呼吸困难,一般在出现症状后数日内因呼吸、循环衰竭而死亡。种蛋的孵化率降低,母禽的产蛋量减少,禽蛋在贮藏时蛋白易变成淡红色,卵黄颜色变淡或呈茶青色。

(3)剖检变化:剖检病鸡可见肠黏膜脱落,肠壁变薄,胃肠呈现出血性炎症,胆囊和胰腺增大,胆汁浓稠,肝脏变色,其中有许多空泡和泡沫状间隙,有萎缩性变化,营养不良,颜色变淡,体积变小,肝、脾和肠黏膜上有蜡样色素沉积。肾脏呈紫红色,质地软而脆。肺水肿,心外膜出血,胸、腹腔积有渗出液。

(4)防治:为预防该病,用棉子饼(粕)作饲料时,应先经去毒处理。可将棉子饼(粕)加温到80～85℃,保持3～4小时,或加热煮沸1小时以上,或加大麦煮沸,冷却后除去漂浮物。可用2%熟石灰水或3%碳酸氢钠溶液将棉子饼浸泡一昼夜,水洗后再喂。用硫酸亚铁、生石灰各0.5千克,加水100千克配成溶液,把棉子饼(粕)放入溶液中,浸泡1小时左右可去毒70%以上。使用棉子饼(粕)作饲料成分时,雏鸡用量不得超过饲料的3%,成鸡不得超过7%;种鸡不宜用棉子饼(粕)作饲料。充足的维生素(主要是维生素 A)、矿物质(主要是铁、钙、食盐)对预防本病就有很好的作用。对发生中毒的病禽,先立即停止饲喂棉子饼,然后服用盐类泻剂或 5％葡萄糖水。对重症病禽可用 10％葡萄糖注射液 20～30 毫升腹腔注射。

3. 黄曲霉毒素中毒

(1)病因:黄曲霉毒素的分布范围很广,从自然界分离出的黄曲霉中,有多于 10％的菌株产黄曲霉毒素。凡是污染了能产生黄曲霉毒素的真菌的粮食、饲料等,都有可能存在黄曲霉毒素。畜禽中毒就是由于大量采食了这些含有多量黄曲霉毒素的饲草饲料和农副产品而发病的。由于性别、年龄及营养状态等情况,其敏感性是有差异的。家禽是最为敏感的,尤其是幼禽。

(2)临床症状:主要表现为精神不振,嗜睡、食欲减退,体重减轻、生长发育不良,鸡冠淡染或苍白,排白色粪便,翅膀下垂,有的腿不能站立。病程长者食欲废绝,鸣叫脱毛,运动失调,严重的跛行。腿脚皮下出血呈紫红色,并出现明显的黄疸症状。青年鸡和成鸡一般慢性中毒,生长发育不良,推迟产蛋,或产蛋下降,蛋重变小。毒素侵入脑部出现共济失调,角弓反张,麻痹等种症状,抗菌素所不能控制的水样稀粪。腹泻的稀粪便多混有血液。成年鸡多呈慢性中毒症状,黄曲霉毒素具有高强度的免疫抑制作用,中毒的雏鸡胸腺和法氏囊萎缩,对多种细菌病、病毒病和寄生虫并等易感性高。

(3)剖检变化:病理变化主要在肝脏、肺与气囊。肝脏急性中毒时肿大,色泽苍白变淡,质变硬,有出血斑点,胆囊扩张充盈。肾脏苍白、肿大、质地变脆,胰腺也有出血点。胸部皮下和肌肉常见出血。慢性中毒时,可见肝脏硬化萎缩,肝脏中可见白色小点状或结节状的增生病灶,时间长的可见肝癌结节,肾出血,心包和腹腔有积水。肺和气囊,呈弥漫性或局限性病理变化。

(4)诊断与治疗:首先要调查病史,检查饲料品质与霉变情况,吃食可疑饲料与家禽发病率呈正相关,发病的家禽也无传染性表现。结合临床症状和剖检变化等材料,进行综合性分析,排除传染病与营养代谢病的可能性，并且符合真菌毒素中毒病的基本特点，即可作出初步诊断。必要时可进行毒素的检测。

①可疑饲料直观法：可作为黄曲霉毒素预测法。取有代表性的可疑饲料样品（如玉米、花生等）2～3千克，分批盛于盘内，分摊成薄层，直接放在365纳米波长的紫外线灯下观察荧光；如果样品存在黄曲霉毒素，可见到含毒素的饲料颗粒发出亮黄绿色荧光或蓝紫色荧光。若看不到荧光，可将颗粒捣碎后再观察。

②化学分析法：先把可疑饲料中黄曲霉毒素提取和净化，然后用薄层层析法与已知标准黄曲霉毒素相对照，以确证所测的黄曲霉毒素性质和数量。

防止饲料霉变是预防该病的关键措施。饲料要在通风、干燥、低温处保存，在温暖多雨的季节，可用福尔马林熏蒸法或0.4%过氧乙酸、5%石炭酸喷雾法或者用防霉剂等来抑制饲料中霉菌生长。如饲料中产生了黄曲霉毒素，国内外曾采用以下几种去除黄曲霉毒素方法：①挑选霉粒或霉团去毒法。②碾轧加水搓洗或冲洗法，碾去含毒素较集中的谷皮和胚部，碾后加3～4倍清水漂洗，使较轻的霉坏部分谷皮和胚部上浮起随水倾出。③黄曲霉毒素能耐高温，不溶于水，易溶于有机溶剂，可被强碱和强氧化剂破坏，pH超过9.0的碱液是解除毒素最有效的制剂。可用20%的石灰水或2%的次氯酸钠来消毒。④生物学解毒法，利用微生物（如无根根霉、米根霉、橙色黄杆菌等）的生物转化作用，可使黄曲霉毒素解毒，转变成毒性低的物质。⑤辐射处理法。⑥白陶土吸附法。⑦氨气处理法，在18千克氨压，72～82℃时，谷物和饲料中黄曲霉毒素98%～100%被除去，并且使日粮中含氮量增高，也不破坏赖氨酸。畜禽饲喂此日粮安全又增加营养，其动物组织中也未测出残留有害物质。一旦发现中毒应立即停喂霉变饲料，

目前无特效药物治疗。一旦发现中毒，立即更换食物。对早期发现的中毒服硫酸镁、人工盐等盐类泻药，同时供给充足的维生素A、维生素D，可缓解中毒；或者可在饲料中加1%活性炭或木炭末，以减少胃肠道对黄曲霉毒素的吸收，增加肝脏的解毒功能。另外，在饮水中添

加适量硒盐,以降低黄曲霉毒素的毒性作用;饮服 1%碘化钾水溶液,并给患病的动物每天注射 1%葡萄糖和维生素 B,有一定的解救效果。同时鸡舍内用 0.05%硫酸铜喷雾消毒,每天 1 次,连用 3 天。

4.喹乙醇中毒

(1)病因:盲目加大剂量或使用时间过长引起的中毒,有些配合饲料在生产时已添加喹乙醇,如再添加造成重复用药,导致实际用量超过标准而中毒。饲料添加喹乙醇时混合不均匀,使部分家禽摄食量过大而中毒,尤其是使用颗粒料或破碎料时更为严重。虽然按常规剂量饲喂,但因饲喂时间过长而产生蓄积中毒,一般在投药后 20 天左右出现弥散性中毒死亡。据报道,雏鸡喹乙醇饲用量达 50 毫克/千克饲料,饲喂时间不宜超过 7 天,80 毫克/千克饲料饲喂时间不超过 5 天,而达到800 毫克/千克饲料时可以在饲喂 24 小时产生中毒症状。

(2)临床症状:病鸡精神沉郁,食欲减退或废绝,体表温度可降至36～39℃不等,鸡群羽毛松乱,拥挤在一起,低温季节更为明显。两翅下垂,缩头蹲伏,站立不稳,不愿走动,早期勉强以飞节着地行走,后期则完全瘫痪,常可见飞节红肿。鸡冠和肉髯呈紫红色或紫蓝色,口流黏性涎液;粪便前期稀,呈黄白色或咖啡色,后期深褐色酱样或深黑色粪便;最后出现呼吸困难,瘫痪、痉挛挣扎死亡。

(3)剖检变化:口腔内有黏液,嗉囊空虚,积有多量液体;胆囊充盈,胆汁浓稠;腺胃黏膜及乳头出血,肌胃角质层易撕落,腺胃与肌胃交接处常有出血溃疡;肠道弥漫性出血,尤以十二指肠明显,常有明显的条状出血肿胀区;泄殖腔黏膜弥漫性点状出血;盲肠扁桃体肿大、出血;肺淤血、水肿,切面外翻;血液凝固不良,心肌弛缓,心外膜严重充血和出血,心内膜有出血,呈暗紫色,肠黏膜出血,并存在不同程度的脱落,肝、脾、肾肿大,质脆易碎,偶见出血点。

(4)防治:使用喹乙醇预防和治疗疾病时,应严格掌握其应用剂量、使用方法和使用持续时间,以免引起中毒。购买配合饲料时,一定要了解其中是否已添加喹乙醇,避免因重复添加而剂量过大引起中毒。作饲料添加剂的用量是每千克饲料中加入 25～35 毫克。用喹乙醇预防某些细菌性疾病时,每千克饲料中拌入50~80毫克,连用3~4天为一个疗程;喹乙醇混料喂服时搅拌必须均匀。如发现有中毒现象时应立即停药。一旦发生,立即停用混药饲料,清除饲槽料槽中残余饲料,治疗该病时只能采取一些辅助性治疗措施以减少损失,可在饮水中交替投放0.1%~0.15%的碳酸氢钠、6%~8%的蔗糖或3%~4%的葡萄糖,以加强肾脏的排泄作用及肝脏的解毒功能;也可同时投喂相当于营养需要3~5倍的复合维生素或0.1%的维生素C,但切忌抗生素类药物治疗。

5.马杜拉霉素中毒

(1)病因:由于马杜拉霉素用药安全范围非常窄,推荐使用剂量与中毒剂量非常接近,个别养殖户及兽医人员对此药缺乏正确的认识,在球虫病防治时,通常加倍使用,造成鸡群中毒,从而导致不必要的经济损失。马杜拉霉素治疗量为其使用剂量和中毒量很接近,混饲使用纯品剂量为$5×10^{-6}$,超过$6.5×10^{-6}$就易引起中毒,连续用药不得超过5天。因此许多养殖场(户)在使用马杜拉霉素混饲防治球虫病时,因用药不按要求严格剂量,或重复给药,造成中毒。

目前国内市场上预混剂中含有马杜霉素的药物商品名有许多。有的养殖户在使用抗球虫药时,不仔细看清其药物有效成分,随意将2种或多种抗球虫药联合使用,从而导致重复用药。或者购买的饲料中已加有马杜拉霉素,又在饲料中添加,导致饲料中马杜拉霉素含量高于推荐的安全剂量,鸡食用后发生中毒。

一些养殖户防病心切,盲目加大马杜霉素的混入量,使混饲剂量加倍甚至更大,以为这样能提高马杜霉素的疗效。也有养殖户给药时没有严格计算用量或者因误算导致浓度加大而引起中毒。使用马杜拉霉素防治球虫时应特别注意,药料一定要混合均匀。严格按照马杜拉霉素产品标签用药,有的养殖户按习惯思维计算添加量或误算添加量,使得饲料中药物含量高于推荐剂量;人工搅拌饲料时,由于饲料和马杜拉霉素颗粒直径相差很大,人工搅拌很难混匀,从而造成药物在饲料中分布不均匀,饲喂过程可能引起中毒。另外,采用水溶性马杜拉霉素饮水时,要考虑夏季鸡群饮水量大,控制使用总量不超标,避免中毒事件发生。马杜拉霉素不能与某些抗生素或磺胺类药联合使用,与泰妙菌素即使在常量下合用也可引起中毒。

(2)临床症状:病鸡呆立不动、精神沉郁、食欲减退、饮欲增加;体温下降 2~3℃;口腔里吐出白色黏稠液体,嗉囊积食,两翼下垂,两翅无知觉,不愿活动,随后发生瘫痪。病鸡俯卧于地,颈腿伸展,头颈贴于地面,较轻的病鸡出现瘫痪,两腿向外侧伸展。病鸡排稀软粪便,最后口吐黏液而死。成年鸡除表现麻痹和共济失调等症状外,还表现呼吸困难。慢性中毒表现为增重及饲料转化率降低。

(3)剖检变化:病轻的鸡无明显特征性病变,重病鸡剖检可见肠道黏膜充血、出血,特别是十二指肠黏膜出血更为严重,肠腔内充满黏液性内容物,盲肠扁桃体轻度肿胀;肌肉呈暗红色,嗉囊空虚、个别肌胃与腺胃交界处可见条纹状的出血,肌胃内容物干燥,肌胃角质层易剥离。肺脏出血,心脏内外膜、心冠脂肪出血,心外膜上出现不透明的纤维素斑,肝脏肿大出血、呈紫红色,肝表面有灰白色坏死灶,胆囊充盈;肾脏肿大、出血,呈紫红色,输尿管内充满白色尿酸盐,个别尿酸盐沉积,腿部及背部的鸡纤维苍白、萎缩。

(4)防治:用药前,首先弄清使用的饲料中是否已添加马杜拉霉素及其添加剂量,注意不要与其他聚醚类离子载体抗球虫药(盐霉素、莫能菌素)来混合使用,以防发生同类药物的累计中毒。

目前,对于离子载体抗生素的中毒无特效解毒药。治疗以排毒、保肝、利胆、补液和调节机体内钠钾离子交换平衡为治疗原则。临床上可在饲料中添加维生素 E 或硒(Se)减轻毒性作用或中毒治疗时注射相关溶液。立即停喂添加马杜拉霉素的饲料。注射抗氧化剂维生素 E 或亚硒酸钠溶液,降低马杜拉霉素的毒性作用。

在饮水中添加水溶性多维和电解质、口服补液及葡萄糖(5%)。对病重鸡,可皮下注射 5%葡萄糖生理盐水、维生素 C(30~50 毫克)、维生素 B₁(50~10 毫克)共 5~10 毫升,一天两次。为防止鸡只因中毒抵抗力下降,继发感染,可适量应用广谱抗生素,如青霉素、恩诺沙星等。

在使用抗菌药物的同时,还应改善饲养管理,增加机体抵抗力,保证机体内水、电解质和酸碱的平衡。

6. 磺胺类药物中毒

(1)病因:磺胺类药物广泛应用于家禽许多疾病的防治,但在用药量过大或疗程较长时,常使家禽发生急性或慢性中毒。磺胺类药物种类较多,达十几种,各种药物的使用量和相差也较大,从 0.025% ~ 1.5% 不等,如对磺胺类药物的用量一概而论,盲目加大用药剂量就会发生中毒。这些药物在体内代谢过程中,易在肾或尿路中形成结晶,除对肾和尿路上皮细胞损伤外,还能产生一种溶细胞反应为主的变态反应,出现较严重的中毒变化。有些磺胺药的治疗量与中毒量又很接近。用药量大或持续大量用药、药物添加饲料内混合不均匀等因素都可能引起中毒。

(2)临床症状:急性中毒主要表现兴奋、拒食、腹泻、痉挛或麻痹等症状。慢性中毒的病例,常见于连续用药超过 1 周的鸡群,病鸡一般表现为精神沉郁,食欲下降或完全消失,渴欲增加,贫血,黄疸,羽毛松乱,头部肿大呈蓝紫色,翅下出现皮疹,便秘或腹泻,粪便呈酱油色。成年鸡可见产蛋下降或产软壳蛋。

(3)剖检变化:皮肤、肌肉和内部器官出血,皮下有大小不等的出血斑,胸部肌肉弥漫性或刷状出血,大腿内侧斑状出血。肠道有弥漫性出血斑点,盲肠内可能含有血液。腺胃和肌胃角质层下也可能出血。肾脏明显肿大,土黄色,表面有紫红色出血斑。输尿管增粗,并充满尿酸盐。肾盂和肾小管中常见磺胺药结晶。肝脏肿大,紫红色或黄褐色,表面有出血点或出血斑,胆囊肿大,充满胆汁。脾也肿胀,有出血性梗死和灰色结节区。心肌也可有刷状出血和灰色结节区。心外膜出血。脑膜充血和水肿。骨髓由正常的深红色变成变为淡红色(轻症)或黄色(重症)。整个肠道有点状或斑点状出血。胸腺、脾脏和法氏囊等免疫系统的生长、发育都受到明显地抑制,体积减小和重量降低甚至萎缩。

(4)防治:使用磺胺类药物一定要严格掌握剂量,投药时间不宜过长,一般雏禽 3 天,成年家禽 5 天,然后停药 1~2 天,再使用第二疗程。

拌料必须混合均匀,同时供给充足的饮水,溶解度较低的磺胺药配合等量碳酸氢钠同时服用,就能预防中毒的发生。发生磺胺类药物中毒后,应立即停药,尽量多饮水。可服用 $1\% \sim 5\%$ 碳酸氢钠溶液和 5% 的葡萄糖水代替饮水,连饮 $2 \sim 3$ 天,也可配合内服维生素 C,进行对症疗法,以防引起肾脏尿酸盐沉积。饲料中多维素可提高 $1 \sim 2$ 倍。如出血严重,可再补充 0.5% 的维生素 K_3,拌料喂服。对于严重病例可肌肉注射维生素 B_{12} 2 微克或维生素 B_{11} $50 \sim 100$ 微克。

7. 呋喃类药物中毒

(1)病因:用药剂量过大或连续用药时间过长、药物在饲料中搅拌不均匀等均可引起中毒。呋喃唑酮(痢特灵)的预防剂量(拌料)为 0.01%,连用不超过 15 天;治疗剂量为 0.02%,连用不超过 7 天。饲料中添加量为 0.04%,连用 $12 \sim 14$ 天,即可引起鸡中毒;添加量为 0.06%,$4 \sim 5$ 天即可中毒;添加量为 0.08%,$3 \sim 4$ 天即可中毒。药物在饲料和饮水中搅拌不均匀,更易引起部分家禽中毒。

(2)临床症状和剖解症状:临床症状:急性中毒病雏禽,往往在给药后几小时或几天后开始出现症状,有些病例未显症状即死亡。中毒病雏禽常突然发生神经症状,精神沉郁,闭眼缩颈,呆立或兴奋,鸣叫,有的头颈反转,扇动翅膀,作转圈运动;有的运动失调,倒地后两腿伸直作游泳姿势,或痉挛、抽搐而死亡。成年家禽食欲减少,饮欲增强,呆然站立或行走摇晃,有的兴奋,呈现不同的姿势;头颈伸直或头颈反转作回旋运动,不断地点头或头颤动;或鸣叫,作转圈运动,倒地站立不起,出现痉挛、抽搐、角弓反张等症状,直至死亡。

剖检变化:剖检病死家禽,可见口腔充满黄色黏液,嗉囊扩张,腺胃、肌胃中有黄色黏液,肌胃内容物呈深黄色,角质膜脱落,肠黏膜充血、出血,肠管浆膜呈黄褐色。病程较长有程度不同的出血性肠炎,整个消化道内容物呈黄色或混有药物。肝脏充血肿大,胆囊扩张,充满胆汁,心肌稍坚硬和失去弹性。

(3)防治:将料槽内含有痢特灵原粉的饲料全部清除掉,换上加有维生素 B_1 粉的新鲜饲料(1克/千克);饮水中加入维生素 C(1克/升),

供鸡自由饮用；灌服10％葡萄糖水，每只鸡3～5毫升，每天2次，也可口服硫酸镁促进排出，应用氯丙嗪对抗神经兴奋；痢特灵的正常混料量为0.02％～0.03％；一般不超过0.04％，连用2～3天较为安全，超过0.06％就极易引起中毒；小剂量连续使用时间较长也可造成蓄积中毒。

8.鸡一氧化碳中毒

(1)病因：冬季禽舍及育雏舍烧煤取暖，煤炉放在舍内没有安装排烟管道或有烟管但烟管堵塞、倒烟、漏烟，炉膛设在舍外但禽舍内的烟道漏气或烟囱堵塞、倒烟使废气滞留在禽舍。而此时若舍内门窗紧闭、通风不良，一氧化碳不能及时排出则易造成中毒。含一氧化碳浓度达到0.1％～0.2％，即使吸入少量，也可中毒。幼禽在含0.2％的一氧化碳环境中2～3小时可中毒死亡，成禽在3％以上的一氧化碳环境中可发生中毒死亡。

(2)临床症状：中毒较轻时，表现为精神沉郁，羽毛松乱，食欲减退，生长迟滞，怕光流泪，咳嗽。严重中毒表现为，呼吸困难，躁动不安，不久即转入呆立或瘫痪，嗜睡随之出现运动失调，头向后仰，易惊厥，痉挛，最后昏迷死亡。

(3)剖检变化：鸡冠或肉髯呈鲜红色或樱桃红色，喙和爪尖发绀，暗紫色，嗉囊、胃肠道内空虚，肠系膜血管呈树枝状充血，血管、血液、脏器、组织黏膜和肌肉呈鲜红色或樱桃红色，皮肤和肌肉，可视黏膜充血或出血。心、肝、脾肿大，心内、外膜上可见散在的出血点，肺严重贫血，色鲜红以及气肿。

(4)防治：预防一氧化碳中毒，应经常检查鸡舍或育雏舍内的取暖设施，特别是在寒冷季节用煤炉取暖时，煤炉一定要安装排烟管道防止烟管漏烟，要注意与煤炉相连的烟囱周围障碍物造成的气流环境及其应有的高度，以免在风向多变时因戗风造成煤烟逆返、倒烟。舍内要设有风机或通风孔及其他通风换气设备，并定期检查，使用排风扇通风时应注意负压带来的煤气中毒，确保室内通风换气良好。

发现了中毒，立即打开鸡舍门窗，排除一氧化碳，换进新鲜空气，同时尽快将病鸡移到空气新鲜，温度适宜的地方，呼吸新鲜空气，一般会逐渐好转。

为防止中毒造成机体抵抗力下降以及通风换气时温差骤变导致鸡继发感染,可用一定浓度的抗生素拌入饲料内,搅拌均匀后给全群鸡喂饲,或在饮水中添加维生素、葡萄糖、抗菌药物,供鸡饮用,也有助于病鸡康复。

9.氨气中毒

(1)病因:氨气是鸡的粪尿、雏鸡垫料以及饲料残渣腐败分解后产生的一种有毒气体,氨气中毒主要发生于冬春季节,由于家禽饲养密度过大,舍内湿度过高,过分注意保暖而忽视通风,造成舍内氨气浓度增高而引起,当室内空气中含量超过 0.002% 时,便会产生中毒。

(2)临床症状:氨气慢性中毒时,表现为眼结膜潮红、充血,角膜发炎,口流泡沫样黏液,呼吸加快,呼吸道分泌物增多、咳嗽,稀便、绿便增加,食欲不振,慢性消瘦,幼禽生长不良,产蛋鸡体重下降。而急性中毒时,可引起碱性化学灼伤,可见病鸡眼结膜红肿,羞明流泪,严重时眼睑黏合,失明。病禽喜卧,出现呼吸困难继而呼吸麻痹,最后痉挛窒息而死。有时可突然出现大批死亡,很类似非典型新城疫的症状,应注意区别。

(3)剖检变化:眼结膜红肿,有分泌物,严重时角膜有溃疡,时间较长后,结膜内有干酪样分泌物,眼睑肿胀,眼睑黏合,失明,鼻腔内有黏液,鼻黏膜有出血。尸体发软,不易僵化,血液稀薄,喉头水肿,气管充血,并有灰白色黏稠分泌物,肺淤血或水肿,心肌松软,心包积液,腺胃黏膜糜烂,肌胃角质膜容易剥离,肾肿大变脆。

(4)防治:保持鸡舍干燥,及时清除粪便和杂物,并加强通风;发生本病时,要打开门窗,加强通风,更换垫料,降低氨气的浓度,同时给病鸡饮用 1:3 000 的硫酸铜水溶液;出现呼吸困难、咳嗽等症时,使用抗生素药物防止继发感染。

10.鸡氟中毒

(1)病因:磷酸氢钙在生产过程中不脱氟或脱氟不彻底是造成家禽氟中毒的主要原因。一些的产品氟含量严重超标,我们国家饲料卫生标准中规定,作为饲料添加剂的磷酸氢钙中氟含量不能超过1.8克/千克。但不合格饲料添加剂甚至常达9～20克/千克。磷酸氢钙中的氟含量过高,当超过0.8%时即可引起中毒。我国高氟地区的石粉或贝壳粉中的氟含量高可达3%～4%,如果不经过脱氟处理,很容易造成中毒。

(2)临床症状:常见的氟中毒一般为慢性氟中毒,病鸡食欲减退,生长迟缓,羽毛粗乱无光,身体瘦弱,喙软,腿脚乏力,病鸡站立不稳,行走时双脚向外叉开,呈八字脚。跗关节肿大、僵直,严重可出现跛行或瘫痪,痉挛,最后倒地不起,两脚向后蹬,衰竭而死。种鸡长期氟中毒会使种鸡的产蛋量逐步下降,蛋变小,产薄壳蛋、沙皮蛋和畸形蛋,受精率和孵化率降低,刚出壳的雏鸡出现腿部骨骼畸形,小鸡生长缓慢、冠白,精神委靡。

(3)剖检变化:剖检急性氟中毒的病鸡可见到急性胃肠炎,甚至有严重的出血性胃肠炎的病变。心、肝、肾均明显淤血、出血。慢性氟中毒的病鸡早期无明显的病变,病程较长的幼龄鸡可见消瘦,营养不良,长骨和肋骨较柔软,肋骨与肋软骨、肋骨与椎骨结合部呈球状突起,骨骼松脆,稍用力即可剪断。喙苍白,质地软,导致采食困难。肺淤血、水肿,气管环出血,血液凝固不良,有些鸡可见心包、胸腔和腹腔积液,心、肝脂肪变性,肝轻度肿大呈黄褐色,肺瘀血水肿;肾稍肿,质地变脆,输尿管有少量尿酸盐;肠黏膜充血、出血,严重的肠黏膜脱落;输尿管有尿酸盐沉积,肠黏膜脱落,肾包膜和肠系膜上的脂肪呈胶冻样水肿等。输尿管充满尿酸盐。

(4)防治:对已发生氟中毒的鸡要及时治疗。如发现鸡氟中毒,应立即停喂含氟高的饲料,更换成质量可靠的全价饲料。供给低氟或无氟的饮水。在饮水中加入0.5～10克/千克氯化钙,饲料中加入乳酸钙10～20克/千克,骨粉或磷酸钙盐20～30克/千克,提高血钙及血磷水平。添加乳酸钙、维生素A、维生素D_3等多种维生素,直至跛行消失。钙制剂也可阻碍氟在骨骼中沉着,增加饲料中钙,同时供给维生素A、维生素D对预防氟中毒有效。也可添加硼砂、硒制剂、铜制剂等,都可缓解氟中毒的症状。在给动物补充含磷的矿物质饲料时,应确切了解其中氟的含量,并在进行脱氟处理后再使用,供给量不超过日粮的2％。某些地区生产的骨粉,有时氟的含量较高,不宜作为矿物质补充料。

第八节　健康养殖常见疾病的鉴别

一、禽流感与新城疫鉴别诊断

鸡新城疫、鸡禽流感都是由病毒引起的具有高度接触性的传染性疾病,现就鸡新城疫和禽流感从流行病学、临床症状、剖检变化等几个方面比较如下。

1.禽流感

(1)流行病学:能使多种家禽和野禽发病,肉鸡比蛋鸡更敏感,潜伏期为4～5天,高致病力毒株引起的发病率和死亡率可达100％,低致病力病毒的发病率和死亡率较低。

(2)临床症状:高致病性禽流感可见体温升高,呼吸困难,精神委靡,食欲废绝,鸡冠与肉髯呈紫黑色且增厚变硬,上面时有坏死结节,肿头,流泪,腹泻而排黄绿色稀便,在腿上无毛处以及脚鳞片上可见紫色或暗红色的出血斑点;成年产蛋鸡产蛋率大幅度下降,大多数鸡因瘫痪衰竭而死。低致病性禽流感主要表现呼吸困难,产蛋率下降以及其他温和型变化。

(3)剖检变化:胰腺边缘充血、出血,有灰白色或黄白色坏死灶;消化道病变类似新城疫,但不同的是腺胃乳头肿大,呈化脓性出血,十二指肠、盲肠扁桃体未见溃疡灶;成年产蛋鸡可在输卵管内见到白色或淡黄色的脓性渗出物或豆腐渣样的干酪样物质,腹腔内卵黄性渗出物等病变。

2.鸡新城疫

(1)流行病学:一年四季发生,潜伏期为2～15天,平均5～6天。各种日龄鸡都能感染发病,由于鸡群中普遍接种疫苗,比较常见的是非典型新城疫。

(2)临床症状:典型的新城疫以最急性和急性为主,病初表现体温升高,精神沉郁,食欲不振,鸡冠和肉髯发紫,喙端不时地有大量黏液流出,倒提时可从嗉囊中流出大量酸臭味的灰白色黏液,呼吸困难,可发出咯咯的喘鸣声或湿性的呼噜声,腹泻,排绿色、黄绿色、黄白色的稀便;亚急性和慢性主要表现神经症状,如翅膀麻痹、跛行、扭颈、运动失调等;非典型的新城疫多发生于经免疫接种的鸡群,临诊中以轻微呼吸道症状、产蛋率下降、蛋壳退色、有轻度畸形蛋、发病率高、死亡率低、腹泻为特征。

(3)剖解变化:腺胃黏膜、乳头及乳头间有出血点斑,非典型可见隐约出血,黏液浑浊;肠道充血,出血,尤其是十二指肠上升段、卵黄柄前后、回盲间端出血现象较明显集中,小肠黏膜上有圆形或枣核形坏死溃疡灶;直肠、泄殖腔都有充血、出血,呈点斑状或刷状,盲肠扁桃体红肿、溃疡。

最后可通过血凝和血凝抑制试验、ELISA试验或PCR来确诊。

二、常见呼吸道传染病的鉴别诊断

在鸡的疾病中呼吸道病较为多见,现就几种常见的呼吸道传染病从流行病学、临床症状、剖检变化等几个方面比较如下。

1.传染性喉气管炎

鸡传染性喉气管炎是由传染性喉气管炎病毒引起的一种急性呼吸道传染病。

(1)流行病学:该病多发于冬末春初,主要侵害鸡,无品种差异,任何年龄均可发病,成年鸡发病率较高。病鸡和康复后的带毒鸡是重要的传染源,主要经呼吸道和眼结膜传染。

(2)临床症状:病鸡表现呼吸困难,严重病例伸直头颈张口呼吸,发出响亮的喘鸣声,咳嗽或甩头,甩出带血黏液。喉裂处有干酪性栓塞。产蛋鸡群发病后出现产蛋下降。

(3)剖检变化:主要病理变化在喉头和气管。喉头出血,喉裂处有干酪物栓子堵塞,气管上 1/3 气管环严重充血、出血。气管内有血样渗出物,有时有伪膜,伪膜易剥离。

2.传染性支气管炎

鸡传染性支气管炎是由传染性支气管炎病毒引起的一种急性、高度接触性呼吸道传染病。

(1)流行病学:该病仅发生于鸡,任何年龄均可发病,雏鸡死亡率较高。

(2)临床症状:自然感染病鸡突然发生呼吸道症状,表现呼吸困难,咳嗽、喷嚏,雏鸡流鼻液,产蛋鸡群发病后出现产蛋率下降,产畸形蛋、软蛋、沙皮蛋,蛋清稀薄,蛋清与蛋黄分离。

(3)剖检变化:鼻、气管中下部有出血性炎症,气管、支气管发生浆液性、卡他性炎症,肺水肿,气囊炎。产蛋鸡卵泡充血、出血、变形,腹中有液状卵黄。肾型传支伴有肾肿大,尿酸盐沉积,形成"花斑肾"。

3.传染性鼻炎

传染性鼻炎是由鸡副嗜血杆菌引进的鸡的急性或亚急性上呼吸道传染病。

(1)流行病学:病鸡和带菌鸡是主要传染源,主要通过病鸡呼吸道和消化道排泄物传播。该病多发生于秋冬和早春寒冷季节,夏季很少发生,育成鸡和产蛋鸡易感染,呈急性经过,无继发感染时死亡率不高。

(2)临床症状:鸡群自然感染后的潜伏期短,通常为 1～3 天。病鸡表现打喷嚏,流鼻液,随着病情的发展鼻液由浆性变为黏性,颜面浮肿,眼睑和肉髯水肿,眼结膜充血发炎,症状出现 3 天左右,鼻液在鼻孔处形成结痂。

(3)剖检变化:主要病变为鼻腔和窦黏膜呈急性卡他性炎。鼻腔和鼻窦充血、肿胀，有黏液及脓性分泌物，眼结膜囊内有干酪物，喉及气管一般无炎症，内脏一般无病变。

4.慢性呼吸道病

鸡慢性呼吸道病是鸡毒支原体感染引起发病，其临床特征为咳嗽、流鼻液、呼吸道罗音和严重的气囊炎等。

(1)流行病学：本病一年四季均可发生，尤以冬春季节流行严重。各种年龄鸡均可感染，4～8周龄雏鸡最敏感，常以并发感染致病，致死率可达30％。

(2)临床症状：鼻流黏性或浆性液体，有喘鸣音。眼睑肿胀，分泌物封眼，鸡体消瘦。

(3)剖检变化：鼻腔、器官、支气管内有淡黄色分泌物，并常有特殊臭味。鼻黏膜增厚，有干酪样物。眼结膜发炎，窦内充血、水肿，有渗出物。气囊增厚，有干酪样物。伴有肝周炎、腹膜炎。

5.曲霉菌病

曲霉菌病为禽类、哺乳动物和人的一种真菌性疾病。鸡感染后特点是呼吸道发生炎症和形成小结节。

(1)流行病学：禽类如鸡、火鸡、鸭、鹅和鸽等均有易感性，主要发生于幼禽，呈急性群发生性暴发，发病率和死亡率较高。成年禽仅为散发。

(2)临床症状：病鸡表现精神委靡，嗜睡，翅膀下垂，对外界反应淡漠。接着出现呼吸困难，气喘、呼吸次数增加等症状，但一般不发出明显的咯咯声，病雏张口呼吸，鼻眼发炎，食欲减退，渴欲增加，迅速消瘦。慢性感染多见于成鸡，主要表现发育不良。

(3)剖检变化：肺和气囊有黄白色粟粒状小结节，有的病例气管内也有小结节，气管无炎症。

6.黏膜型鸡痘

黏膜性鸡痘是由鸡痘病毒感染引起的、以黏膜病变为主的一种接触性传染病。其特征为食道出现类白喉样假膜或增生性病变。

(1)流行病学：该病主要通过接触传播，脱落和碎散的痘痂是病毒散布的主要形式。蚊子是主要的传播媒介。各种年龄鸡均可感染,雏鸡发病率和死亡率均较高,多数病例伴发皮肤型鸡痘。

(2)临床症状:口腔、咽喉黏膜处出现坏死性痘瘢,喉裂处被干酪样物堵塞,呼吸及吞咽困难。病鸡呼吸和吞咽障碍,严重时嘴无法闭合,病鸡往往做张口呼吸状。

(3)剖检变化:发病初期,喉和气管黏膜见有湿润隆起,病程稍长,形成干酪样假膜。假膜不易剥离,强行剥离后,露出红色的溃疡面。

三、家禽常见腹泻性疾病的鉴别诊断

"腹泻"也是家禽在健康养殖常见的现象,现就常见的能引起这一症状的病毒病、细菌病和寄生虫病加以区别。

1. 引起腹泻的病毒病

(1)新城疫或高致病性禽流感:新城疫或高致病性禽流感均能引起腹泻,粪便稀薄,呈黄绿色或黄白色,有时混有血液;嗉囊膨胀,充满气体和液体。但是剖检可见:鸡禽流感胰腺边缘充血、出血,有灰白色或黄白色坏死灶;消化道病变类似新城疫,但不同的是新城疫腺胃引起乳头肿大,呈化脓性出血,十二指肠、盲肠扁桃体溃疡灶;而患禽流感的成年产蛋鸡剖检可见输卵管内有白色或淡黄色的脓性渗出物或豆腐渣样的干酪样物质,腹腔内卵黄性渗出物等。

(2)传染性氏囊病:患传染性氏囊病的鸡群早期有啄自己肛门的现象,随即病鸡出现腹泻,排出白色黏稠或水样稀便,体温常升高,泄殖腔周围的羽毛被粪便污染。此时病鸡脱水严重,趾爪干燥,眼窝凹陷,最后衰竭死亡,剖检可见病死鸡肌肉色泽发暗,大腿内外侧和胸部肌肉常见条纹状或斑块状出血。腺胃和肌胃交界处常见出血点或出血斑。法氏囊病变具有特征性,水肿变大,囊壁增厚,外形变圆,呈土黄色,外包裹有胶冻样透明渗出物。黏膜皱褶上有出血点或出血斑,内有炎性分泌物或黄色干酪样物。随病程延长法氏囊萎缩变小。严重的可见法氏囊严重出血,呈紫黑色如紫葡萄状。

（3）肾型传染性支气管炎：肾型传染性支气管炎的发病日龄多集中在 2～8 周龄，排灰白稀粪，后躯及泄殖腔周围常被粪便污染。但该病有轻微呼吸道症状，包括啰音、喷嚏、咳嗽等，病鸡爪干瘪，鼻腔有黏液，喉头、气管及支气管黏膜水肿增厚，可见轻度出血，有的气管下 1/3 处有黏液堵塞。脱水严重，肌肉发绀，皮肤与肌肉不易分离。肾脏高度肿胀、苍白，肾小管和输尿管变粗，内充满白色尿酸盐，俗称"花斑肾"。

2. 引起腹泻的细菌病

（1）禽霍乱：禽霍乱又称禽巴氏杆菌病，多发生于成鸡，常无症状而突然死亡。急性病例常有剧烈腹泻，初为黄灰色，后为污绿色；慢性病例出现持续性下痢，肉髯水肿和关节炎。剖检可见心冠沟脂肪、肺、胃肠黏膜、腹腔浆膜和脂肪有点状出血点或出血斑，其中以十二指肠和心冠沟脂肪组织为最明显；肠黏膜上还可见有灰黄色纤维素性假膜附着。全肝有弥漫性针尖大的灰白色坏死点，为本病特征性病变。确诊还需实验室诊断。

（2）禽伤寒：鸡伤寒病是由禽伤寒沙门氏菌引起的主要发生于鸡的消化道传染病。中鸡和成年鸡，急性经过者突然停食，精神沉郁，羽毛松乱，排黄泥色稀粪，鸡冠和肉垂苍白，贫血、萎缩。体温上升，病鸡迅速死亡，或在发病后 4～10 日死亡。2 周龄以内的雏鸡发病症状与鸡白痢相似，但死亡率更高。剖检可见急性病例肝、肾肿大，暗红色。亚急性和慢性病例肝肿大，青铜色。脾脏肿大，表面有出血点，肝和心肌有灰白色栗粒状坏死灶，心包炎。小肠黏膜弥漫性出血，慢性病例盲肠内有土黄色栓塞物，肠浆膜面有黄色油脂样物附着。雏鸡感染见心包膜出血，脾轻度肿大，肺及肠呈卡他性炎症。

（3）禽副伤寒：本病是由多种沙门氏菌引起的，最常见的为急性（败血性）型。其症状为突然死亡、下痢、泄殖腔周围为粪污黏附；发生浆液脓性结膜炎，眼半闭或全闭，间有呼吸困难或麻痹、抽搐等神经症状。剖检见肝肿大，边缘钝圆，包膜上常有纤维素性薄膜被覆，肝实质常有细小灰黄色坏死灶；小肠黏膜水肿、局部充血、常伴有点状出血；大肠也有类似病变，但其黏膜上有时有污灰色糠麸样薄膜被覆。确诊还需实验室诊断。

(4)大肠杆菌:症状雏鸡下痢,泄殖腔周围有黏糊状物。剖检肝肿大并有坏死灶,雏鸡卵黄未吸收;从病鸡血液和实质脏器分离到大肠杆菌得以确诊。

(5)鸡白痢:鸡白痢杆菌病常发生于 2 周龄以内的雏鸡。病雏常有腹泻,多排白色稀粪,泄殖腔附近的绒毛为排泄物玷污。剖检见卵黄吸收不全,肝脏表面有白色坏死小点。确诊还需实验室诊断。

3. 寄生虫引起腹泻的疾病

球虫病:多见于 20～45 日龄的雏鸡,病雏精神沉郁,羽毛松乱,聚拢成堆,排水样稀粪,常为白色的不消化粉料,并带有血液。若为盲肠球虫所引起的,粪便呈棕红色,以后变为纯粹血粪,泄殖腔周围羽毛被液状血便玷污。剖检变化主要见于肠管,肠道病变的轻重程度和部位与球虫种类有关。盲肠球虫主要是侵害盲肠,两侧盲肠显著肿大并充满凝固或新鲜暗红色的血液,或含有黄白色豆腐渣样的混血坏死物,盲肠上皮增厚和发炎。其他球虫病病变多发生于小肠部分,肠管显著肿大,肠壁增厚和发炎,从肠管外表的浆膜上可见白色的小斑点,肠黏膜发炎,肠管变粗,被覆着浓稠的黏性渗出物,有些肠黏膜有小的出血区。粪便镜检可发现球虫卵囊。

四、能引起鸡神经症状疾病的鉴别诊断

鸡出现神经症状的原因多种多样,有病毒侵害引起,有细菌感染引起,有维生素缺乏引起,也有钙磷代谢障碍及药物中毒等原因所致。

1. 病毒侵害引起神经症状的疾病

(1)马立克氏病:步态不稳、共济失调。特征症状是一肢或多肢麻痹或瘫痪,形成一腿伸向前方、一腿伸向后方,呈"劈叉"姿势,翅膀麻痹下垂(俗称穿大褂)。颈部麻痹致使头颈歪斜,嗉囊因麻痹而扩大。剖检可见受害神经肿胀变粗,常发生于坐骨神经、颈部迷走神经、臂神经丛、腹腔神经丛和肠系膜神经丛,神经纤维横纹消失,呈灰白或黄白色。

多发于青年鸡。

（2）新城疫：神经症状常发生在新城疫病后期及强毒感染早期,病鸡表现为四肢进行性麻痹,共济失调;因肌肉痉挛和震颤,常引起转圈运动。剖检结果不仅有典型新城疫的内脏病变,还表现为小脑水肿,一部分鸡脑充血,少部分鸡小脑萎缩。

（3）禽脑脊髓炎：共济失调,走路前后摇晃,步态不稳,或以跗关节和翅膀支撑前行。头颈部震颤,尤其在受惊或将鸡倒提起时,震颤加强;剖检见脑水肿、充血、但无出血现象,胃肌层内有细小的灰白色病变区;多发于3周龄以内的雏鸡。

2.细菌感染引起神经症状的疾病

（1）大肠杆菌感染：当大肠杆菌侵害大脑时,出现神经症状,表现为头颈震颤,昏睡状,弓角反张,抽搐症状,呈阵发性。剖检可见脑膜充血、出血、小脑脑膜及实质有许多针尖大出血点;涂片染色,镜检可见革兰阴性小杆菌。

（2）亚利桑那菌感染：是一种主要发生于幼鸡、幼火鸡的急性或慢性败血症,其特征是眼球皱缩、失明,下痢,肝肿大呈浅黄色斑驳状,十二指肠充血,盲肠内有干酪样物。本病是一种蛋传递性疾病。脑部感染者,出现共济失调,角弓反张,颈扭曲等症状。剖检可见病雏脑膜充血,脑血管扩张。亚利桑那菌在普通液体和固体培养基上容易生长。与沙门氏菌最明显的区别是,沙门氏菌不能发酵乳糖,而大多数从家禽分离到的亚利桑那菌培养7～10天发酵乳糖;沙门氏菌不液化明胶,而亚利桑那菌则能缓慢液化明胶。

3.维生素缺乏引起神经症状的疾病

维生素缺乏：维生素B_1缺乏引起的头颈旋转,俗称"观星状"。维生素B_2缺乏引起脚趾向内卷缩,两侧均偏向内侧,以飞节着地,行走困难靠两翅协助。维生素E缺乏引起雏鸡脑软化症,表现为头颈震颤。叶酸缺乏引起颈部肌肉麻痹,抬头向前平伸,喙着地的"软颈"症状,应与肉毒中毒加以区别。剖检变化上维生素B_1、维生素B_2缺乏常见臂神经丛轻度水肿及腿部皮肤粗糙,维生素E缺乏在脑剖检时可见脑髓的化脓性变化,很少情况下有小脑出血发生。叶酸缺乏胫骨短粗。

4.钙磷代谢障碍引起神经症状的疾病

钙磷代谢障碍常见于雏鸡,在笼养的各种鸡群中也易于发生,发病鸡行走无力呼吸困难,软骨病,龙骨变形,肋骨无力扩张,双腿质脆易折为特点,造成钙磷代谢障碍的原因除钙磷比例不协调外,其他如维生素A和维生素 D_3 不足,也是原因之一。病理剖检最常见的病变是肋骨椎增生及肋骨与软骨结合部严重畸形。

5.药物中毒引起神经症状的疾病

(1)痢特灵中毒:痢特灵中毒为蓄积中毒,鸡死亡之前无采食、粪便等异常症状,仅仅在濒临死亡的短暂时间里有狂叫、狂奔、惊厥症状,最后迅疾死去。剖检能见到肝淤血,肾肿,输尿管沉积大量黄色痢特灵代谢物。

(2)马杜拉霉素中毒:马杜拉霉素中毒表现的神经症状主要是迅速持久的瘫痪并排绿色稀便,病史常达10天或半个月左右。剖检内脏可见肠黏膜有少量斑点状出血,肝淤血,双腿骨骼肌与骨骼连续处呈现出弥漫状或小点状出血。

(3)食盐中毒:渴欲强烈,频繁饮水,嗉囊膨大,手摸病鸡腹部有波动,皮下水肿感,伴有腹泻。病重鸡食欲废绝,运动失调,时而转圈,时而倒地,呼吸困难,严重的头颈弯曲,仰卧挣扎,肌肉抽搐,最后虚脱衰竭死亡。剖检脑膜充血水肿、出血。

第九节　健康养殖抗体检测与药敏试验

在家禽养殖中,血清抗体检测是十分重要的,它可以检查家禽机体中有无特异性抗体及抗体水平的高低,以此作为诊断某种疾病的依据,或评价疫苗免疫的效果,也可根据所测定抗体水平的高低来确定免疫时机。养殖场最为常用的检测手段主要有血凝试验、血凝抑制试验、琼脂扩散试验。药敏试验则是选择敏感抗菌药物的最主要手段。

一、血凝试验(HA)和血凝抑制试验(HI)

许多病毒如新城疫病毒、禽流感病毒等,能凝集某些动物的红细胞,如鸡的红细胞,这种现象称为血凝现象。这种红细胞凝集现象能被相应的特异性抗体所抑制,称血凝抑制。通过血凝试验和血凝抑制试验可用来鉴定病毒、测定机体抗体效价。广泛用于鸡新城疫等抗体效价的测定。

1.试验准备

(1)新城疫标准抗原和标准血清。

(2)0.5%～1%鸡红细胞悬浮液的制备:

用灭菌注射器吸取 3.8%灭菌柠檬酸钠溶液(其量为采血量的1/4)从鸡翅静脉或心脏采血,放入无菌离心管内,以 2 000～2 500 转/分钟离心 5～10 分钟,使红细胞沉于管底,弃去上清液,再加生理盐水稀释,以 2 000～2 500 转/分钟离心 5～10 分钟,再弃去上清液,这样反复洗涤 3～4 次,将最后一次离心后的红细胞泥,按 0.5%～1%的稀释度加入稀释液(用刻度吸管吸取红细胞泥 0.5～1 毫升,加生理盐水稀释至 100 毫升,即为 0.5%～1%鸡红细胞悬浮液)。

注:采血鸡最好用未经新城疫疫苗免疫的青年健康公鸡。

(3)稀释液:为灭菌的生理盐水

2.红细胞凝集试验

主要是测定病毒的红细胞凝集价,以确定血凝抑制试验中所用病毒的稀释倍数。

(1)取全量血凝反应板 1 块,向第 1～12 孔中用定量移液器加入稀释液 50 微升。

(2)吸取 50 微升新城疫病毒液(标准抗原)加入第 1 孔,充分混合后,吸出 50 微升加到第 2 孔,混匀后,再吸出 50 微升加到第 3 孔,依此类推,稀释至第 11 孔。将第 11 孔中液体混合后从中吸出 50 微升弃去。第 12 孔不加病毒抗原,作红细胞对照。

(3)吸取 0.5‰～1‰的鸡红细胞悬液,每孔加入 50 微升。

(4)将反应板置于微型振荡器上振荡 2 分钟,或手持血凝板摇动混匀,置室温(20℃左右)30～40 分钟,待第 12 孔的对照孔中红细胞全部沉入孔底中间,即可判定各孔的红细胞凝集情况,见表 9-1。

表 9-1　鸡新城疫红细胞凝集试验(微量法)

项目	孔号											
	1	2	3	4	5	6	7	8	9	10	11	12
病毒稀释倍数	2	4	8	16	32	64	128	256	512	1 024	2 048	对照
稀释液/毫升	0.05	0.05	0.05	0.05	0.05	0.05	0.05	0.05	0.05	0.05	0.05	0.05
病毒液/毫升	0.05	0.05	0.05	0.05	0.05	0.05	0.05	0.05	0.05	0.05	0.05	
1‰红细胞悬浮液/毫升	0.05	0.05	0.05	0.05	0.05	0.05	0.05	0.05	0.05	0.05	0.05	0.05
作用时间及温度	振荡 2 分钟混匀,放在 18～20℃室温条件下静置 30～40 分钟观察结果											
结果判断	++++	++++	++++	++++	++++	++++	++++	++++	++	—		

注:"++++"为红细胞完全凝集,"++"为红细胞部分凝集,"—"为红细胞自然沉淀。

(5)结果判定:将反应板倾斜成 45°角,沉于管底的红细胞沿着倾斜面向下呈线状流动者为红细胞发生沉淀,表明红细胞未被病毒凝集或不完全被病毒凝集。如果孔底的红细胞铺平孔底,凝成均匀薄层,倾斜后红细胞不流动,说明红细胞被病毒完全凝集。

能使鸡红细胞完全凝集的病毒液的最高稀释倍数,称为该病毒液的血凝滴度或血凝效价,即 1 个血凝单位。

进行血凝抑制试验时,需用 4 个血凝单位的病毒,即在同体积的病毒液中病毒的含量比 1 个血凝单位提高 4 倍。如病毒血凝滴度为 1∶256,此即 1 个血凝单位,则 4 个血凝单位为 1∶64,即将原病毒液作 64

倍稀释即可。

3.红细胞凝集抑制试验

(1)取全量血凝反应板一块,用定量移液器向第 1～11 孔中各加生理盐水 50 微升,第 12 孔中加生理盐水 100 微升。

(2)吸取 50 微升被检血清加入第 1 孔,充分混合后,吸出 50 微升加到第二孔,混匀后,吸出 50 微升加到第 3 孔,依此类推,稀释至第 10 孔。将第 10 孔中液体混合后从中吸出 50 微升弃去。第 11、12 最后两孔不加血清,第 11 孔作病毒对照,第 12 孔作红细胞对照。

(3)吸取 4 单位新城疫病毒液 50 微升,加入 1～11 孔中。第 12 孔为红细胞对照,不加病毒。充分混匀后室温下静置 5 分钟。

(4)吸取 1‰鸡红细胞悬液,在 1～12 孔中每孔加入 50 微升。

(5)充分混合后置室温下 30～40 分钟观察结果。

(6)结果观察:将反应板倾斜成 45°角,沉于管底的红细胞沿着倾斜面向下呈线状流动者为红细胞发生沉淀,表明红细胞未被病毒凝集或不完全被病毒凝集。如果孔底的红细胞铺平孔底,凝成均匀薄层,倾斜后红细胞不流动,说明红细胞被病毒完全凝集。

能够使红细胞凝集现象完全抑制的血清最大稀释倍数为该血清的血凝抑制滴度或血凝抑制效价,见表 9-2。

表 9-2　鸡新城疫血凝抑制试验

项目	孔号											
---	1	2	3	4	5	6	7	8	9	10	11	12
滴度	2	4	8	16	32	64	128	256	512	1024	病毒对照	红细胞对照
稀释液/微升	50	50	50	50	50	50	50	50	50	50	50	100
被检血清/微升	50	50	50	50	50	50	50	50	50	50		
4 单位病毒/微升	50	50	50	50	50	50	50	50	50	50		

续表9-2

项目	孔号											
	1	2	3	4	5	6	7	8	9	10	11	12
感作	振荡3~5分钟											
1%红细胞/微升	50	50	50	50	50	50	50	50	50	50	50	50
感作	振荡2~3分钟混匀,放18~20℃条件下静置30分钟观察结果											
结果	—	—	—	—	—	—	—	—	++	++++	++++	—

注:"++++"为红细胞完全凝集,"++"为红细胞部分凝集,"—"为红细胞自然沉淀,此结果被检血清效价为1∶256。

二、琼脂扩散试验

琼脂扩散试验其原理是抗原、抗体在含有电解质的琼脂凝胶中可以向四周自由扩散,当抗原、抗体扩散到适当部位相遇时,则出现肉眼可见的沉淀线,这是抗原、抗体的特异性结合物。因此通过琼脂扩散试验,用已知抗体可检测未知抗原,也可用已知抗原来检测抗体。

1. 琼脂板制备

(1)取1克琼脂粉溶于100毫升生理盐水中,置水浴中加热融化。加入0.01%的硫柳汞防腐,待琼脂冷却至55℃左右时,倒入直径为90毫米的平皿内,每个平皿加入18~20毫升,待琼脂凝固。

(2)打孔:用外径为4毫米的打孔器打梅花形图案(中央孔1个和边孔6个),中心孔与周围孔的孔距为3毫米。将孔中的琼脂用针头挑出即可。

(3)封底:可小心用酒精灯烘烤平皿使孔底琼脂稍溶化一点。

2. 加样

中央孔滴加标准抗原,1、4孔加入阳性血清,2、3、5、6孔各加入待检血清,加至孔满为止,不要外溢。

3. 扩散

将加好样品的琼脂平皿放湿盒中,加上盖,于37℃条件下扩散24

小时,观察结果。

4.结果观察

若待检血清与中心孔抗原之间产生白色沉淀线,并与阳性对照所产生的沉淀线连接成一线,则表示阳性。若无沉淀线或虽有沉淀线但与阳性对照所产生的沉淀线交叉,则表示阴性。

三、药物敏感试验

抗菌药物对家禽细菌性疾病的防治具有非常重要的作用,但随着抗菌药物的大量使用,细菌的耐药性现象也越来越严重。如果盲目地使用抗菌药物,对耐药菌既起不到防治作用,还可增加药费负担,加大药物残留。因此,测定细菌对抗菌药物的敏感性,选择最有效的药物应用于临床治疗,可有效提高治愈率,减少无效药物的开支,对养禽业有着非常重要的意义。药物敏感试验有纸片法、试管法、挖洞法等。纸片法是生产中最常用的药敏试验方法,它简便、易行、出结果快。

1.试验材料

(1)药敏纸片:市场购买或自制。

(2)普通琼脂培养基或特殊培养基。

(3)被试细菌:可从发病鸡只中分离。

2.试验方法

(1)用经火焰灭菌的接种环挑取待试菌的纯培养物,以划线接种方式将挑取的细菌涂布到普通琼脂平板或鲜血琼脂平板培养基表面(愈密愈好)。也可挑取待试菌于少量灭菌生理盐水中制成细菌混悬液,用灭菌的棉拭子蘸取菌液涂布到上述培养基表面,尽可能涂布的致密而均匀。

(2)用灭菌的眼科尖镊子夹取已备的各种抗菌药纸片,分别贴到涂有细菌的培养基表面,一个平皿贴6~7片,一般可在中央贴一种纸片,外周以等距离贴若干片,纸片与纸片之间的距离相等,纸片离平皿边缘约1.5厘米。如果药敏纸片上没有标记,应在平板底上用笔写上其药名或贴上标签。

(3)将贴纸片的平板置 37℃ 温箱中培养 24 小时后,取出观察结果。

3.结果观察及判定标准

(1)经培养后,凡对涂布的细菌有抑制能力的抗菌药物,在其纸片周围会出现一个无菌生长的圆圈,称为抑菌圈。可用游标卡尺或直尺测量抑菌圈的直径,抑菌圈越大,说明该菌对此药越敏感;抑菌圈小,则该菌对此药敏感性小;若无抑菌圈,则说明该菌对此药具有耐药性。

(2)判定结果时,按抑菌圈直径大小作为判定敏感度高低的标准。抑菌圈直径大于 20 毫米的,为极度敏感;15~20 毫米的,为高度敏感;10~15 毫米的,为中度敏感;低于 10 毫米的,为低度敏感;没有抑菌圈的,为不敏感。

4.简易药敏纸片的自制方法

(1)纸片准备:取新华 1 号定性滤纸,用打孔器打成直径为 6 毫米的圆形纸片。取纸片 50 片放入 1 只清洁干燥的青霉素空瓶内,用单层牛皮纸包扎瓶口,高压灭菌(15 磅压力 15~20 分钟)后,放 37℃ 温箱(或烘干箱)中数天,使纸片完全干燥。

(2)药液配制:按抗菌类药物的浓度要求,配制抗菌药液。抗菌药物的浓度可参考如下浓度:青霉素 1 000 单位/毫升,其他抗生素 1 000 微克/毫升,磺胺类药 10 毫克/毫升,中草药 1 克/毫升。

(3)取 0.5 毫升药液,加到装有 50 个纸片的青霉素小瓶中,翻动纸片使其充分浸透药液,同时贴上药名标签。

(4)将小瓶放入 37℃ 温箱过夜,干燥后加盖密封,置阴凉干燥处保存,有效期 3~6 个月。

思考题

1.健康养殖肉鸡生物安全措施有哪些?

2.简述肉鸡各种疾病解剖特点。

3.肉鸡抗体检测有哪些方法?

4.健康养殖肉鸡中药防治要点是什么?

参考文献

[1] 饲料和饲料添加剂管理条例.2002.河北畜牧兽医,1:44-46.

[2] 中华人民共和国农业部公告.2005.饲料与畜牧,5:1-7.

[3] B·W·卡尔尼克.1999.禽病学.北京:中国农业出版社,10:158-172;218-234;312-335. Http:∥baike.baidu.com/view/14394.htm

[4] P·D斯托凯.1980.禽类生理学.北京:科学技术出版社.

[5] 陈桂林.2002.中国饲料原料采购指南.北京:企业管理出版社,26-239.

[6] 冯自科,易敢峰,孔路军,等.2008.重视家禽的早期免疫营养以提高现代肉鸡养殖的整体性能.中国畜牧杂志,6:33-41.

[7] 何健.2002.饲料中油脂的功能及其使用中的问题.食品科技,8:71-74.

[8] 黄中利,等.1993.八正散加减治疗家禽痛风症.中兽医医药杂志,11:38-39.

[9] 黄中利,等.2003.中草药添加剂在养禽生产中的应用.山东家禽,3:49-53.

[10] 黄中利,等.2004.禽常见胚胎病及其防治.山东家禽,5:39-42.

[11] 金维江,黄中利,等.1995.新城疫后遗症对种鸡繁殖性能的影响.黑龙江畜牧兽医,11:36-38.

[12] 李呈敏.1993.中药饲料添加剂.北京:中国农业大学出版社.

[13] 刘思当,丁宝君,张新旺.2004.2003年鸡病回顾.家禽科学,1:27-28.

[14] 刘玉山,鞠强,孙宝深.2007.肉鸡大肠杆菌病防治观念需改变.家禽科学,8:25-26.

[15] 马玉胜.1999.饲养肉鸡怎样使用油脂饲料.农家顾问,11:27.

[16] 牛树田,胡莉萍.2003.科学养鸡入门.北京:中国农业大学出版社,7.

[17] 沈慧乐.2009.北美家禽营养研究动态.中国家禽,4:62-65

[18] 索勋,李国清.1998.鸡球虫病学.北京:中国农业大学出版社,8.

[19] 王继强,张波,刘福柱.2005.营养与鸡肉品质.中国家禽,2:47-49.

[20] 王生雨.1998.中国养鸡学.济南:山东科学技术出版社.

[21] 吴晋强.1999.动物营养学.合肥:安徽科学技术出版社,90-129.

[22] 徐宜为.1993.最新禽病与防制.北京:中国农业科技出版社,7:452-495.

[23] 杨灵芝,张兴晓,刘美丽,等.2003.副鸡嗜血杆菌的初步分离与鉴定.中国家禽,20:10-11.

[24] 杨志刚,蔡辉益,刘国华,等.2010.不同阶段肉仔鸡能量需要模型的建立.中国农业大学学报,15(5):84-92.

[25] 张秀美.2005.禽病防治完全手册.北京:中国农业出版社,1:149-154;159-166.

[26] 张秀美.2004.禽病防治完全手册.北京:中国农业出版社.

[27] 张秀美.2008.肉鸡健康养殖新技术.济南:山东科学技术出版社.

[28] 张子仪.2000.中国饲料学.北京:中国农业出版社,156-265.